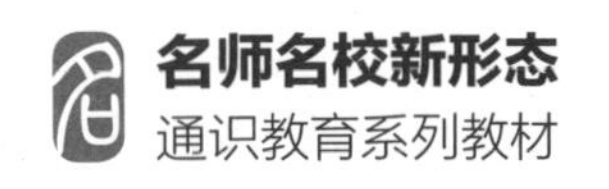

大学文科数学（慕课版）

吴臻 张天德 主编
孙钦福 黄宗媛 副主编

人民邮电出版社
北京

图书在版编目（CIP）数据

大学文科数学：慕课版 / 吴臻，张天德主编. --
北京：人民邮电出版社，2021.8（2023.1重印）
名师名校新形态通识教育系列教材
ISBN 978-7-115-56479-5

Ⅰ. ①大… Ⅱ. ①吴… ②张… Ⅲ. ①高等数学－高等学校－教材 Ⅳ. ①O13

中国版本图书馆CIP数据核字(2021)第080289号

内容提要

本书在编写过程中借鉴了国内外优秀教材的特点，并结合了山东大学数学团队多年的教学经验.全书共5章，主要内容为函数、极限与连续，导数与微分，不定积分、定积分及其应用，线性代数初步，概率论初步. 每章后面提供核心知识点的思维导图，并配有课程思政内容. 每节后面的习题和每章后面的总复习题均配有参考答案，以二维码形式提供. 本书秉承“新文科”建设理念，注重数学与其他学科的交叉融合，以附录形式呈现各章典型习题的Python编程求解.

本书可作为高等学校文科类各专业的数学基础课教材，也可作为职场人士学习大学数学知识的参考书.

◆ 主　　编　吴　臻　张天德
副 主 编　孙钦福　黄宗媛
责任编辑　刘海溧
责任印制　王　郁　马振武
◆ 人民邮电出版社出版发行　　北京市丰台区成寿寺路11号
邮编　100164　　电子邮件　315@ptpress.com.cn
网址　https://www.ptpress.com.cn
三河市中晟雅豪印务有限公司印刷
◆ 开本：787×1092　1/16
印张：15.25　　2021年8月第1版
字数：363千字　　2023年1月河北第4次印刷

定价：49.80元

读者服务热线：(010)81055256　印装质量热线：(010)81055316
反盗版热线：(010)81055315
广告经营许可证：京东市监广登字20170147号

丛书顾问委员会

总顾问： **刘建亚** 山东大学

顾　问： **王光辉** 山东大学

冯荣权 北京大学

冯滨鲁 潍坊学院

朱士信 合肥工业大学

李辉来 吉林大学

时　宝 海军航空大学

吴　臻 山东大学

陈光亭 台州学院

林亚南 厦门大学

郝志峰 汕头大学

胡金焱 青岛大学

高世臣 中国地质大学(北京)

蒋晓芸 山东大学

楼红卫 复旦大学

樊启斌 武汉大学

(以上按姓氏笔画排序)

丛书编委会

主　任： 陈增敬

副主任： 张天德　张立科

编　委： 叶　宏　王　玮　曾　斌　税梦玲
孙钦福　黄宗媛　闫保英　陈永刚
陈兆英　屈忠锋　石玉峰　朱爱玲
戎晓霞　刘昆仑　程　涛　张歆秋
谭　蕾　李本星　赵文举　孙建国
胡东坡　吕　炜

丛书编辑工作委员会

主　任： 张立科

副主任： 曾　斌　税梦玲

委　员： 刘海溧　刘　定　祝智敏　刘　琦
王　平　阮　欢　王　宣　李　召
张　斌　潘春燕　张孟玮　张康印
滑　玉

丛书序

山东大学数学学院成立于1930年，是山东大学历史最悠久的学院之一．经过90多年的努力，山东大学数学学院汇聚了一批进取心强、基础扎实、知识面宽、具有创新意识的人才，著名数学家黄际遇、潘承洞、彭实戈、王小云等先后在此执教，夏道行、郭雷、文兰、张继平等院士先后从这里攀上科学的高峰，成为各自领域的杰出人才，是山东大学数学学院杰出校友的代表．

经过几代人的辛勤耕耘，山东大学数学学院已发展成为在国内外有重要影响力的数学科学研究中心和人才培养中心，在全国第四轮学科评估中，山东大学数学学科荣获A+(3所学校并列)．数学学院将牢牢把握国家"双一流"建设的重大机遇，秉承山东大学"为天下储人才、为国家图富强"的办学宗旨，践行"学无止境，气有浩然"的校训，认真落实国家的人才培养方针，努力打造优秀的教学团队与精品教材．

张天德教授多年来一直从事偏微分方程数值解的研究，以及高等学校数学基础课程的教学与研究工作，主讲高等数学(微积分)、线性代数、概率论与数理统计、复变函数、积分变换等课程，是国家精品在线开放课程负责人．经过30多年的教学实践，他在教书育人方面形成了独到的理论，多次荣获表彰和奖励，如"国家级教学成果奖二等奖""泰山学堂卓越教师""泰山学堂毕业生最喜欢的老师"等．他还是中学生"英才计划"导师，并负责全国大学生数学竞赛工作10余年，在人才培养方面积累了丰富的、立体化的经验．

由人民邮电出版社出版的这套大学数学系列教材，凝聚了山东大学数学学院的优秀教学师资和人民邮电出版社的优质出版资源，是在教育部"六卓越一拔尖"计划2.0全面落实"四新"建设，着力实施"双万计划"的背景下，打造的大学数学精品教材．本套教材的核心理念是保持大学数学教学的严谨性，体现课程思政的具体要求，在编写过程中结合了专业领域的新型案例，录制了精心打磨的在线课程，有效地践行了教育部在新时期对大学数学教学的期望和要求．

专业背景元素和各种形式的新形态资源，极大地丰富了知识的呈现形式，在提升课程效果的同时，为高等学校数学老师的教学工作提供了便利，为教学改革提供了参考样本，也为有效激发学生的自主学习模式提供了探索的空间．

陈增敬

教育部高等学校统计学类专业教学指导委员会副主任委员

山东大学数学学院院长

2021年6月

前 言

一、教材特色

1. 教材的定位

2019 年，教育部启动实施“六卓越一拔尖”计划 2.0，全面实施“双万计划”，推进“四新”建设，这对高等院校的教学改革提出了更加迫切、更高标准的要求. 课程思政与教学的有机融合、在线教学的形式创新与效果考核等，成为高校教育工作者必须思考和解决的问题. 在此背景下，编者策划了本教材.

本教材能够适应国家对高等教育的新要求，并且有效结合了课程思政，充分体现了大学数学与其他学科的交叉性，突出了数学的实用性和易用性，能满足线上与线下教学的需求. 在内容方面，编者参考了国内外院校的优秀教学思路，对课程进行了重新设计，对传统的例题模式进行了优化，无论是内容结构、概念表述，还是例题、习题，都力求与专业应用紧密结合.

2. 教材的栏目特色

(1) 认真落实课程思政

教材每章最后会介绍中国古代的卓越数学成就或当代数学家，充分激发学生的民族荣誉感，体现数学家的爱国情怀、学术贡献及人格魅力，有效落实国家课程思政要求. 课程思政栏目专门制作了 PPT，并录制了微课，部分知识点在讲解中也尝试融入了思政内容，以丰富的形式帮助高等学校开展课程思政教学.

中国数学学者

个人成就

数学家，中国科学院院士，曾任中国科学院数学研究所研究员、所长. 华罗庚是我国解析数论、典型群、矩阵几何学、自守函数论与多复变函数论等方面研究的创始人与开拓者.

课程思政小微课

华罗庚

(2) 用思维导图呈现知识脉络

每章知识点的总结通过思维导图的形式呈现，并对存在逻辑相关性的知识点进行了关联标记，以帮助学生理解、掌握知识脉络.

(3) 紧密结合 Python 应用

教材引入 Python 应用，用 Python 编程求解典型习题. Python 编程内容自成体系，既有利于教师辅导学生理解数学的实用价值，培养其应用数学解决实际问题的能力，也方便学生自学.

3. 教材的内容特色

(1) 优化知识结构

在编写本书的过程中，编者对教材体系、内容安排和例题配置等进行了广泛调研，对大学文科数学知识结构进行了适当的优化，定义、定理的表述既兼顾严谨性，又考虑了易懂性，尽量使数学知识简单化、形象化，保证教材难易适中，培养学生的数学素养与应用能力.

(2) 侧重知识应用

本书结合新文科的特点，在内容安排上更加注重大学文科数学知识在行业中的应用，弱化了不必要的推导过程，更新了“老旧”的例题背景，尽量结合新文科专业背景，培养大学文科学生解决实际问题的能力.

在知识点及例题背景中结合了新文科元素，如商品营销、生产计划、婚姻状况模型等. 这些知识点及例题的背景与文科专业密切相关，学生在学习数学知识的同时，能直观地与所学专业相结合，融会贯通，在应用中感受到数学的魅力.

(3) 习题丰富

本书的习题按难度进行了分层，每节之后的习题分为“基础题”和“提高题”两个层次，“基础题”与该节知识点紧密呼应，“提高题”则选取了与该节知识相关的拔高题，每章设有综合性较强的“总复习题”. 全书习题题量较大，且层次分明，方便教师授课和测验，也可以满足各类学生的不同需求.

二、教学支撑

1. 支持线上线下混合式教学

编者借鉴国内外优秀慕课形式，精心录制了配套慕课，并在每章的定义、定理、例题、习题等内容中选取重点、难点，单独录制微课，同时每章还设置了章首导学微课、章末小结微课、思政微课、Python 微课，学生扫描书中相应位置的二维码即可观看.

慕课演示

微课演示

配套慕课可以有效地支撑各院校开展线上教学，帮助学生提高自学效率；微课视频能帮助数学教师实现翻转课堂的教学模式，帮助学生更好地开展课前预习、课下复习.

2. 提供优质的教师服务

为充分发挥教材的教学价值，编者精心准备了教学辅助资源，还将组织教学研讨会，与更多的大学数学教师共同交流，尽快达到国家对新文科教学改革的高标准要求.

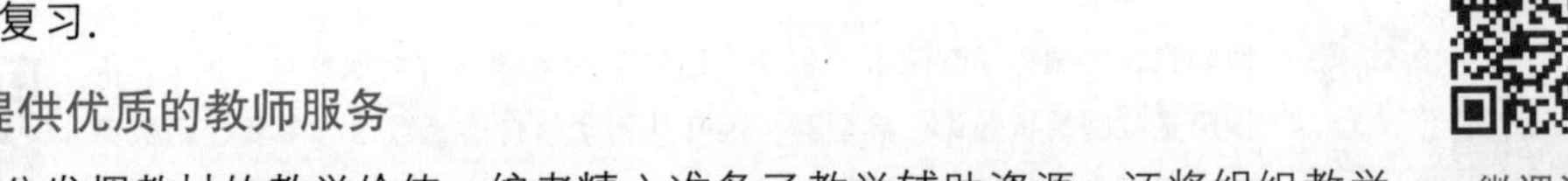

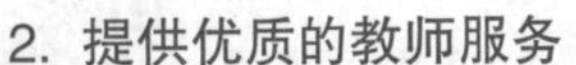

三、致谢

本书由山东大学吴臻、张天德设计整体框架和编写思路，并担任主编，由孙钦福、黄宗媛担任副主编.

本书在编写过程中得到了山东大学本科生院、山东大学数学学院的大力支持与帮助，获得山东大学“双一流”人才培养专项建设项目支持. 本书也是教育部新文科研究与改革实践项目“基于数学思维培养视域下新文科课程体系和教材体系建设实践研究”（项目编号：2021070051）的重要成果. 多位数学教授对书稿进行了全面审读，从实际教学角度对本书提出了中肯的修改建议，在此表示衷心的感谢.

编者

2021 年 2 月

目 录

01
第 1 章 函数、极限与连续

02
第 2 章 导数与微分

03

第3章 不定积分、定积分及其应用

04

第 4 章 线性代数初步

05

第 5 章 概率论初步

附录 使用 Python 解决大学文科数学问题

附表

参考答案

01

第 1 章

函数、极限与连续

迄今为止，数学已有数千年历史，伴随着数学思想的发展，函数概念由模糊逐渐严密. 有别于初等数学的研究对象大多是不变的量，高等数学的主要研究对象是变动的量，也就是函数. 我国古代数学家刘徽的极限思想给出了研究变量的一种方法，在此基础上极限的理论不断完善. 极限是研究函数的重要方法，也是微积分学中研究问题的基本工具. 连续性是非常广泛的一类函数所具有的重要特性.

本章导学

本章将对函数概念进行复习和补充，介绍如何利用极限思想研究函数，讨论函数的连续性. 极限理论的学习与讨论，将为我们奠定学习高等数学的基础.

1.1 函数

“函数”一词来自于著作《代数学》，其中记载有“凡此变数中含彼变数者，则此为彼之函数”，也即函数指一个量随着另一个量的变化而变化，或者说一个量中包含另一个量. 在学习函数之前，先来介绍基本的数学语言.

1.1.1 预备知识

1. 集合

定义 1.1 一般说来，由一些确定的不同的研究对象构成的整体称为集合. 构成集合的对象，称为集合的元素.

集合一般用大写英文字母 $A,B,C,\cdots$ 表示，集合中的元素用小写英文字母 $a,b,c,\cdots$ 表示，若 a 是集合 M 中的元素，记为 $a\in M$；如果 a 不是集合 M 的元素，就记为 $a\notin M$ 或 $a\overline{\in} M$.

构成集合的元素具有 3 个性质：确定性、互异性、无序性.

高等数学中常用数集及其记法如下：

(1) 全体非负整数组成的集合称为非负整数集或自然数集，记为 $\mathbf{N}$；

(2) 全体整数组成的集合称为整数集，记为 $\mathbf{Z}$；

(3) 全体正整数组成的集合称为正整数集，记为 $\mathbf{Z}^{+}$ 或 $\mathbf{N}^{+}$；

(4) 全体有理数组成的集合称为有理数集，记为 $\mathbf{Q}$；

(5) 全体实数组成的集合称为实数集，记为 $\mathbf{R}$.

2. 区间

设 a,b 为实数，且 $a<b$.

(1) 满足不等式 $a<x<b$ 的所有实数 x 的集合，称为以 a,b 为端点的开区间，记作 (a,b)，如图 1.1(a) 所示，即 $(a,b)=\{x\mid a<x<b\}$.

(2) 满足不等式 $a\leqslant x\leqslant b$ 的所有实数 x 的集合，称为以 a,b 为端点的闭区间，记作 $[a,b]$，如图 1.1(b) 所示，即 $[a,b]=\{x\mid a\leqslant x\leqslant b\}$.

(3) 满足不等式 $a<x\leqslant b$ (或 $a\leqslant x<b$) 的所有实数 x 的集合，称为以 a,b 为端点的半开半闭区间，记作 $(a,b]$ (或 $[a,b)$)，如图 1.1(c) 和图 1.1(d) 所示，即 $(a,b]=\{x\mid a<x\leqslant b\}$, $[a,b)=\{x\mid a\leqslant x<b\}$.

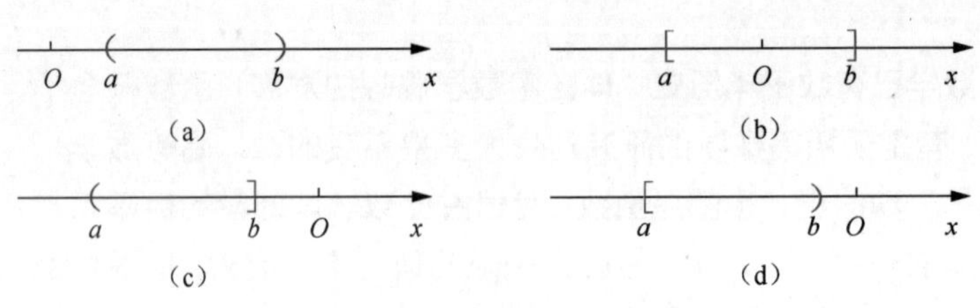

图 1.1

以上 3 类区间为有限区间，有限区间右端点 b 与左端点 a 的差 $b-a$，称为区间的长度. 此外，还有下面 3 类无限区间.

(1) $(a,+\infty)=\{x\mid x>a\}$; $[a,+\infty)=\{x\mid x\geqslant a\}$.

(2) $(-\infty,b)=\{x\mid x<b\}$; $(-\infty,b]=\{x\mid x\leqslant b\}$.

(3) $(-\infty,+\infty)=\{x\mid -\infty<x<+\infty\}$，即全体实数的集合.

注 $+\infty,-\infty$ 分别读作“正无穷大”与“负无穷大”，它们不是数，仅仅是个记号.

3. 邻域

我们知道，实数集合 $\{x\mid |x-x_0|<\delta,\delta>0\}$ 在数轴上是一个以点 x_0 为中心、长度为 2δ 的开区间 $(x_0-\delta,x_0+\delta)$，称之为点 x_0 的 δ 邻域，记作 $U(x_0,\delta)$. x_0 称为邻域中心，δ 称为邻域半径，如图 1.2 所示.

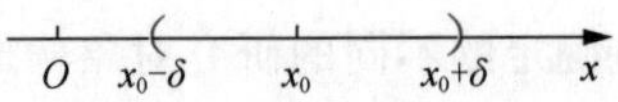

图 1.2

例如，$U\left(5,\dfrac{1}{2}\right)$ 即为以点 $x_0=5$ 为中心、以 $\delta=\dfrac{1}{2}$ 为半径的邻域，就是开区间 $\left(\dfrac{9}{2},\dfrac{11}{2}\right)$.

称 $\{x\mid 0<|x-x_0|<\delta,\delta>0\}$ 即 $(x_0-\delta,x_0)\cup(x_0,x_0+\delta)$ 为点 x_0 的去心 δ 邻域，记作 $\mathring{U}(x_0,\delta)$.

例如，$\mathring{U}(1,2)$ 为以点 $x_0=1$ 为中心、以 $\delta=2$ 为半径的去心邻域，即 $(-1,1)\cup(1,3)$.

4. 映射

定义 1.2 设 X,Y 是两个非空集合，如果存在一个法则 f，使对 X 中每个元素 x 按照法则 f，在 Y 中有唯一确定的元素 y 与之对应，则称 f 为从 X 到 Y 的映射，记作

$$f:X\to Y.$$

y 称为元素 x(在映射 f 下)的像，并记作 $f(x)$，即

$$y=f(x);$$

而元素 x 称为元素 y(在映射 f 下)的一个原像. 集合 X 称为映射 f 的定义域，记作 D_f，即

$$D_f=X.$$

X 中所有元素的像所组成的集合称为映射 f 的值域，记为 R_f 或 $f(X)$，即

$$R_f=f(X)=\{f(x)\mid x\in X\}.$$

需要注意的问题如下.

(1)构成一个映射必须具备以下 3 个要素.

① 集合 X，即定义域 $D_f=X$.

② 集合 Y，即值域的范围：$R_f\subset Y$.

③ 对应法则 f，使对每个 $x\in X$，有唯一确定的 $y=f(x)$ 与之对应.

(2)对每个 $x\in X$，元素 x 的像 y 是唯一的；而对每个 $y\in R_f$，元素 y 的原像不一定是唯一的；映射 f 的值域 R_f 是 Y 的一个子集，即 $R_f\subset Y$，不一定有 $R_f=Y$.

(3)满射、单射和双射：设 f 是从集合 X 到集合 Y 的映射，若 $R_f=Y$，即 Y 中任一元素 y 都是 X 中某元素的像，则称 f 为 X 到 Y 的满射；若对 X 中任意两个不同元素 $x_1\neq x_2$，它们的像 $f(x_1)\neq f(x_2)$，则称 f 为 X 到 Y 的单射；若映射 f 既是单射又是满射，则称 f 为双射(或一一映射).

5. 逆映射与复合映射

设 f 是 X 到 Y 的单射，则由单射的定义，对每个 $y\in R_f$，有唯一的 $x\in X$，适合 $f(x)=y$. 于是，我们可定义一个从 R_f 到 X 的新映射 g，即

$$g:R_f\to X,$$

对每个 $y\in R_f$，规定 $g(y)=x$，其中 x 满足 $f(x)=y$. 这个映射 g 称为 f 的逆映射，记作 f^{-1}，其定义域 $D_{f^{-1}}=R_f$，值域 $R_{f^{-1}}=X$.

设有两个映射

$$g:X\to Y_1,\ f:Y_2\to Z,$$

其中 $Y_1\subset Y_2$，则由映射 g 和 f 可以定出一个从 X 到 Z 的对应法则，它将每个 $x\in X$ 映射成 $f[g(x)]\in Z$. 显然，这个对应法则确定了一个从 X 到 Z 的映射，这个映射称为映射 g 和 f 构成的复合映射，记作 $f\circ g$，即

$$f\circ g:X\to Z,$$

$$(f\circ g)(x)=f[g(x)],\ x\in X.$$

注意映射 g 和 f 构成复合映射的条件：g 的值域 R_g 必须包含在 f 的定义域内，即 $R_g\subset D_f$；否则，不能构成复合映射. 由此可以知道，映射 g 和 f 的复合是有顺序的，$f\circ g$ 有意义并不表示 $g\circ f$ 也有意义. 即使 $f\circ g$ 与 $g\circ f$ 都有意义，复合映射 $f\circ g$ 与 $g\circ f$ 也未必相同.

例如，设有映射 $g:\mathbf{R}\to[-1,1]$，对每个 $x\in\mathbf{R}$，$g(x)=\sin x$，映射 $f:[-1,1]\to[0,1]$，对每个 $u\in[-1,1]$，$f(u)=\sqrt{1-u^2}$，则映射 g 和 f 构成复合映射 $f\circ g$：$\mathbf{R}\to[0,1]$，对每个 $x\in\mathbf{R}$，有 $f\circ g(x)=f[g(x)]=f(\sin x)=\sqrt{1-\sin^2 x}=|\cos x|$.

1.1.2 函数的定义及常见的分段函数

1. 函数的定义

在自然界和日常生活中，我们会经常遇到各种各样的量，如长度、质量、产量、价格、时间、速度等. 在某一个过程中，如果一个量只能取一个固定的数值，这个量就称为常量；数值不断变化的量称为变量. 一个量是常量还是变量，随着所考虑的问题不同，可能会有变化. 例如，某种商品的价格在较短的一段时间内是一个常量，而在较长的时间段内是一个变量. 常量可以看成特殊的变量.

另外，在讨论量的变化时，我们发现许多量的变化不是孤立的，而是遵循一定的规律相互制约又相互依赖，这种变化规律通常由变量在变化过程中的数值对应关系反映出来. 例如，企业产品的总收益 R 与销售量 Q、价格 P 之间的关系为 $R=PQ$. 我们把变量之间确定的对应关系称为函数关系.

定义 1.3 设 D 是一个给定的非空数集. 若对任意的 $x\in D$，按照一定法则 f，总有唯一确定的数值 y 与之对应，则称 y 是 x 的函数，记为

$$y=f(x).$$

数集 D 称为函数 $f(x)$ 的定义域，x 为自变量，y 为因变量. 函数值的全体 $R_f=\{y\,|\,y=f(x),x\in D\}$ 称为函数 $f(x)$ 的值域.

可以看出函数就是变量 x 与 y 之间的一种关系，是一种特殊的映射.

我们还发现映射是给定两个非空集合和一个对应法则，而函数则是给定一个非空集合和一个对应法则，所以可以认为定义域与对应法则是函数的两要素，确定了函数的两要素，该函数也就确定了，两要素可以作为判断两个函数是否相同的标准.

例如，$f(x)=\dfrac{x-1}{x^2-1}$ 与 $g(x)=\dfrac{1}{x+1}$ 不是同一个函数，因为二者的定义域不同；$f(x)=x$ 与 $g(x)=\sqrt{x^2}$ 不是同一个函数，因为二者的对应法则不同；函数 $f(x)=1$ 与 $g(x)=\sin^2x+\cos^2x$ 是同一个函数；$f(x)=x^2+1$ 与 $g(t)=t^2+1$ 是同一个函数.

定义域是使表达式或实际问题有意义的自变量组成的集合. 但对无实际背景的函数，我们常常只给出对应法则，而未指明其定义域. 在数学上，通常将使函数表达式有意义的一切实数所组成的集合作为函数的定义域，称为函数的自然定义域.

例 1.1 确定函数 $f(x)=\ln(2-x)+\sqrt{x+1}+\dfrac{1}{x}$ 的定义域.

解 由题意得 $2-x>0,x+1\geqslant 0,x\neq 0$，即 $-1\leqslant x<2$ 且 $x\neq 0$，故函数的定义域为 $D=[-1,0)\cup(0,2)$.

表示或确定函数的方法通常有 3 种：表格法、图形法和解析法(公式法). 用表格表示函数的方法在经济学、社会学中很常用.

另外，用图形法表示函数是基于函数图形的概念，即坐标平面上的点集 $\{P(x,y)\,|\,y=f(x),x\in D\}$ 称为函数 $y=f(x),x\in D$. 用图形表示变量之间函数关系的例子在实践中是很多的，如股价变化曲线图、心电图、自动气温记录仪等.

例 1.2 2019 年 6 月 5 日至 2020 年 6 月 5 日这段时间内波罗的海干散货综合运价指数 BDI 和时间之间的函数关系如图 1.3 所示.

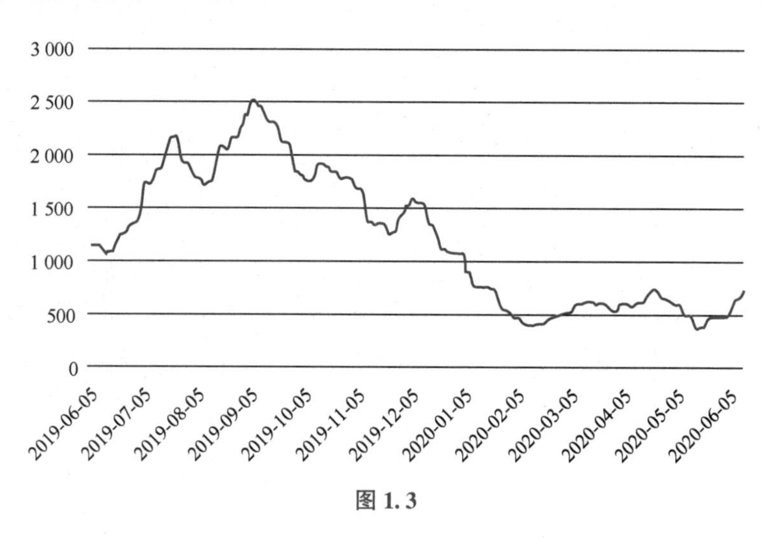

图 1.3

2. 常见的分段函数

在自变量的不同变化范围内，对应法则用不同数学式子来表示的函数称为分段函数. 常见的分段函数有以下 4 种.

(1) 绝对值函数 $y=|x|=\begin{cases}-x, & x<0,\\ x, & x\geqslant 0,\end{cases}$ 其图形如图 1.4 所示.

(2) 符号函数 $\operatorname{sgn}x=\begin{cases}-1, & x<0,\\ 0, & x=0,\\ 1, & x>0,\end{cases}$ 其图形如图 1.5 所示.

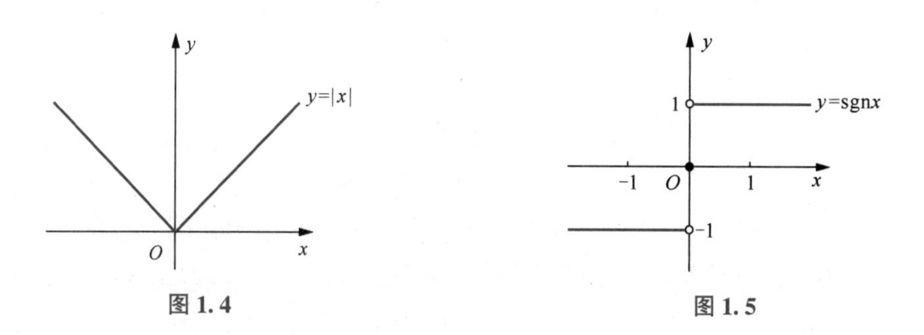

图 1.4 **图 1.5**

(3) 取整函数 对任意实数 x，记 $[x]$ 为不超过 x 的最大整数，称 $y=[x]$ 为取整函数，其图形如图 1.6 所示.

显然，对于取整函数有 $x-1<[x]\leqslant x$.

例如，$[\sqrt{3}]=1$，$[-\pi]=-4$，$[\pi]=3$，$[2]=2$.

(4) 狄利克雷函数 $D(x)=\begin{cases}1, & x\in\mathbf{Q},\\ 0, & x\in\overline{\mathbf{Q}}.\end{cases}$

例 1.3 确定函数 $y=f(x)=\begin{cases}\sqrt{1-x^2}, & |x|\leqslant 1,\\ x^2-1, & 1<|x|<2\end{cases}$ 的定义域并画出图形.

解 此函数为分段函数，其定义域为

$$D=\{x\mid |x|\leqslant 1\}\cup\{x\mid 1<|x|<2\}=\{x\mid |x|<2\}=(-2,2),$$

其图形如图 1.7 所示.

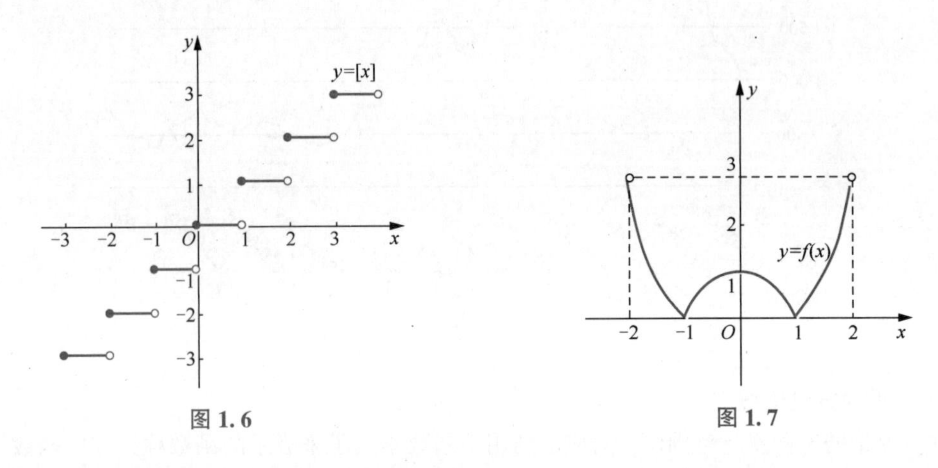

图 1.6　　图 1.7

例 1.4 某城市制定的每户用水收费(含用水费和污水处理费)标准如表 1.1 所示.

表 1.1

用水收费	不超出 $10\mathrm{m}^3$ 的部分	超出 $10\mathrm{m}^3$ 的部分
用水费(元/m^3)	1.3	2
污水处理费(元/m^3)	0.3	0.8

建立每户用水量 $x(\mathrm{m}^3)$ 和应交水费 y(元)之间的函数关系.

解 根据题意知，二者之间的关系可用分段函数表示，如下所示.

$$y=\begin{cases}(1.3+0.3)x, & x\leqslant 10,\\ (1.3+0.3)\times 10+(2+0.8)\times(x-10), & x>10\end{cases}=\begin{cases}1.6x, & x\leqslant 10,\\ 2.8x-12, & x>10.\end{cases}$$

1.1.3 函数的性质及四则运算

1. 有界性

设函数 $y=f(x)$，其定义域为 D.

(1) 如果存在常数 A，使对任意 $x\in D$，均有 $f(x)\geqslant A$ 成立，则称函数 $f(x)$ 在 D 上有下界.

(2) 如果存在常数 B，使对任意 $x\in D$，均有 $f(x)\leqslant B$ 成立，则称函数 $f(x)$ 在 D 上有上界.

(3) 如果存在一个正常数 M，使对任意 $x\in D$，均有 $|f(x)|\leqslant M$ 成立，则称函数 $f(x)$ 在 D 上有界；否则称函数 $f(x)$ 在 D 上无界. 即有界函数 $y=f(x)$ 的图形夹在 $y=-M$ 和 $y=M$ 两条直线之间，如图 1.8 所示.

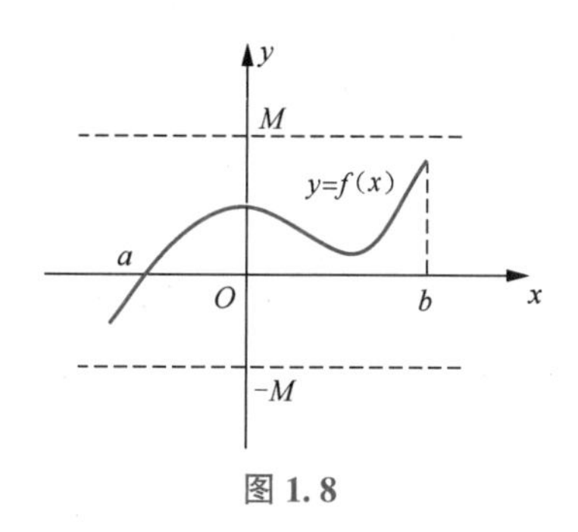

图 1.8

例如，正弦函数、余弦函数在实数域 **R** 上有界，因为 $|\sin x|\leqslant 1$, $|\cos x|\leqslant 1(x\in\mathbf{R})$. 又如正切函数 $\tan x$ 在 $\left(-\frac{\pi}{2},\frac{\pi}{2}\right)$ 上无界；在 $\left[0,\frac{\pi}{2}\right)$ 上有下界无上界，在 $\left(-\frac{\pi}{2},0\right]$ 上有上界无下界；在 $\left[-\frac{\pi}{4},\frac{\pi}{4}\right]$ 上有界，因为 $|\tan x|\leqslant 1, x\in\left[-\frac{\pi}{4},\frac{\pi}{4}\right]$.

容易证明：函数 $y=f(x)$ 在其定义域 D 上有界的充分必要条件是它在定义域 D 上既有上界又有下界.

2. 单调性

如果函数 $y=f(x)$ 对区间 $I(I\subset D)$ 内的任意两点 x_1 和 x_2，当 $x_1<x_2$ 时，有 $f(x_1)<f(x_2)$，则称此函数在区间 I 内是严格单调增加的(或称严格单调递增)，如图 1.9 所示；当 $x_1<x_2$ 时，有 $f(x_1)>f(x_2)$，则称此函数在区间 I 内是严格单调减少的(或称严格单调递减)，如图 1.10 所示.

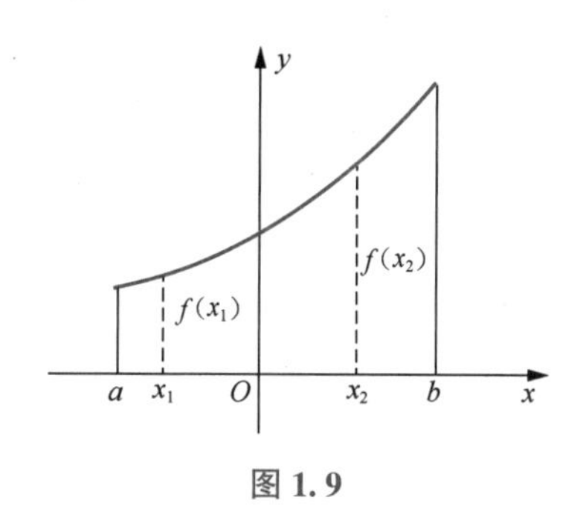

图 1.9

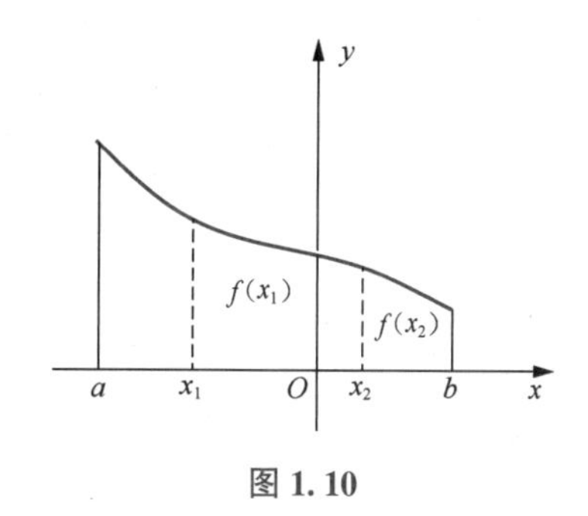

图 1.10

严格单调增加和严格单调减少的函数统称为严格单调函数. 一般情况下，若不单独说明，本书所指单调增加(减少)即为严格单调增加(减少).

例如，$f(x)=x^3$ 在 $(-\infty,+\infty)$ 上单调增加，$f(x)=a^x(0<a<1)$ 在 $(-\infty,+\infty)$ 上单调减少，而 $f(x)=x^2$ 在 $(-\infty,0)$ 上单调减少，在 $[0,+\infty)$ 上单调增加.

3. 奇偶性

设函数 $y=f(x)$ 的定义域 D 关于原点对称，如果对于任意 $x\in D$，

(1) 若 $f(-x)=f(x)$ 恒成立，则称函数 $f(x)$ 为偶函数；

(2) 若 $f(-x)=-f(x)$ 恒成立，则称函数 $f(x)$ 为奇函数.

如果函数 $f(x)$ 既不是奇函数也不是偶函数，则称其为非奇非偶函数.

偶函数的图形关于 y 轴对称，因为若 $f(x)$ 为偶函数，则对于定义域内的任意 $x\in D$，$f(-x)=f(x)$ 恒成立，所以如果 $P(x,f(x))$ 是图形上的点，那么它关于 y 轴的对称点 $P'(-x,f(x))$ 也在图形上，如图 1.11 所示.

奇函数的图形关于原点对称，因为若 $f(x)$ 为奇函数，则对于定义域内的任意 $x\in D$，$f(-x)=-f(x)$ 恒成立，所以如果 $Q(x,f(x))$ 是图形上的点，那么它关于原点的对称点 $Q'(-x,-f(x))$ 也在图形上，如图 1.12 所示.

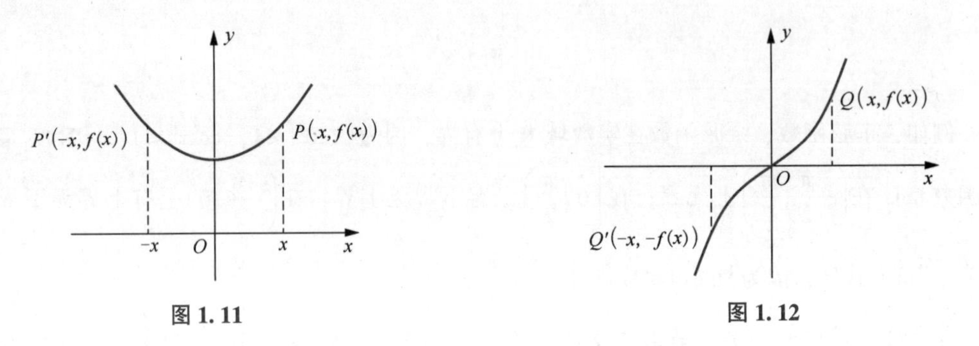

图 1.11　　　　图 1.12

例如，$f(x)=x^2, f(x)=\cos x$ 在 $(-\infty,+\infty)$ 上均为偶函数；$f(x)=x, f(x)=x^3, f(x)=\sin x$ 在 $(-\infty,+\infty)$ 上均为奇函数.

4. 周期性

设函数 $y=f(x), x\in D$，如果存在常数 $T\neq 0$，对任意 $x\in D$，有 $x\pm T\in D$，且

$$f(x\pm T)=f(x)$$

恒成立，则称函数 $y=f(x)$ 为周期函数，T 称为 $f(x)$ 的一个周期. 通常我们所说函数的周期是指其最小正周期.

例如，函数 $y=\sin x$ 和 $y=\cos x$ 都是以 $T=2\pi$ 为周期的周期函数；函数 $y=\tan x$ 是以 $T=\pi$ 为周期的周期函数.

周期函数 $f(x)$ 的图形具有周期性，若其周期为 T，则在区间 $[a+kT, a+(k+1)T]$ $(k\in\mathbf{Z})$ 上的图形应与区间 $[a,a+T]$ 上的图形相同，所以只要将 $[a,a+T]$ 上的图形向左、右无限复制，则得到整个函数图形. 注意，并非任意周期函数都有最小正周期. 例如，狄利克雷函数

$$D(x)=\begin{cases}1, & x\in\mathbf{Q},\\0, & x\in\overline{\mathbf{Q}},\end{cases}$$

容易验证这是一个周期函数，任何正有理数 r 都是它的周期，所以它没有最小正周期.

5. 函数的四则运算

设函数 $f(x), g(x)$ 的定义域分别为 $D_f, D_g, D=D_f\cap D_g\neq\varnothing$，则我们可以定义这两个函数的下列运算.

和(差) $f\pm g$：$(f\pm g)(x)=f(x)\pm g(x), x\in D$.

积 $f\cdot g$：$(f\cdot g)(x)=f(x)\cdot g(x), x\in D$.

商 $\dfrac{f}{g}$：$\left(\dfrac{f}{g}\right)(x)=\dfrac{f(x)}{g(x)}, x\in D$ 且 $g(x)\neq 0$.

1.1.4　反函数

在函数的定义中，自变量和因变量的地位是相对的，其函数关系可能具有可逆性. 比如，在某商品的销售中，已知商品的价格为 P，如果想从销售量 Q 来确定商品的总收益 R，那么 Q 是自变量，R 是因变量，其函数关系为 $R=PQ$. 相反，如果想从总收益确定其销售量，就把 R 取作自变量，Q 取作因变量，得出函数关系为 $Q=\frac{R}{P}$，我们把 $Q=\frac{R}{P}$称为 $R=PQ$ 的反函数.

定义 1.4　设函数 $y=f(x),x\in D,y\in R_f$(D 是定义域，R_f 是值域). 若对于任意一个 $y\in R_f$，D 中都有唯一确定的 x 与之对应，这时 x 是以 R_f 为定义域的 y 的函数，称它为 $y=f(x)$ 的反函数，记作 $x=f^{-1}(y),y\in R_f$.

人们习惯上用字母 x 表示自变量，用字母 y 表示函数. 为了与习惯一致，将反函数 $x=f^{-1}(y)$，$y\in R_f$的变量对调，改写成 $y=f^{-1}(x),x\in R_f$.

今后凡不特别说明，函数 $y=f(x)$ 的反函数均记为 $y=f^{-1}(x),x\in R_f$ 的形式.

在同一直角坐标系下，$y=f(x),x\in D$ 与其反函数 $y=f^{-1}(x),x\in R_f$ 的图形关于直线 $y=x$ 对称.

定理 1.1　单调函数必有反函数，且单调增加(减少)函数的反函数也是单调增加(减少)的.

例如，函数 $y=x^2$ 在定义域$(-\infty,+\infty)$内没有反函数，但在$[0,+\infty)$上存在反函数. 由 $y=x^2$，$x\in[0,+\infty)$，求得 $x=\sqrt{y},y\in[0,+\infty)$，得反函数为 $y=\sqrt{x},x\in[0,+\infty)$. 它们的图形关于直线$y=x$ 对称，如图 1.13 所示.

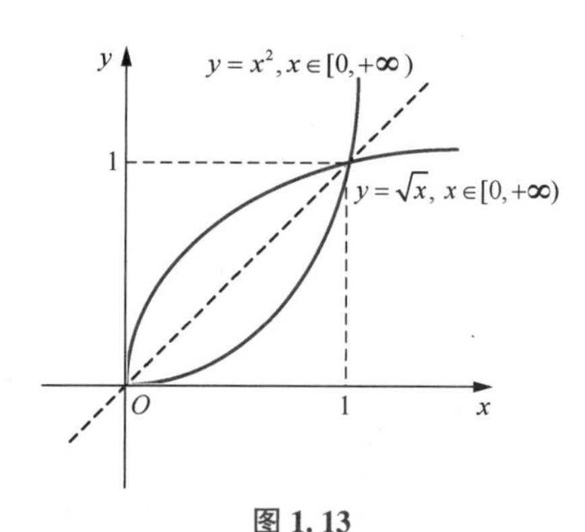

图 1.13

求函数 $y=f(x)$ 的反函数可以按以下步骤进行：

(1) 从 $y=f(x)$ 中解出唯一的 x，并写成 $x=f^{-1}(y)$；

(2) 将 $x=f^{-1}(y)$ 中的字母 x,y 对调，得到函数 $y=f^{-1}(x)$，对应的定义域和值域也随之互换，这就是所求函数的反函数.

1.1.5　复合函数

在实际问题中，两个变量间的联系有时不是直接的，而是通过另一个变量联系起来的. 例如，一个家庭贷款购房的能力 y 是其偿还能力 u 的平方，而这个家庭的偿还能力是月收入 x 的

50%，则这个家庭的贷款购房能力 y 与月收入 x 的关系可由两个函数 $y=f(u)=u^2$ 与 $u=g(x)=x\cdot 50\%=\frac{x}{2}$ 经过代入运算而得到，即

$$y=f[g(x)]=f\left(\frac{x}{2}\right)=\left(\frac{x}{2}\right)^2.$$

这个函数就是复合函数，这种代入运算又称为复合运算.

定义 1.5 设

$$y=f(u),u\in D_f, \tag{1.1}$$

$$u=g(x),x\in D,\text{ 且 } R_g\subset D_f, \tag{1.2}$$

则 $y=f[g(x)],x\in D$ 称为由式(1.1)和式(1.2)确定的复合函数，u 称为中间变量. 复合过程如图 1.14 所示.

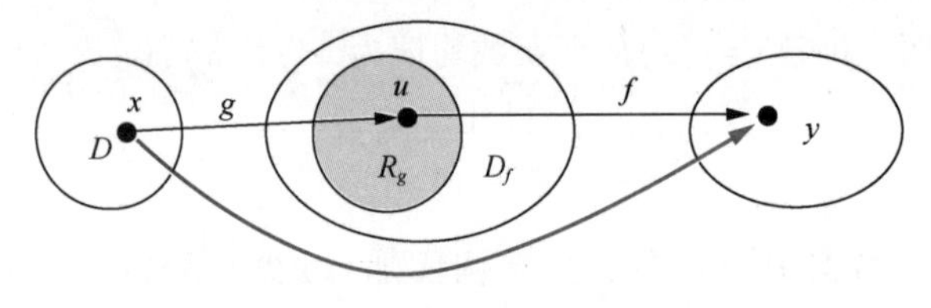

图 1.14

这个新函数 $y=f[g(x)]$ 称为由 $y=f(u)$ 和 $u=g(x)$ 复合而成的复合函数，$u=g(x)$ 称为内层函数，$y=f(u)$ 称为外层函数，u 称为中间变量.

构造复合函数的过程就像多台机器构成的生产线进行深加工生产过程一样. 将最初的原料 x 放入第一台机器 g 中加工，生产出半成品 $u=g(x)$，再将半成品 $g(x)$ 放入第二台机器 f 中再加工，生产出最终的产品 $y=f[g(x)]$，如图 1.15 所示.

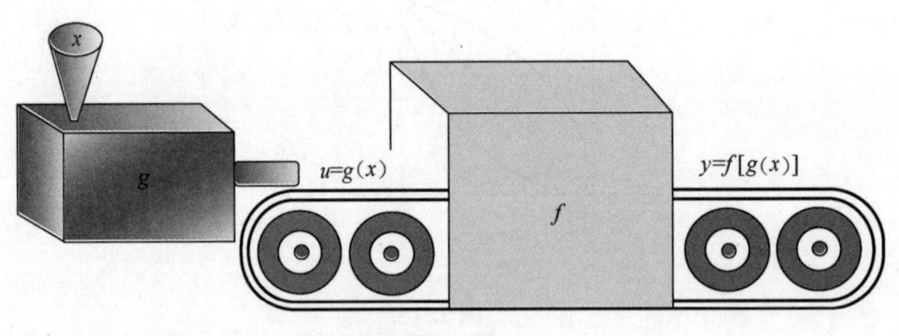

图 1.15

例如，函数 $y=\sin u$ 与 $u=x^2+1$ 可以复合成复合函数 $y=\sin(x^2+1)$.

复合函数不仅可以由两个函数经过复合而成，也可以由多个函数相继进行复合而成. 如函数 $y=u^2,u=\ln v,v=2x$ 可以复合成复合函数 $y=\ln^2(2x)$.

1.1.6 初等函数

幂函数、指数函数、对数函数、三角函数、反三角函数统称为基本初等函数.

为了便于使用，下面对基本初等函数的图形和性质进行总结，如表 1.2 所示.

表 1.2

函数名称		函数表达式	图形	性质
幂函数		$y=x^{a}, a\in\mathbf{R}$	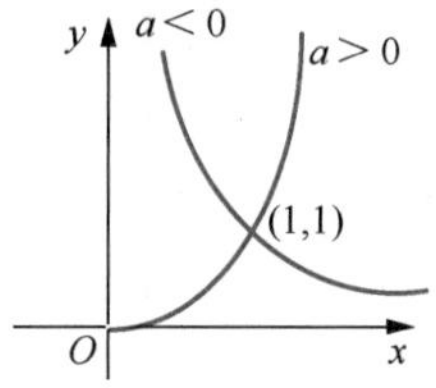	在第一象限，$a>0$ 时函数单调增加；$a<0$ 时函数单调减少. 过点 $(1,1)$，$a\neq0$ 时无界
指数函数		$y=a^{x}$ $(a>0$ 且 $a\neq1)$	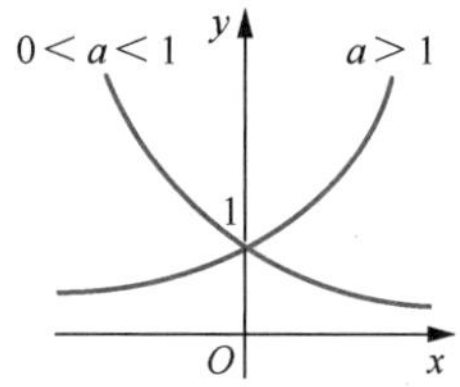	$a>1$ 时函数单调增加；$0<a<1$ 时函数单调减少. 过点 $(0,1)$，无界
对数函数		$y=\log_{a}x\,(a>0$ 且 $a\neq1)$	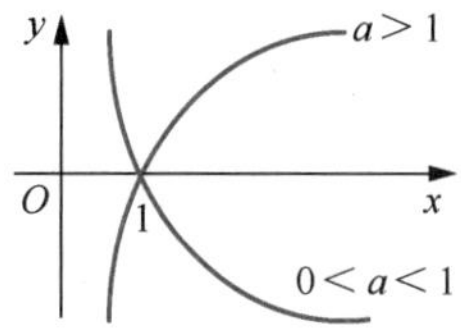	$a>1$ 时函数单调增加；$0<a<1$ 时函数单调减少. 过点 $(1,0)$，无界
三角函数	正弦函数	$y=\sin x$	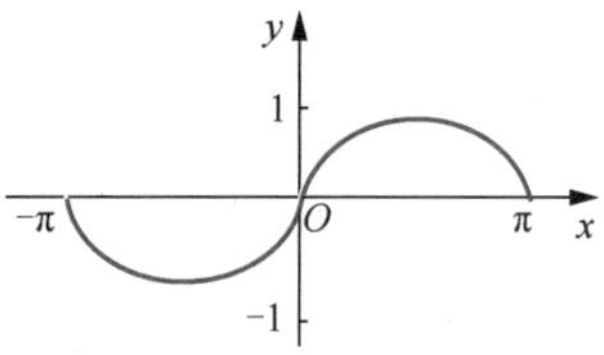	奇函数，周期 $T=2\pi$， $\|\sin x\|\leqslant1$，有界
	余弦函数	$y=\cos x$	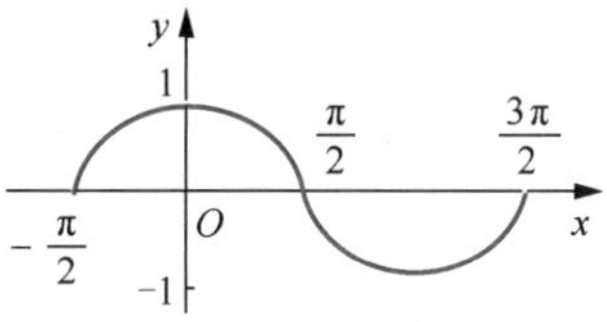	偶函数，周期 $T=2\pi$， $\|\cos x\|\leqslant1$，有界
	正切函数	$y=\tan x$	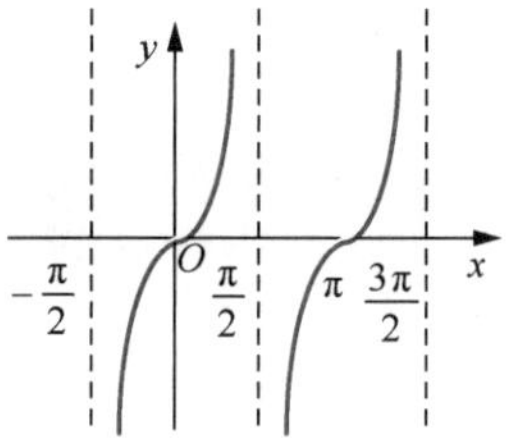	奇函数，周期 $T=\pi$，无界
	余切函数	$y=\cot x$	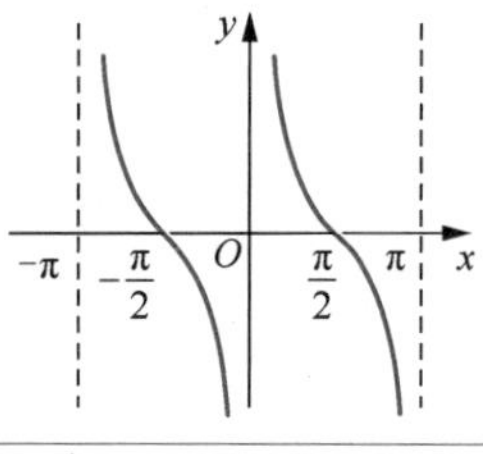	奇函数，周期 $T=\pi$，无界

续表

函数名称		函数表达式	图形	性质
反三角函数	反正弦函数	$y=\arcsin x$		$x\in[-1,1], y\in\left[-\frac{\pi}{2},\frac{\pi}{2}\right]$，奇函数，单调增加，有界
	反余弦函数	$y=\arccos x$		$x\in[-1,1], y\in[0,\pi]$，单调减少，有界
	反正切函数	$y=\arctan x$		$x\in(-\infty,+\infty), y\in\left(-\frac{\pi}{2},\frac{\pi}{2}\right)$，奇函数，单调增加，有界
	反余切函数	$y=\operatorname{arccot} x$		$x\in(-\infty,+\infty), y\in(0,\pi)$，单调减少，有界

由常数和基本初等函数经过有限次四则运算及有限次复合运算所构成的并能用一个式子表示的函数，称为初等函数.

例如，函数 $f(x)=2^{\sqrt{x}}\ln(2x+5), g(x)=\sqrt{\sin 2x}+e^{\arctan 3x}$ 等均为初等函数. 分段函数大多不是初等函数. 绝对值函数 $f(x)=|x|$ 虽然是分段函数，但可以表示为 $f(x)=\sqrt{x^2}$，因此，它是初等函数.

同步习题 1.1

1. 求下列函数的定义域.

(1) $y=\sqrt{2x+4}$.

(2) $y=\dfrac{1}{x-3}+\sqrt{16-x^2}$.

(3) $y=\ln(x^2-2x-3)$.

(4) $y=\dfrac{\sqrt{-x}}{2x^2-3x-2}$.

2. 单项选择题.

(1) 下列集合 A 到集合 B 的对应关系 f 是函数的是(　　).

A. $A=\{-1,0,1\}$, $B=\{0,1\}$, f:A 中的数平方

B. $A=\{0,1\}$, $B=\{-1,0,1\}$, f:A 中的数开方

C. $A=\mathbf{Z}$, $B=\mathbf{Q}$, f:A 中的数取倒数

D. $A=\mathbf{R}$, $B=\{$正实数$\}$, f:A 中的数取绝对值

(2) 对于一元函数，下列说法正确的是(　　).

A. 函数值域中每一个数在定义域中一定只有一个数与之对应

B. 函数的定义域和值域可以是空集

C. 函数的定义域和值域一定是数集

D. 函数的定义域和值域确定后，函数的对应关系也就确定了

(3) 下列说法中正确的是(　　).

A. 定义域和值域都相同的两个函数是同一个函数

B. $f(x)=1$ 与 $f(x)=x^0$ 表示同一个函数

C. $y=f(x)$ 与 $y=f(x+1)$ 不可能是同一个函数

D. $y=f(x)$ 与 $y=f(t)$ 表示同一个函数

(4) 下列各题中，函数 $f(x)$ 与 $g(x)$ 是同一个函数的是(　　).

A. $f(x)=\lg x^2$, $g(x)=2\lg x$　　B. $f(x)=x$, $g(x)=\sqrt{x^2}$

C. $f(x)=\sqrt[3]{x^4-x^3}$, $g(x)=x\sqrt[3]{x-1}$　　D. $f(x)=1$, $g(x)=\sec^2x-\tan^2x$

(5) 设 $M=\{x\mid -2\leqslant x\leqslant 2\}$, $N=\{y\mid 0\leqslant y\leqslant 2\}$, 图 1.16 给出了 4 个图形，其中能够表示以集合 M 为定义域、以集合 N 为值域的函数关系的是(　　).

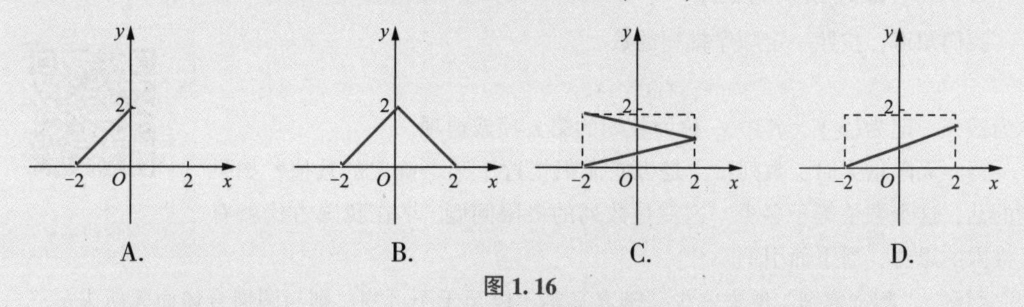

图 1.16

3. 下列哪些是周期函数？对于周期函数，指出其周期.

(1) $y=\cos(x-2)$.　　(2) $y=1+\sin\pi x$.

4. 判断下列函数的奇偶性.

(1) $y=e^{x^2}\sin x$.　　(2) $y=\log_a(x+\sqrt{1+x^2})\ (a>0,a\neq1)$.

5. 求下列函数的反函数.

(1) $y=\dfrac{ax+b}{cx+d}\ (ad-bc\neq0)$.　　(2) $y=\dfrac{1+\sqrt{1-x}}{1-\sqrt{1-x}}$.

6. 设$f(x)=\begin{cases}1-x, & x\leqslant 0,\\ x+2, & x>0,\end{cases}$ $g(x)=\begin{cases}x^2, & x<0,\\ -x, & x\geqslant 0,\end{cases}$ 求$f[g(x)]$.

7. 设$f(x)$在$(-\infty,+\infty)$上有定义，且对任意x，$y\in(-\infty,+\infty)$，有$|f(x)-f(y)|<|x-y|$. 证明：$F(x)=f(x)+x$在$(-\infty,+\infty)$上单调增加.

提高题

1. 求下列函数的定义域.

(1) $y=\dfrac{\sqrt{x^2-2x-15}}{|x+3|-3}$.　　(2) $y=\arcsin(2x-3)$.

(3) $y=\dfrac{1}{1+\dfrac{1}{x-1}}+(2x-1)^0+\sqrt{4-x^2}$.　　(4) $y=\dfrac{\sqrt[3]{4x+8}}{\sqrt{3x-2}}$.

2. 设函数$f(x)=x^4+x^3+x^2+x+1$，证明：当$x\neq 0$时，$x^4f\left(\dfrac{1}{x}\right)=f(x)$.

1.2 极限的定义与性质

数学中的极限思想是研究求某些实际问题的精确解而产生的，它是研究变量变化趋势的基本工具. 极限方法也是研究函数的一种基本方法，高等数学中的一系列基本概念，都是建立在极限理论基础之上的. 本节讨论数列极限和函数极限的定义及性质.

1.2.1 数列极限的定义

我们知道，按照一定顺序排列的数

$$x_1,x_2,\cdots,x_n,\cdots$$

称为数列，记为$\{x_n\}$，其中x_n称为数列的第n项或通项.

微课：数列极限的定义

当n无限增大时，数列$\{x_n\}$是否能无限接近于某个确定的数值？如果能的话，这个数值等于多少？这就是数列的极限问题. 早在我国古代就有了极限的思想，看下面引例.

引例 “割之弥细，所失弥少，割之又割，以至于不可割，则与圆周合体而无所失矣.”

——刘徽

记半径为R的圆的内接正六边形的面积为A_1，

内接正十二边形的面积为A_2，

$\cdots$，

内接正$6\times 2^{n-1}$边形的面积为A_n，当n无限增大时，得

$A_1,A_2,A_3,\cdots,A_n\to S_{圆}$，如图1.17所示.

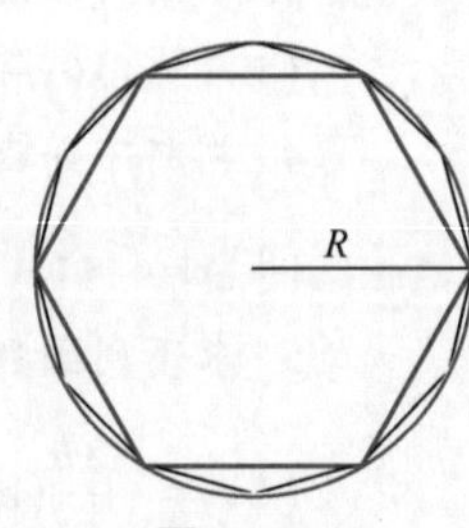

图1.17

类似地，观察下列数列的变化趋势.

(1) $\left\{\dfrac{1}{n}\right\}$：$1,\dfrac{1}{2},\dfrac{1}{3},\cdots,\dfrac{1}{n},\cdots$.

(2) $\{3\}$：$3,3,3,\cdots,3,\cdots$.

(3) $\{(-1)^n\}$：$-1,1,-1,1,\cdots,(-1)^n,\cdots$.

(4) $\left\{\dfrac{1+(-1)^n}{n}\right\}$：$0,1,0,\dfrac{1}{2},0,\dfrac{1}{3},\cdots,\dfrac{1+(-1)^n}{n},\cdots$.

(5) $\{n^2\}$：$1,4,9,\cdots,n^2,\cdots$.

通过观察可以看出，当 n 无限增大时，(1)和(4)无限地趋近于 0，(2)趋近于 3，(3)总是在 -1 和 1 之间跳动，(5)中当 n 逐渐增大时，n^2 也越来越大，变化趋势是无限增大.

在中学我们就知道，数列的项可以看作自然数 n 的函数，针对数列的这一现象，我们给出以下定义.

定义 1.6（描述性定义） 对于数列 $\{x_n\}$，当 n 无限增大($n\to\infty$)时，若 x_n 无限趋近于一个确定的常数 a，则称 a 为数列 $\{x_n\}$ 的极限(或称数列 $\{x_n\}$ 收敛于 a)，记作

$$\lim_{n\to\infty}x_n=a \text{ 或 } x_n\to a(n\to\infty),$$

此时，也称数列 $\{x_n\}$ 的极限存在；否则，称数列 $\{x_n\}$ 的极限不存在(或称数列 $\{x_n\}$ 发散).

根据定义，数列 $\left\{\dfrac{1}{n}\right\}$ 的极限是 0，记作 $\lim\limits_{n\to\infty}\dfrac{1}{n}=0$. 数列 $\{n^2\}$ 的变化趋势是无限增大，这时称数列 $\{n^2\}$ 的极限是无穷大，记作 $\lim\limits_{n\to\infty}n^2=\infty$，此时数列是发散的.

一般地，对于数列 $\{x_n\}$，当其极限为 a 时，有下列精确定义.

定义 1.7（$\varepsilon-N$ 定义） 设 $\{x_n\}$ 为一数列，a 是常数，如果对于 $\forall\varepsilon>0$（“$\forall$”代表“任意的”，后同），$\exists N\in\mathbf{N}^+$（“$\exists$”代表“存在”，后同），使当 $n>N$ 时，有 $|x_n-a|<\varepsilon$，则称 a 为数列 $\{x_n\}$ 的极限(或称数列 $\{x_n\}$ 收敛于 a)，记作

$$\lim_{n\to\infty}x_n=a \text{ 或 } x_n\to a(n\to\infty).$$

数列极限的几何解释如图 1.18 和图 1.19 所示，对于 $\forall\varepsilon>0$，$\exists N\in\mathbf{N}^+$，当 $n>N$ 时，所有的点 x_n 都落在 $(a-\varepsilon,a+\varepsilon)$ 内，只有有限个(至多有 N 个)落在其外.

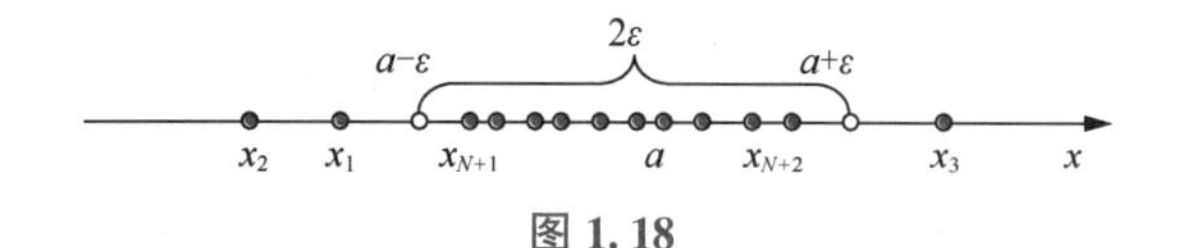

图 1.18

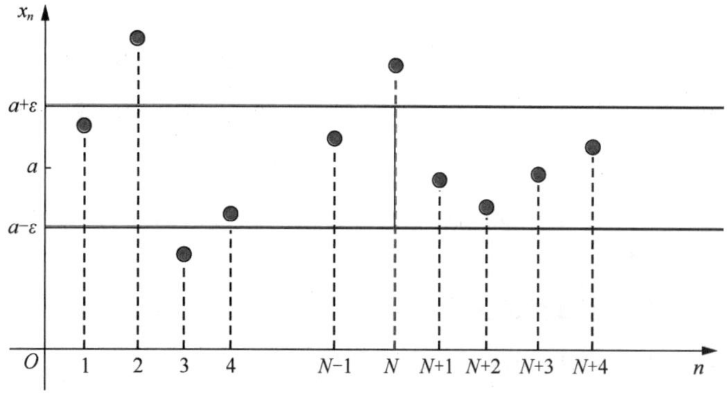

图 1.19

注 (1)理解数列极限的关键在于弄清什么是无限增大，什么是无限趋近.

(2)不是所有的数列都有极限，例如，数列$\{(-1)^n\}$的极限不存在.

(3)研究一个数列的极限，关注的是数列后面无限项的问题，改变该数列前面任何有限多个项，都不能改变这个数列的极限.

(4)“无限趋近于a”是指数列$\{x_n\}$后面的任意项与a的距离无限接近零.

在数列极限的定义中并没有给出求数列极限的方法，数列极限的求法我们将在后面几节中陆续讨论. 在此，举例说明有关数列极限的概念.

例 1.5 设$|q|<1$，证明：$\lim\limits_{n\to\infty}q^n=0$.

证明 当$q=0$时显然成立. 设$x_n=q^n$且$q\neq0$，对于$\forall\varepsilon\in(0,1)$，由于$|x_n-0|=|q^n-0|=|q|^n$，所以要使$|x_n-0|<\varepsilon$，即$|q|^n<\varepsilon$，解得$n>\dfrac{\ln\varepsilon}{\ln|q|}$，取$N=\left[\dfrac{\ln\varepsilon}{\ln|q|}\right]$，则当$n>N$时，就有$|q^n-0|<\varepsilon$，故$\lim\limits_{n\to\infty}q^n=0$.

1.2.2 数列极限的性质

定理 1.2（唯一性） 收敛数列的极限是唯一的.

即若数列$\{x_n\}$收敛，且$\lim\limits_{n\to\infty}x_n=a$和$\lim\limits_{n\to\infty}x_n=b$，则$a=b$.

证明 对于$\forall\varepsilon>0$，由$\lim\limits_{n\to\infty}x_n=a$知，$\exists N_1\in\mathbf{N}^+$，当$n>N_1$时，有$|x_n-a|<\varepsilon$. 再由$\lim\limits_{n\to\infty}x_n=b$知，$\exists N_2\in\mathbf{N}^+$，当$n>N_2$时，有$|x_n-b|<\varepsilon$. 取$N=\max\{N_1,N_2\}$，则当$n>N$时，有

$$|a-b|\leqslant|x_n-a|+|x_n-b|<\varepsilon+\varepsilon=2\varepsilon,$$

由$\varepsilon>0$的任意性知$a=b$.

定理 1.3（有界性） 收敛数列是有界的.

即若数列$\{x_n\}$收敛，则存在$M>0$，对于$\forall n\in\mathbf{N}^+$，有$|x_n|\leqslant M$.

证明 设$\lim\limits_{n\to\infty}x_n=a$，由定义知，对于$\varepsilon=1$，$\exists N\in\mathbf{N}^+$，当$n>N$时，有$|x_n-a|<1$，即当$n>N$时，有$|x_n|\leqslant|x_n-a|+|a|<1+|a|$. 记$M=\max\{|x_1|,\cdots,|x_N|,1+|a|\}$，则对一切正整数$n$，都有$|x_n|\leqslant M$，故$\{x_n\}$有界.

注 (1)有界是数列收敛的必要条件，例如，数列$\{(-1)^n\}$有界但不收敛.

(2)无界数列必定发散.

定理 1.4（保序性） 若$\lim\limits_{n\to\infty}x_n=a$，$\lim\limits_{n\to\infty}y_n=b$，且$a>b$，则$\exists N\in\mathbf{N}^+$，当$n>N$时，有$x_n>y_n$.

推论 1 若$\exists N\in\mathbf{N}^+$，当$n>N$时，有$x_n\geqslant0$（或$x_n\leqslant0$），则$a\geqslant0$（或$a\leqslant0$）.

推论 2（保号性） 若$\lim\limits_{n\to\infty}x_n=a$且$a>0$（或$a<0$），则$\exists N\in\mathbf{N}^+$，当$n>N$时，有$x_n>0$（或$x_n<0$）.

在数列$\{x_n\}$中任意抽取无限多项，保持这些项在原数列中的先后次序不变，这样得到的新数列称为数列$\{x_n\}$的子数列，简称子列.

定理 1.5（收敛数列与子数列的关系） 若数列$\{x_n\}$收敛于a，则其任意子数列也收敛于a.

注 定理1.5的逆否命题常用来证明数列$\{x_n\}$发散，常见情形如下.

(1)若数列$\{x_n\}$有两个子数列分别收敛于不同的数，则数列$\{x_n\}$发散.

(2)若数列$\{x_n\}$有一个发散的子数列，则数列$\{x_n\}$发散.

1.2.3 函数极限的定义

数列可以看成自变量为正整数 n 的函数 $x_n=f(n)$，所以数列的极限其实是一种特殊类型的函数极限. 接下来我们把数列极限推广到一般的函数极限，即在自变量的某个变化过程中，讨论函数的变化趋势.

1. 自变量趋于无穷大时函数的极限

定义 1.8（描述性定义） 设函数 $y=f(x)$ 在 $|x|>a>0$ 时有定义，当 x 的绝对值无限增大 $(x\to\infty)$ 时，若函数 $f(x)$ 无限趋近于一个确定的常数 A，则称 A 为 $x\to\infty$ 时函数 $f(x)$ 的极限，记作

$$\lim_{x\to\infty}f(x)=A \text{ 或 } f(x)\to A(x\to\infty),$$

此时也称极限 $\lim\limits_{x\to\infty}f(x)$ 存在；否则称极限 $\lim\limits_{x\to\infty}f(x)$ 不存在.

需要说明的是，这里的 $x\to\infty$，是指自变量 x 沿着 x 轴向正、负两个方向趋于无穷. x 取正值且无限增大，记为 $x\to+\infty$，读作 x 趋于正无穷大；x 取负值且绝对值无限增大，记为 $x\to-\infty$，读作 x 趋于负无穷大. 即 $x\to\infty$ 同时包含 $x\to+\infty$ 和 $x\to-\infty$.

根据定义 1.8，不难得出下列极限：

(1) $\lim\limits_{x\to\infty}\dfrac{1}{x}=0$；　　　(2) $\lim\limits_{x\to\infty}c=c$（$c$ 为常数）.

定义 1.9（ε-X 定义） 设函数 $y=f(x)$ 在 $|x|>a>0$ 时有定义，如果存在常数 A，对于 $\forall\varepsilon>0$（不论 ε 有多小），$\exists X>a$，当 $|x|>X$ 时，有 $|f(x)-A|<\varepsilon$，则称 A 为 $x\to\infty$ 时函数 $f(x)$ 的极限，记作

$$\lim_{x\to\infty}f(x)=A \text{ 或 } f(x)\to A(x\to\infty).$$

例如，函数 $y=f(x)=\dfrac{1}{x}+1$，当 $x\to\infty$ 时，$f(x)$ 无限趋近于常数 1，如图 1.20 所示. 故 $\lim\limits_{x\to\infty}\left(\dfrac{1}{x}+1\right)=1$.

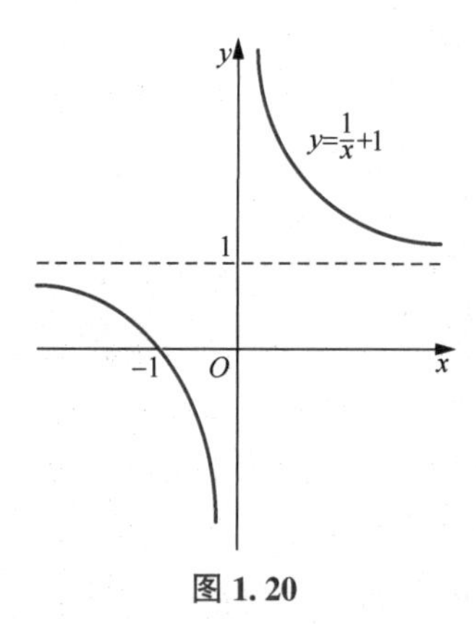

图 1.20

极限 $\lim\limits_{x\to\infty}f(x)=A$ 的几何解释如图 1.21 所示，任意给定 $\varepsilon>0$，作直线 $y=A+\varepsilon$ 与 $y=A-\varepsilon$，总能找到一个 $X>0$，当 $|x|>X$ 时，函数 $y=f(x)$ 的图形全部落在直线 $y=A+\varepsilon$ 与 $y=A-\varepsilon$ 之间.

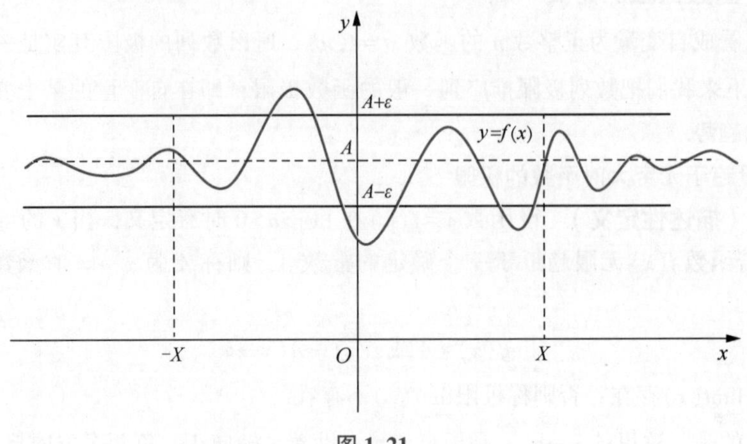

图 1.21

在研究实际问题的过程中，有时只需要考察 $x\to+\infty$ 或 $x\to-\infty$ 时函数 $f(x)$ 的极限，下面给出 $x\to+\infty$ 或 $x\to-\infty$ 时函数 $f(x)$ 的极限的定义.

定义 1.10 (1)设函数 $y=f(x)$ 在 $x>a>0$ 时有定义，如果存在常数 A，对于 $\forall\varepsilon>0$(不论 ε 有多小)，$\exists X>a$，当 $x>X$ 时，有 $|f(x)-A|<\varepsilon$，则称 A 为 $x\to+\infty$ 时函数 $f(x)$ 的极限，记作

$$\lim_{x\to+\infty}f(x)=A \text{ 或 } f(x)\to A(x\to+\infty).$$

(2)设函数 $y=f(x)$ 在 $x<a<0$ 时有定义，如果存在常数 A，对于 $\forall\varepsilon>0$(不论 ε 有多小)，$\exists X>-a$，当 $x<-X<a$ 时，有 $|f(x)-A|<\varepsilon$，则称 A 为 $x\to-\infty$ 时函数 $f(x)$ 的极限，记作

$$\lim_{x\to-\infty}f(x)=A \text{ 或 } f(x)\to A(x\to-\infty).$$

定理 1.6 极限 $\lim\limits_{x\to\infty}f(x)$ 存在的充分必要条件是 $\lim\limits_{x\to+\infty}f(x)$ 与 $\lim\limits_{x\to-\infty}f(x)$ 都存在且相等，即

$$\lim_{x\to\infty}f(x)=A\Leftrightarrow\lim_{x\to+\infty}f(x)=A=\lim_{x\to-\infty}f(x).$$

例 1.6 考察极限 $\lim\limits_{x\to\infty}\arctan x$ 与 $\lim\limits_{x\to\infty}e^x$ 是否存在.

解 $\lim\limits_{x\to+\infty}\arctan x=\dfrac{\pi}{2},\lim\limits_{x\to-\infty}\arctan x=-\dfrac{\pi}{2}$，因为 $\lim\limits_{x\to+\infty}\arctan x\neq\lim\limits_{x\to-\infty}\arctan x$，所以 $\lim\limits_{x\to\infty}\arctan x$ 不存在.

同理，因为 $\lim\limits_{x\to-\infty}e^x=0,\lim\limits_{x\to+\infty}e^x=+\infty$，所以 $\lim\limits_{x\to\infty}e^x$ 不存在.

2. 自变量趋向有限值时函数的极限

定义 1.11（描述性定义） 设函数 $y=f(x)$ 在点 x_0 的某一去心邻域内有定义，当 x 无限地趋近于 x_0(但 $x\neq x_0$)时，若函数 $f(x)$ 无限地趋近于一个确定的常数 A，则称 A 为当 $x\to x_0$ 时函数 $f(x)$ 的极限，记作

$$\lim_{x\to x_0}f(x)=A \text{ 或 } f(x)\to A(x\to x_0),$$

这时也称极限 $\lim\limits_{x\to x_0}f(x)$ 存在；否则称极限 $\lim\limits_{x\to x_0}f(x)$ 不存在.

定义 1.12（ε-δ 定义） 设函数 $y=f(x)$ 在点 x_0 的某一去心邻域内有定义，如果存在常数 A，对于 $\forall\varepsilon>0$(不论 ε 有多小)，$\exists\delta>0$，当 $0<|x-x_0|<\delta$ 时，有 $|f(x)-A|<\varepsilon$，则称 A 为当 $x\to x_0$ 时函数 $f(x)$ 的极限，记作

$$\lim_{x\to x_0}f(x)=A \text{ 或 } f(x)\to A(x\to x_0).$$

由上述定义易得下列函数的极限：

(1) $\lim\limits_{x\to x_0}x=x_0$； (2) $\lim\limits_{x\to x_0}c=c$（$c$ 为常数）.

极限 $\lim\limits_{x\to x_0}f(x)=A$ 的几何解释如图 1.22 所示，对于 $\forall\varepsilon>0$，作直线 $y=A+\varepsilon$ 与 $y=A-\varepsilon$，总能找到点 x_0 的一个去心 δ 邻域 $\mathring{U}(x_0,\delta)$，当 $x\in\mathring{U}(x_0,\delta)$ 时，函数 $y=f(x)$ 的图形全部落在直线 $y=A+\varepsilon$ 与 $y=A-\varepsilon$ 之间.

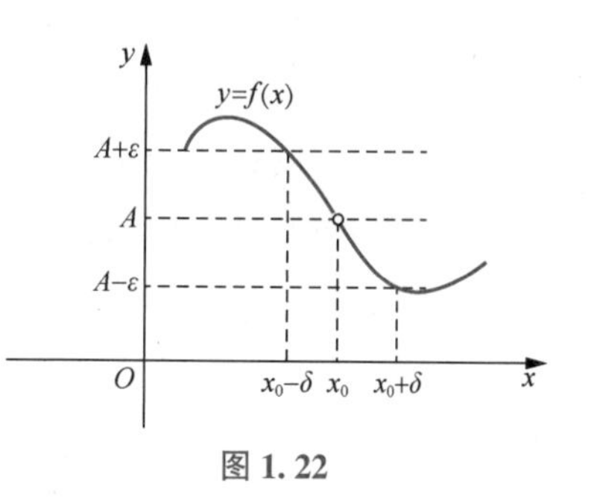

图 1.22

由于 $x\to x_0$ 同时包含了 $\begin{cases}x\to x_0^-（从 x_0 的左侧趋近于 x_0）,\\ x\to x_0^+（从 x_0 的右侧趋近于 x_0）\end{cases}$ 两种情况，我们把 $\lim\limits_{x\to x_0^-}f(x)$ 称为函数 $f(x)$ 当 $x\to x_0$ 时的左极限，把 $\lim\limits_{x\to x_0^+}f(x)$ 称为函数 $f(x)$ 当 $x\to x_0$ 时的右极限. 下面给出其定义.

定义 1.13 (1) 设函数 $y=f(x)$ 在 $(x_0-\delta_1,x_0)(\delta_1>0)$ 内有定义，如果存在常数 A，对于 $\forall\varepsilon>0$（不论 ε 有多小），$\exists\delta(0<\delta<\delta_1)$，当 $x_0-\delta<x<x_0$ 时，有 $|f(x)-A|<\varepsilon$，则 $\lim\limits_{x\to x_0^-}f(x)=A$，记作 $f(x_0-0)=A$ 或 $f(x_0^-)=A$.

(2) 设函数 $y=f(x)$ 在 $(x_0,x_0+\delta_2)(\delta_2>0)$ 内有定义，如果存在常数 A，对于 $\forall\varepsilon>0$（不论 ε 有多小），$\exists\delta(0<\delta<\delta_2)$，当 $x_0<x<x_0+\delta$ 时，有 $|f(x)-A|<\varepsilon$，则 $\lim\limits_{x\to x_0^+}f(x)=A$，记作 $f(x_0+0)=A$ 或 $f(x_0^+)=A$.

根据上述定义有以下定理.

定理 1.7 极限 $\lim\limits_{x\to x_0}f(x)=A$ 的充分必要条件是左极限 $\lim\limits_{x\to x_0^-}f(x)$ 与右极限 $\lim\limits_{x\to x_0^+}f(x)$ 都存在且等于 A，即

$$\lim_{x\to x_0}f(x)=A\Leftrightarrow\lim_{x\to x_0^-}f(x)=\lim_{x\to x_0^+}f(x)=A.$$

一般把 $\lim\limits_{x\to x_0^-}f(x)$，$\lim\limits_{x\to x_0^+}f(x)$，$\lim\limits_{x\to+\infty}f(x)$，$\lim\limits_{x\to-\infty}f(x)$ 称为单侧极限，把 $\lim\limits_{x\to x_0}f(x)$，$\lim\limits_{x\to\infty}f(x)$ 称为双侧极限. 单侧极限与双侧极限的关系由定理 1.6 和定理 1.7 给出.

例 1.7 判断下列函数当 $x\to1$ 时极限 $\lim\limits_{x\to1}f(x)$ 是否存在.

(1) $f(x)=\begin{cases}x, & x\leqslant1,\\ 2x-1, & x>1.\end{cases}$ (2) $f(x)=\begin{cases}2x, & x<1,\\ 0, & x=1,\\ x^2, & x>1.\end{cases}$

解 (1) 该函数为分段函数，$x=1$ 为分界点. 因为在 $x=1$ 的两侧函数的解析式不一样，所以讨论 $\lim\limits_{x\to1}f(x)$ 时，必须分别考察它的左、右极限.

$$\lim_{x\to1^-}f(x)=\lim_{x\to1^-}x=1,\quad \lim_{x\to1^+}f(x)=\lim_{x\to1^+}(2x-1)=1,$$

因为 $\lim\limits_{x\to1^-}f(x)=\lim\limits_{x\to1^+}f(x)=1$，所以 $\lim\limits_{x\to1}f(x)=1$.

(2) 该函数也为分段函数，$x=1$ 是分界点. 因为 $\lim\limits_{x\to1^-}f(x)=\lim\limits_{x\to1^-}2x=2$，$\lim\limits_{x\to1^+}f(x)=\lim\limits_{x\to1^+}x^2=1$，左、右极限都存在但不相等，即 $\lim\limits_{x\to1^-}f(x)\neq\lim\limits_{x\to1^+}f(x)$，所以极限 $\lim\limits_{x\to1}f(x)$ 不存在.

注 (1)极限$\lim\limits_{x\to x_0}f(x)$是否存在与函数$f(x)$在点$x=x_0$处是否有定义无关.

(2)当函数$f(x)$在点$x=x_0$处的左右两侧解析式不相同时，考察极限$\lim\limits_{x\to x_0}f(x)$，必须先考察左、右极限. 例如，分段函数在分界点处的极限问题，就属于这种情况.

1.2.4 函数极限的性质

在前面我们引入了下述6种类型的函数极限：

(1) $\lim\limits_{x\to+\infty}f(x)$；　(2) $\lim\limits_{x\to-\infty}f(x)$；　(3) $\lim\limits_{x\to\infty}f(x)$；

(4) $\lim\limits_{x\to x_0^+}f(x)$；　(5) $\lim\limits_{x\to x_0^-}f(x)$；　(6) $\lim\limits_{x\to x_0}f(x)$.

它们具有与数列极限相类似的一些性质，下面以(6)中极限为例来介绍函数极限的性质. 对于其他类型极限的性质同理可得.

定理1.8（唯一性） 若极限$\lim\limits_{x\to x_0}f(x)$存在，则极限值是唯一的.

定理1.9（局部有界性） 若$\lim\limits_{x\to x_0}f(x)$存在，则$f(x)$在点$x_0$的某去心邻域$\mathring{U}(x_0)$内有界.

定理1.10（局部保序性） 设$\lim\limits_{x\to x_0}f(x)$与$\lim\limits_{x\to x_0}g(x)$都存在，且$\lim\limits_{x\to x_0}f(x)<\lim\limits_{x\to x_0}g(x)$，则存在点$x_0$的某去心邻域$\mathring{U}(x_0)$，使在$\mathring{U}(x_0)$内有$f(x)<g(x)$.

推论(局部保号性) 若$\lim\limits_{x\to x_0}f(x)=A$，且$A>0$(或$A<0$)，则存在点$x_0$的某去心邻域$\mathring{U}(x_0)$，使在$\mathring{U}(x_0)$内，有$f(x)>0$[或$f(x)<0$].

定理1.11（海涅定理） 设函数$f(x)$在点x_0的某去心邻域$\mathring{U}(x_0)$内有定义，则$\lim\limits_{x\to x_0}f(x)=A$的充要条件是对任何收敛于$x_0$的数列$\{x_n\}\subset\mathring{U}(x_0)$ $(x_n\neq x_0, n\in\mathbf{N}^+)$，都有$\lim\limits_{n\to\infty}f(x_n)=A$.

注 海涅定理常用于证明函数在点x_0的极限不存在，常见情形如下.

(1)若存在以x_0为极限的两个数列$\{x_n\}$与$\{y_n\}$，$x_n\neq x_0$，$y_n\neq x_0$，$n\in\mathbf{N}^+$，使$\lim\limits_{n\to\infty}f(x_n)$与$\lim\limits_{n\to\infty}f(y_n)$都存在，但$\lim\limits_{n\to\infty}f(x_n)\neq\lim\limits_{n\to\infty}f(y_n)$，则$\lim\limits_{x\to x_0}f(x)$不存在.

(2)若存在以x_0为极限的数列$\{x_n\}$，使$\lim\limits_{n\to\infty}f(x_n)$不存在，则$\lim\limits_{x\to x_0}f(x)$不存在.

例1.8 证明$\lim\limits_{x\to 0}\sin\dfrac{1}{x}$不存在.

证明 函数$f(x)=\sin\dfrac{1}{x}$的值如表1.3所示.

表1.3

x	$-\frac{2}{\pi}$	$-\frac{1}{\pi}$	$\frac{2}{3\pi}$	$\frac{1}{2\pi}$	$\frac{2}{5\pi}$	…	$\frac{2}{5\pi}$	$\frac{1}{2\pi}$	$\frac{2}{3\pi}$	$\frac{1}{\pi}$	$\frac{2}{\pi}$
$\sin\frac{1}{x}$	−1	0	1	0	−1	…	1	0	−1	0	1

该函数的图形如图 1.23 所示. 从图 1.23 可以看出，当 x 无限趋近于 0 时，$f(x)=\sin\dfrac{1}{x}$的图形在-1 与 1 之间无限次振荡，即 $f(x)$ 不趋近于某一个常数. 因此，当 $x\to 0$ 时，$f(x)=\sin\dfrac{1}{x}$不与一个常数无限接近.

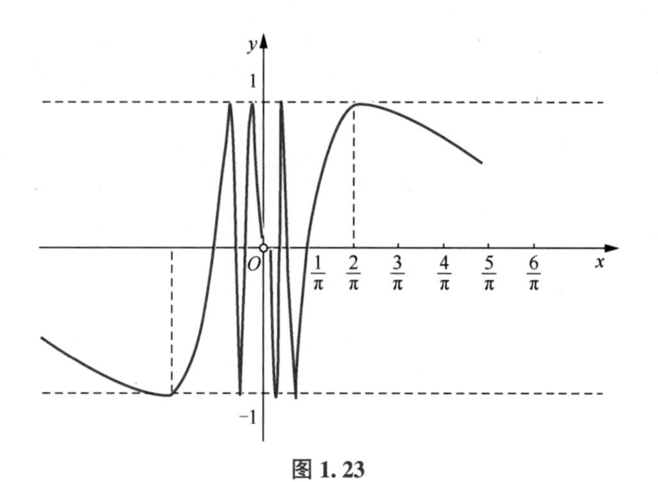

图 1.23

取 $x_n=\dfrac{1}{2n\pi}$，则$\lim\limits_{n\to\infty}x_n=0, x_n\neq 0, n\in\mathbf{N}^+$. 从而$\lim\limits_{n\to\infty}f(x_n)=\lim\limits_{n\to\infty}\sin 2n\pi=0$.

再取 $y_n=\dfrac{1}{2n\pi+\dfrac{\pi}{2}}$，则$\lim\limits_{n\to\infty}y_n=0, y_n\neq 0, n\in\mathbf{N}^+$. 从而$\lim\limits_{n\to\infty}f(y_n)=\lim\limits_{n\to\infty}\sin\left(2n\pi+\dfrac{\pi}{2}\right)=1$.

因此，$\lim\limits_{x\to 0}\sin\dfrac{1}{x}$不存在.

同步习题 1.2

1. 证明：数列$\left\{(-1)^n\cdot\dfrac{n+1}{n}\right\}$发散.

2. 设 $a_n=\left(1+\dfrac{1}{n}\right)\cdot\sin\dfrac{n\pi}{2}$，证明：数列$\{a_n\}$的极限不存在.

3. 求下列函数的极限.

(1) $f(x)=|x|$，求$\lim\limits_{x\to 0}f(x)$.

(2) $f(x)=\begin{cases}x, & x\geqslant 0,\\ \sin x, & x<0,\end{cases}$ 求$\lim\limits_{x\to 0}f(x)$.

(3) $f(x)=\begin{cases} x^2+1, & x<1, \\ \dfrac{1}{2}, & x=1, \\ x-1, & x>1, \end{cases}$ 求 $\lim\limits_{x\to1}f(x)$.

4. 当 $x\to0$ 时，求函数 $f(x)=\dfrac{x}{x}$ 和 $\varphi(x)=\dfrac{|x|}{x}$ 的左、右极限，并判断它们在 $x\to0$ 时的极限是否存在.

5. 求函数 $f(x)=\dfrac{1-a^{\frac{1}{x}}}{1+a^{\frac{1}{x}}}(a>1)$ 当 $x\to0$ 时的左、右极限，并判断当 $x\to0$ 时函数极限是否存在.

微课：同步习题 1.2 基础题 5

提高题

1. 设 $\lim\limits_{n\to\infty}a_n=a$，且 $a\neq0$，则当 n 充分大时，有(　　).

A. $|a_n|>\dfrac{|a|}{2}$　　B. $|a_n|<\dfrac{|a|}{2}$　　C. $a_n>a-\dfrac{1}{n}$　　D. $a_n<a+\dfrac{1}{n}$

2. “对任意给定的 $\varepsilon\in(0,1)$，总存在正整数 N，当 $n\geqslant N$ 时，恒有 $|x_n-a|\leqslant2\varepsilon$ 成立”是数列 $\{x_n\}$ 收敛于 a 的(　　).

A. 充分条件但非必要条件　　B. 必要条件但非充分条件

C. 充分必要条件　　D. 既非充分又非必要条件

3. 证明：$\lim\limits_{x\to+\infty}x\sin x$ 不存在.

1.3 极限的运算法则

根据极限的定义来求极限是非常烦琐也是非常困难的，本节将介绍求极限的各种方法，包括极限的四则运算法则、极限存在准则及两个重要极限. 自变量的变化趋势有多种，为方便讨论，本节不指明自变量的具体变化趋势，只要是自变量的同一个变化过程，统一用“lim”来表示.

1.3.1 极限的四则运算法则

定理 1.12 设 $\lim f(x)=A,\lim g(x)=B$，则

(1) $\lim[f(x)\pm g(x)]$ 存在，且有 $\lim[f(x)\pm g(x)]=\lim f(x)\pm\lim g(x)=A\pm B$；

(2) $\lim[f(x)g(x)]$ 存在，且有 $\lim[f(x)g(x)]=\lim f(x)\lim g(x)=AB$；

(3) 当 $B\neq0$ 时，$\lim\dfrac{f(x)}{g(x)}$ 存在，且有 $\lim\dfrac{f(x)}{g(x)}=\dfrac{\lim f(x)}{\lim g(x)}=\dfrac{A}{B}$.

推论　设 $\lim f(x)=A$，则

(1)若 c 是常数，则 $\lim[cf(x)]$ 存在，且有 $\lim[cf(x)]=c\lim f(x)$；

(2)若 m 为正整数，则 $\lim[f(x)]^m$ 存在，且有 $\lim[f(x)]^m=[\lim f(x)]^m=A^m$.

定理 1.12 及其推论说明在极限存在的前提下，求极限与四则运算可交换运算次序，定理 1.12 中的(1)和(2)可以推广到有限多个函数的情况.

例 1.9　求 $\lim\limits_{x\to1}(3x^2-2x+1)$.

解　
$$\begin{aligned}\lim_{x\to1}(3x^2-2x+1)&=\lim_{x\to1}3x^2-\lim_{x\to1}2x+\lim_{x\to1}1\\&=3\lim_{x\to1}x^2-2\lim_{x\to1}x+\lim_{x\to1}1=3(\lim_{x\to1}x)^2-2\lim_{x\to1}x+1\\&=3-2+1=2.\end{aligned}$$

例 1.10　求 $\lim\limits_{x\to2}\dfrac{x^3-1}{x^2-5x+3}$.

解　
$$\lim_{x\to2}\frac{x^3-1}{x^2-5x+3}=\frac{\lim\limits_{x\to2}(x^3-1)}{\lim\limits_{x\to2}(x^2-5x+3)}=\frac{(\lim\limits_{x\to2}x)^3-1}{(\lim\limits_{x\to2}x)^2-5\lim\limits_{x\to2}x+3}=\frac{2^3-1}{2^2-10+3}=-\frac{7}{3}.$$

例 1.11　求 $\lim\limits_{n\to\infty}\dfrac{2n^2-2n+3}{3n^2+1}$.

解　将分子、分母同除以 n^2，得

$$\lim_{n\to\infty}\frac{2n^2-2n+3}{3n^2+1}=\lim_{n\to\infty}\frac{2-\dfrac{2}{n}+\dfrac{3}{n^2}}{3+\dfrac{1}{n^2}}=\frac{\lim\limits_{n\to\infty}2-\lim\limits_{n\to\infty}\dfrac{2}{n}+\lim\limits_{n\to\infty}\dfrac{3}{n^2}}{\lim\limits_{n\to\infty}3+\lim\limits_{n\to\infty}\dfrac{1}{n^2}}=\frac{2}{3}.$$

若 $a_0\neq0,b_0\neq0$，且 m 和 n 均为正整数，则两个多项式函数相除的极限为

$$\lim_{x\to\infty}\frac{a_0x^n+a_1x^{n-1}+\cdots+a_{n-1}x+a_n}{b_0x^m+b_1x^{m-1}+\cdots+b_{m-1}x+b_m}=\begin{cases}0, & n<m,\\ \dfrac{a_0}{b_0}, & n=m,\\ \infty, & n>m.\end{cases}$$

例 1.12　求 $\lim\limits_{x\to3}\dfrac{x-3}{x^2-9}$.

解　当 $x\to3$ 时，分子及分母的极限都是零，故不能采用分子、分母分别取极限. 因分子和分母有公因子 $x-3$，而 $x\to3$ 时，$x\neq3$，故分式可约去公因子. 所以

$$\lim_{x\to3}\frac{x-3}{x^2-9}=\lim_{x\to3}\frac{1}{x+3}=\frac{\lim\limits_{x\to3}1}{\lim\limits_{x\to3}(x+3)}=\frac{1}{6}.$$

在直接求复合函数的极限 $\lim\limits_{x\to x_0}f[\varphi(x)]$ 有难度时，可以考虑作代换 $u=\varphi(x)$，将难以计算的极限 $\lim\limits_{x\to x_0}f[\varphi(x)]$ 转化为容易计算的极限 $\lim\limits_{u\to u_0}f(u)$，对此有下面的结论.

定理 1.13（复合函数的极限运算法则）　设 $\lim\limits_{u\to u_0}f(u)=A$，$\lim\limits_{x\to x_0}\varphi(x)=u_0$，且在点 x_0 的某去心邻域内 $\varphi(x)\neq u_0$，则由 $y=f(u)$ 和 $u=\varphi(x)$ 复合而成的函数 $y=f[\varphi(x)]$ 的极限存在，且 $\lim\limits_{x\to x_0}f[\varphi(x)]=\lim\limits_{u\to u_0}f(u)=A$.

定理1.13中将 $x\to x_0$ 换成 $x\to\infty$，结论仍然成立.

例1.13 求极限 $\lim\limits_{x\to1}(x^3+5x-1)^{10}$.

解 作代换 $u=x^3+5x-1$，则 $x\to1$ 时，$u\to5$，所以

$$\lim_{x\to1}(x^3+5x-1)^{10}=\lim_{u\to5}u^{10}=5^{10}.$$

例1.14 求 $\lim\limits_{n\to\infty}(\sqrt{n^2+n}-\sqrt{n^2-2n})$.

解 此题不能直接用极限的四则运算法则，求解这类极限的方法是先将其恒等变形，比如将分子有理化，再进行计算.

$$\begin{aligned}\lim_{n\to\infty}(\sqrt{n^2+n}-\sqrt{n^2-2n})&=\lim_{n\to\infty}\frac{(\sqrt{n^2+n}-\sqrt{n^2-2n})(\sqrt{n^2+n}+\sqrt{n^2-2n})}{\sqrt{n^2+n}+\sqrt{n^2-2n}}\\&=\lim_{n\to\infty}\frac{(n^2+n)-(n^2-2n)}{\sqrt{n^2+n}+\sqrt{n^2-2n}}=\lim_{n\to\infty}\frac{3n}{\sqrt{n^2+n}+\sqrt{n^2-2n}}\\&=\lim_{n\to\infty}\frac{3}{\sqrt{1+\frac{1}{n}}+\sqrt{1-\frac{2}{n}}}\\&=\frac{3}{2}.\end{aligned}$$

1.3.2 极限存在准则

首先介绍判定极限存在的方法——夹逼准则. 夹逼准则分为数列极限和函数极限两种情形，利用极限的定义可以得到它们的证明，在此我们忽略证明，重点讨论如何使用夹逼准则求极限.

定理1.14（数列极限的夹逼准则） 如果数列 $\{x_n\},\{y_n\},\{z_n\}$ 满足条件

(1) $y_n\leqslant x_n\leqslant z_n, n=1,2,\cdots$,

(2) $\lim\limits_{n\to\infty}y_n=\lim\limits_{n\to\infty}z_n=a$,

则 $\lim\limits_{n\to\infty}x_n=a$.

将上述数列极限的夹逼准则推广到函数极限，可得函数极限的夹逼准则.

定理1.15（函数极限的夹逼准则） 设函数 $f(x),g(x),h(x)$ 在点 x_0 的某去心邻域 $\mathring{U}(x_0)$（或 $|x|>M$）内有定义，且满足条件

(1) 当 $x\in\mathring{U}(x_0)$（或 $|x|>M$）时，有 $g(x)\leqslant f(x)\leqslant h(x)$ 成立，

(2) $\lim\limits_{\substack{x\to x_0\\(x\to\infty)}}g(x)=\lim\limits_{\substack{x\to x_0\\(x\to\infty)}}h(x)=a$,

则 $\lim\limits_{\substack{x\to x_0\\(x\to\infty)}}f(x)=a$.

夹逼准则不仅告诉我们怎么判定一个函数（数列）极限是否存在，同时也给了我们一种新的求极限的方法，即为了求得某一直接求解比较困难的函数（或数列）极限，可找两个极限相同且易求出极限的函数（或数列），将其夹在中间，那么这个函数（或数列）的极限必存在，且等于这个共同的极限.

例 1.15 求$\lim\limits_{n\to\infty}\left(\dfrac{1}{n^2+n+1}+\dfrac{2}{n^2+n+2}+\cdots+\dfrac{n}{n^2+n+n}\right)$.

解 记$x_n=\dfrac{1}{n^2+n+1}+\dfrac{2}{n^2+n+2}+\cdots+\dfrac{n}{n^2+n+n}$，显然有$\dfrac{1+2+\cdots+n}{n^2+n+n}\leqslant x_n\leqslant\dfrac{1+2+\cdots+n}{n^2+n+1}$，而

$$\lim_{n\to\infty}\frac{1+2+\cdots+n}{n^2+n+n}=\lim_{n\to\infty}\frac{\frac{n(n+1)}{2}}{n^2+n+n}=\frac{1}{2},\ \lim_{n\to\infty}\frac{1+2+\cdots+n}{n^2+n+1}=\lim_{n\to\infty}\frac{\frac{n(n+1)}{2}}{n^2+n+1}=\frac{1}{2},$$

所以根据夹逼准则得$\lim\limits_{n\to\infty}x_n=\dfrac{1}{2}$，即

$$\lim_{n\to\infty}\left(\frac{1}{n^2+n+1}+\frac{2}{n^2+n+2}+\cdots+\frac{n}{n^2+n+n}\right)=\frac{1}{2}.$$

例 1.16 设$a_1,a_2,\cdots,a_k>0$，求$\lim\limits_{n\to\infty}\sqrt[n]{a_1^n+a_2^n+\cdots+a_k^n}$.

解 记$A=\max\{a_1,a_2,\cdots,a_k\}$，则

$$A=\sqrt[n]{A^n}\leqslant\sqrt[n]{a_1^n+a_2^n+\cdots+a_k^n}\leqslant\sqrt[n]{k\cdot A^n}=A\sqrt[n]{k}.$$

又因为

$$\lim_{n\to\infty}A=A,\lim_{n\to\infty}A\sqrt[n]{k}=A,$$

由数列极限的夹逼准则得

$$\lim_{n\to\infty}\sqrt[n]{a_1^n+a_2^n+\cdots+a_k^n}=A=\max\{a_1,a_2,\cdots,a_k\}.$$

注 $\lim\limits_{n\to\infty}\sqrt[n]{a}=1$，$a>0$.

例 1.17 求$\lim\limits_{x\to0}x\cdot\left[\dfrac{1}{x}\right]$，其中$\left[\dfrac{1}{x}\right]$为取整函数.

解 取整函数满足不等式$\dfrac{1}{x}-1<\left[\dfrac{1}{x}\right]\leqslant\dfrac{1}{x}$，从而当$x>0$时，有

$$1-x=x\cdot\left(\frac{1}{x}-1\right)<x\cdot\left[\frac{1}{x}\right]\leqslant x\cdot\frac{1}{x}=1.$$

又因为$\lim\limits_{x\to0^+}1=1,\lim\limits_{x\to0^+}(1-x)=1$，由函数极限的夹逼准则得$\lim\limits_{x\to0^+}x\cdot\left[\dfrac{1}{x}\right]=1$.

当$x<0$时，有

$$1=x\cdot\frac{1}{x}\leqslant x\cdot\left[\frac{1}{x}\right]<x\cdot\left(\frac{1}{x}-1\right)=1-x.$$

又因为$\lim\limits_{x\to0^-}1=1,\lim\limits_{x\to0^-}(1-x)=1$，由函数极限的夹逼准则得$\lim\limits_{x\to0^-}x\cdot\left[\dfrac{1}{x}\right]=1$. 所以由定理 1.7，得

$\lim\limits_{x\to0}x\cdot\left[\dfrac{1}{x}\right]=1$.

定义 1.14 若数列$\{x_n\}$满足$x_1\leqslant x_2\leqslant\cdots\leqslant x_n\leqslant\cdots$，则称数列$\{x_n\}$为单调递增数列；若数列$\{x_n\}$满足$x_1\geqslant x_2\geqslant\cdots\geqslant x_n\geqslant\cdots$，则称数列$\{x_n\}$为单调递减数列.

单调递增数列和单调递减数列统称为单调数列.

本章第2节中得到有极限的数列一定有界，但反过来，有界数列不一定有极限. 下面的单调有界原理告诉我们，单调有界的数列极限一定存在.

定理 1.16（单调有界原理） 单调有界数列必有极限.

由于单调递增数列$\{x_n\}$是有下界的(任何小于或等于首项的常数都可以作为数列$\{x_n\}$的下界)，因此我们说任何有上界的单调递增数列有极限. 同理，任何有下界的单调递减数列有极限.

单调有界原理给出了证明数列极限存在的一个重要方法，但没有给出如何去求数列极限，这就需要我们在确定了极限存在的前提下使用其他方法来求极限值.

例 1.18 设 $a>0, x_1>0, x_{n+1}=\frac{1}{2}\left(x_n+\frac{a}{x_n}\right)(n=1,2,\cdots)$.

微课：单调有界原理及例 1.18

(1)证明：$\lim\limits_{n\to\infty}x_n$ 存在. (2)求$\lim\limits_{n\to\infty}x_n$.

证明 (1)因为 $a>0, x_1>0$, 由归纳法知，$x_n>0$. 又因为

$$x_{n+1}=\frac{1}{2}\left(x_n+\frac{a}{x_n}\right)\geqslant\sqrt{x_n\cdot\frac{a}{x_n}}=\sqrt{a}>0,$$

且

$$x_{n+1}-x_n=\frac{1}{2}\left(x_n+\frac{a}{x_n}\right)-x_n=\frac{a-x_n^2}{2x_n}\leqslant 0(n\geqslant 2),$$

即数列$\{x_n\}$单调递减且有下界，由单调有界原理可知$\lim\limits_{n\to\infty}x_n$ 存在.

(2)设$\lim\limits_{n\to\infty}x_n=\beta$，因为 $x_n\geqslant\sqrt{a}>0(n\geqslant 2)$，由数列极限的保号性知$\beta>0$. 在 $x_{n+1}=\frac{1}{2}\left(x_n+\frac{a}{x_n}\right)$的两边取极限，得 $\beta=\frac{1}{2}\left(\beta+\frac{a}{\beta}\right)$，解得 $\beta=\sqrt{a}$，所以$\lim\limits_{n\to\infty}x_n=\sqrt{a}$.

1.3.3 两个重要极限

1. 重要极限 I

利用函数极限的夹逼准则可以得到重要极限Ⅰ：$\lim\limits_{x\to 0}\frac{\sin x}{x}=1$.

注 上式可以用下面的结构式表示：

$$\lim_{u(x)\to 0}\frac{\sin u(x)}{u(x)}=1.$$

式中的 $u(x)[u(x)\neq 0]$既可以表示自变量 x，又可以是 x 的函数，而 $u(x)\to 0$ 表示当 $x\to x_0$(或 $x\to\infty$)时，必有 $u(x)\to 0$，即当 $u(x)$的极限为0时，上式的极限才是1.

例 1.19 求$\lim\limits_{x\to 0}\frac{\tan x}{x}$.

解 $\lim\limits_{x\to 0}\frac{\tan x}{x}=\lim\limits_{x\to 0}\frac{\sin x}{x\cos x}=\lim\limits_{x\to 0}\frac{\sin x}{x}\cdot\lim\limits_{x\to 0}\frac{1}{\cos x}=1$.

例 1.20 求$\lim\limits_{x\to 0}\frac{\sin kx}{x}$($k$ 为非零常数).

解 将 kx 看成一个新变量 u，即令 $u=kx$，则 $x\to 0$ 时 $u\to 0$，于是有

$$\lim_{x\to 0}\frac{\sin kx}{x}=k\lim_{x\to 0}\frac{\sin kx}{kx}=k\lim_{u\to 0}\frac{\sin u}{u}=k.$$

例 1.21 求$\lim\limits_{x\to 0}\dfrac{1-\cos x}{x^2}$.

解 $$\lim_{x\to 0}\frac{1-\cos x}{x^2}=\lim_{x\to 0}\frac{2\sin^2\frac{x}{2}}{x^2}=\lim_{x\to 0}\frac{2\sin^2\frac{x}{2}}{4\left(\frac{x}{2}\right)^2}$$

$$=\frac{1}{2}\lim_{x\to 0}\left(\frac{\sin\frac{x}{2}}{\frac{x}{2}}\right)^2=\frac{1}{2}\left(\lim_{x\to 0}\frac{\sin\frac{x}{2}}{\frac{x}{2}}\right)^2=\frac{1}{2}.$$

2. 重要极限Ⅱ

对于极限$\lim\limits_{x\to\infty}\left(1+\dfrac{1}{x}\right)^x$，底数的极限$\lim\limits_{x\to\infty}\left(1+\dfrac{1}{x}\right)=1$，指数 x 的极限为∞（$x\to\infty$），这种类型的极限称为“1^∞”型未定式. 利用单调有界原理及夹逼准则可以得到重要极限Ⅱ：$\lim\limits_{x\to\infty}\left(1+\dfrac{1}{x}\right)^x=\mathrm{e}$.

重要极限Ⅱ的变形形式为$\lim\limits_{x\to 0}(1+x)^{\frac{1}{x}}=\mathrm{e}$ 或$\lim\limits_{n\to\infty}\left(1+\dfrac{1}{n}\right)^n=\mathrm{e}$.

一般地，$\lim\limits_{u(x)\to 0}[1+u(x)]^{\frac{1}{u(x)}}=\mathrm{e}$ 或 $\lim\limits_{u(x)\to\infty}\left[1+\dfrac{1}{u(x)}\right]^{u(x)}=\mathrm{e}$.

例 1.22 求极限$\lim\limits_{x\to 0}(1+2x)^{\frac{1}{x}}$.

解 $\lim\limits_{x\to 0}(1+2x)^{\frac{1}{x}}=\lim\limits_{x\to 0}[(1+2x)^{\frac{1}{2x}}]^2=[\lim\limits_{x\to 0}(1+2x)^{\frac{1}{2x}}]^2=\mathrm{e}^2$.

例 1.23 求极限$\lim\limits_{x\to\infty}\left(1-\dfrac{2}{x}\right)^{x+1}$.

解 $$\lim_{x\to\infty}\left(1-\frac{2}{x}\right)^{x+1}=\lim_{x\to\infty}\left[\left(1-\frac{2}{x}\right)^x\cdot\left(1-\frac{2}{x}\right)\right]=\lim_{x\to\infty}\left(1-\frac{2}{x}\right)^x\cdot\lim_{x\to\infty}\left(1-\frac{2}{x}\right)$$

$$=\left[\lim_{x\to\infty}\left(1-\frac{2}{x}\right)^{-\frac{x}{2}}\right]^{-2}\cdot\lim_{x\to\infty}\left(1-\frac{2}{x}\right)=\mathrm{e}^{-2}\cdot 1=\mathrm{e}^{-2}.$$

例 1.24（连续复利问题） 在银行存款，如果本金为 A，存期为 k 年，年利率为 r_0，则每期利率为 $r=kr_0$. 第一个存期结束时，本利和

$$A_1=A+Ar=A(1+r).$$

如果“预约续存”，则到期后利息将计入本金，即计“复利”. 这样，在第二个存期结束时的本利和为

$$A_2=[A(1+r)](1+r)=A(1+r)^2,$$

第 t 个存期结束时的本利和为

$$A_t=A(1+r)^t.$$

如果上述年利率不变，而改为一年结算 m 次，则每次利率为$\dfrac{r}{m}$，t 期内共结算 mt 次，第 t

个存期结束时的本利和为

$$A\left(1+\frac{r}{m}\right)^{mt}.$$

如果 $m\to\infty$，即按照每个瞬间"即存即算"来计算本利和，则归结为求极限

$$\lim_{m\to\infty}A\left(1+\frac{r}{m}\right)^{mt}=\lim_{m\to\infty}A\left(1+\frac{r}{m}\right)^{\frac{m}{r}\cdot rt}=Ae^{rt},$$

即本利和将按照指数规律增长. 现实世界中不少现象的数学模型是 $A\left(1+\frac{r}{m}\right)^{mt}$ 式，如放射性元素的衰变、树木的生长等.

同步习题 1.3

1. 求下列极限.

(1) $\lim\limits_{x\to-2}(3x^2-5x+2)$.

(2) $\lim\limits_{x\to\sqrt{3}}\dfrac{x^2-3}{x^4+x^2+1}$.

(3) $\lim\limits_{x\to2}\dfrac{x^2-3}{x-2}$.

(4) $\lim\limits_{x\to1}\dfrac{x^2-1}{2x^2-x-1}$.

(5) $\lim\limits_{h\to0}\dfrac{(x+h)^3-x^3}{h}$.

(6) $\lim\limits_{x\to\infty}\dfrac{2x+3}{6x-1}$.

(7) $\lim\limits_{x\to\infty}\dfrac{(2x-1)^{30}(3x-2)^{20}}{(2x+1)^{50}}$.

(8) $\lim\limits_{x\to0}\dfrac{x^2}{1-\sqrt{1+x^2}}$.

(9) $\lim\limits_{x\to0}\dfrac{\tan x-\sin x}{x}$.

(10) $\lim\limits_{x\to0}\dfrac{\sin2x}{\sin3x}$.

(11) $\lim\limits_{x\to0}\left(\dfrac{2-x}{2}\right)^{\frac{2}{x}}$.

(12) $\lim\limits_{x\to\infty}\left(\dfrac{x-1}{x+1}\right)^{x}$.

2. 下列等式成立的是(　　).

A. $\lim\limits_{x\to0}\dfrac{\sin x}{x}=0$　　B. $\lim\limits_{x\to0}\dfrac{\arctan x}{x}=1$　　C. $\lim\limits_{x\to0}\dfrac{\sin x}{x^2}=1$　　D. $\lim\limits_{x\to\frac{\pi}{2}}\dfrac{\sin x}{x}=1$

3. 若 $\lim\limits_{x\to\infty}\left(\dfrac{x^2+1}{x+1}-ax-b\right)=0$，求 a,b 的值.

4. 已知 $\lim\limits_{x\to1}f(x)$ 存在，且 $f(x)=x^2+3x+2\lim\limits_{x\to1}f(x)$，求 $f(x)$.

5. 已知 $f(x)=\begin{cases}x-1, & x<0,\\ \dfrac{x^2+3x-1}{x^3+1}, & x\geqslant0,\end{cases}$ 求 $\lim\limits_{x\to0}f(x)$，$\lim\limits_{x\to+\infty}f(x)$，$\lim\limits_{x\to-\infty}f(x)$.

提高题

1. 求下列极限.

(1) $\lim\limits_{x\to 0}(1+3\tan^2 x)^{\cot^2 x}$.

(2) $\lim\limits_{x\to 0}\dfrac{\cos x+\cos^2 x+\cdots+\cos^n x-n}{\cos x-1}$(其中 n 为正整数).

2. 设 $\lim\limits_{x\to\infty}\left(\dfrac{x+a}{x-2a}\right)^x=8$，求常数 a.

1.4 无穷小量与无穷大量

早在古希腊时期，人类就已经对无穷小量有了一定的认识，阿基米德曾经利用无穷小量得到了许多重要的结论. 下面我们来学习无穷小量与无穷大量的定义及性质，并将其应用于求极限.

1.4.1 无穷小量

引例 在用洗衣机清洗衣物时，清洗次数越多，衣物上残留的污渍就越少. 当清洗次数无限增多时，衣物上的污渍趋于零.

在对许多事物进行研究时，常会遇到事物数量的变化趋势为零的情况，这就引出了无穷小量的概念.

定义 1.15 极限为 0 的量称为无穷小量，具体来说就是

(1) 如果 $\lim\limits_{n\to\infty}x_n=0$，则称数列 $\{x_n\}$ 为无穷小量，或称数列 $\{x_n\}$ 为无穷小数列；

(2) 如果 $\lim\limits_{x\to x_0}f(x)=0$，则称函数 $f(x)$ 为当 $x\to x_0$ 时的无穷小量.

在上述定义(2)中，可将 $x\to x_0$ 换成 $x\to+\infty, x\to-\infty, x\to\infty, x\to x_0^+, x\to x_0^-$，从而可定义不同变化过程中的无穷小量. 例如，当 $x\to 0$ 时，函数 $x^2, \sin x, \tan x$ 均为无穷小量；当 $x\to\infty$ 时，函数 $\dfrac{1}{x^2}, \dfrac{1}{1+x^2}$ 均为无穷小量；当 $x\to-\infty$ 时，函数 2^x 为无穷小量；数列 $\left\{\dfrac{(-1)^n}{n}\right\}, \left\{\dfrac{1}{2^n}\right\}$ 均为无穷小量.

注 (1) 一个变量是否为无穷小量，除了与变量本身有关，还与自变量的变化趋势有关. 例如，$\lim\limits_{x\to\infty}\dfrac{1}{x}=0$，即当 $x\to\infty$ 时，$\dfrac{1}{x}$ 为无穷小量；但因为 $\lim\limits_{x\to 1}\dfrac{1}{x}=1\neq 0$，所以当 $x\to 1$ 时，$\dfrac{1}{x}$ 不是无穷小量.

(2) 因为数列极限只有一种极限过程，所以我们可以直接说一个数列是无穷小量，不必指出极限过程.

(3) 无穷小量不是绝对值很小的常数，而是在自变量的某种变化趋势下，函数的绝对值趋近于 0 的变量. 特别地，常数 0 可以看成任何一个极限过程中的无穷小量.

定理 1.17 $\lim\limits_{x\to x_0}f(x)=A$ 的充分必要条件是 $f(x)=A+\alpha(x)$，其中 $\lim\limits_{x\to x_0}\alpha(x)=0$.

证明 必要性 设 $\lim\limits_{x\to x_0}f(x)=A$，则对于 $\forall\varepsilon>0$，$\exists\delta>0$，当 $0<|x-x_0|<\delta$ 时，有

$$|f(x)-A|<\varepsilon.$$

令 $\alpha(x)=f(x)-A$，则 $\lim\limits_{x\to x_0}\alpha(x)=0$，从而有 $f(x)=A+\alpha(x)$.

充分性 若 $f(x)=A+\alpha(x)$ 且 $\lim\limits_{x\to x_0}\alpha(x)=0$，则对于 $\forall\varepsilon>0$，$\exists\delta>0$，当 $0<|x-x_0|<\delta$ 时，有 $|\alpha(x)|<\varepsilon$，即 $|f(x)-A|<\varepsilon$，所以 $\lim\limits_{x\to x_0}f(x)=A$.

对于自变量的其他变化过程，上述结论均成立.

对于自变量的同一变化过程中的无穷小量，有下列性质.

性质 1.1 有限个无穷小量的代数和是无穷小量.

性质 1.2 有限个无穷小量的乘积是无穷小量.

性质 1.3 有界变量与无穷小量的乘积是无穷小量.

推论 常数与无穷小量的乘积是无穷小量.

注 (1)无穷多个无穷小量的代数和不一定是无穷小量. 比如，例 1.15 中的和式 $\frac{1}{n^2+n+1}+\frac{2}{n^2+n+2}+\cdots+\frac{n}{n^2+n+n}$ 的每一项均为无穷小量，但

$$\lim_{n\to\infty}\left(\frac{1}{n^2+n+1}+\frac{2}{n^2+n+2}+\cdots+\frac{n}{n^2+n+n}\right)=\frac{1}{2}.$$

(2)无穷多个无穷小量的乘积不一定是无穷小量. 例如，以下数列均为无穷小量，但将它们的对应项连乘起来得到一个新的数列，此新数列的极限是 1，不是无穷小量.

$$1,\frac{1}{2},\frac{1}{3},\frac{1}{4},\frac{1}{5},\frac{1}{6},\cdots,\frac{1}{n},\cdots$$

$$1,2,\frac{1}{3},\frac{1}{4},\frac{1}{5},\frac{1}{6},\cdots,\frac{1}{n},\cdots$$

$$1,1,3^2,\frac{1}{4},\frac{1}{5},\frac{1}{6},\cdots,\frac{1}{n},\cdots$$

$$1,1,1,4^3,\frac{1}{5},\frac{1}{6},\cdots,\frac{1}{n},\cdots$$

$$1,1,1,1,5^4,\frac{1}{6},\cdots,\frac{1}{n},\cdots$$

$$\cdots$$

例 1.25 求极限 $\lim\limits_{x\to 0}x^2\sin\frac{1}{x}$.

解 当 $x\to 0$ 时，$\sin\frac{1}{x}$ 的极限不存在. 由于 $\left|\sin\frac{1}{x}\right|\leqslant 1$，即函数 $\sin\frac{1}{x}$ 为有界函数，当 $x\to 0$ 时，x^2 是无穷小量，故根据无穷小量的性质 1.3 知 $\lim\limits_{x\to 0}x^2\sin\frac{1}{x}=0$.

1.4.2 无穷大量

在实际问题中，我们会遇到函数的绝对值无限增大的情况，从而有了无穷大量的概念，下面给出无穷大量的定义.

定义 1.16 (1)当 $x\to x_0$ 时，如果函数 $f(x)$ 的绝对值无限增大，则称当 $x\to x_0$ 时 $f(x)$ 为无穷大量，记作 $\lim\limits_{x\to x_0}f(x)=\infty$.

(2)如果数列 $\{x_n\}$ 的绝对值 $|x_n|$ 无限增大，则称数列 $\{x_n\}$ 为无穷大量，记作 $\lim\limits_{n\to\infty}x_n=\infty$.

严格的分析定义如下.

(1)若 $\forall M>0$(无论 M 多么大)，$\exists\delta>0$，当 $0<|x-x_0|<\delta$ 时，有 $|f(x)|>M$，则称当 $x\to x_0$ 时，函数 $f(x)$ 为无穷大量，记作 $\lim\limits_{x\to x_0}f(x)=\infty$.

(2)若 $\forall M>0$(无论 M 多么大)，$\exists N\in\mathbf{N}^+$，当 $n>N$ 时，有 $|x_n|>M$，则称数列 $\{x_n\}$ 为无穷大量，记作 $\lim\limits_{n\to\infty}x_n=\infty$.

在定义 1.16(1)中，将 $x\to x_0$ 换成 $x\to+\infty, x\to-\infty, x\to\infty, x\to x_0^+, x\to x_0^-$，可定义不同变化过程中的无穷大量.

例如，由于 $\lim\limits_{x\to\frac{\pi}{2}}\tan x=\infty, \lim\limits_{x\to0^+}\log_a x=\infty\ (a>0, a\neq1)$，故在相应的极限过程中，$\tan x$ 和 $\log_a x$ 是无穷大量. 同理，当 $x\to+\infty$ 时，$a^x(a>1)$ 是无穷大量；当 $x\to-\infty$ 时，$a^x(0<a<1)$ 是无穷大量.

注 (1)无穷大量是变量，它不是很大的数，不要将无穷大量与很大的数(如 $10^{1\,000}$)相混淆.

(2)无穷大量是没有极限的变量，但无极限的变量不一定是无穷大量. 比如例 1.8 中，$\lim\limits_{x\to0}\sin\dfrac{1}{x}$ 不存在，但当 $x\to0$ 时，$\sin\dfrac{1}{x}$ 不是无穷大量.

(3)因为数列极限只有一种极限过程，所以我们可以直接说一个数列是无穷大量，不必指出极限过程. 例如，数列 $\{n^2\}$ 为无穷大量.

(4)无穷大量一定无界，但无界函数不一定是无穷大量.

(5)无穷大量分为正无穷大量与负无穷大量，分别记为 $+\infty$ 和 $-\infty$. 例如，$\lim\limits_{x\to\frac{\pi}{2}^-}\tan x=+\infty$，$\lim\limits_{x\to\infty}(-x^2+1)=-\infty$.

无穷小量与无穷大量具有密切的关系，如以下定理所示.

定理 1.18 设函数 $f(x)$ 在点 x_0 的某一去心邻域内有定义，当 $x\to x_0$ 时，

(1)若 $f(x)$ 是无穷大量，则 $\dfrac{1}{f(x)}$ 是无穷小量；

(2)若 $f(x)$ 是无穷小量，且 $f(x)\neq0$，则 $\dfrac{1}{f(x)}$ 是无穷大量.

例如，当 $x\to1$ 时，$\dfrac{1}{x-1}$ 为无穷大量，则 $x-1$ 为无穷小量；当 $x\to+\infty$ 时，$\dfrac{1}{2^x}$ 为无穷小量，则 2^x 为无穷大量.

对于定理 1.18，将 $x\to x_0$ 换成自变量的其他变化过程，结论仍成立. 另外，根据此定理，

我们可将对无穷大量的研究转化为对无穷小量的研究，而无穷小量正是微积分学的精髓.

例 1.26 求$\lim\limits_{x\to1}\dfrac{2x-3}{x^2-5x+4}$.

解 因为分母的极限$\lim\limits_{x\to1}(x^2-5x+4)=0$，分子的极限$\lim\limits_{x\to1}(2x-3)=-1$，所以不能应用商的极限的运算法则. 但因

$$\lim_{x\to1}\frac{x^2-5x+4}{2x-3}=\frac{1^2-5\times1+4}{2\times1-3}=0,$$

故由无穷小量与无穷大量的关系可得

$$\lim_{x\to1}\frac{2x-3}{x^2-5x+4}=\infty.$$

1.4.3 无穷小量阶的比较

我们已经知道，两个无穷小量的和、差、积仍是无穷小量，但两个无穷小量的商却会呈现出不同的情况. 例如，当$x\to0$时，$\sin x,2x,x^3$都是无穷小量，但

$$\lim_{x\to0}\frac{\sin x}{x}=1,\lim_{x\to0}\frac{x^3}{2x}=0,\lim_{x\to0}\frac{2x}{x^3}=+\infty.$$

两个无穷小量之比的极限的各种不同情况，反映了不同的无穷小量趋于零的“快慢”程度. 当$x\to0$时，$x^3\to0$比$2x\to0$要“快”，或者说$2x\to0$比$x^3\to0$要“慢”，而$\sin x\to0$与$x\to0$“快慢相仿”. 不论是理论上还是应用上，研究无穷小量趋于零的“快慢”程度是非常必要的，无穷小量趋于零的“快慢”可用无穷小量之比的极限来衡量. 为此，我们有下面的定义.

定义 1.17 设α,β是自变量在同一变化过程中的两个无穷小量，且$\alpha\neq0$，而$\lim\dfrac{\beta}{\alpha}$也是在这个变化过程中的极限.

(1) 如果$\lim\dfrac{\beta}{\alpha}=0$，则称$\beta$是比$\alpha$高阶的无穷小量，记作$\beta=o(\alpha)$.

(2) 如果$\lim\dfrac{\beta}{\alpha}=\infty$，则称$\beta$是比$\alpha$低阶的无穷小量.

(3) 如果$\lim\dfrac{\beta}{\alpha}=c(c\neq0)$，则称$\beta$与$\alpha$是同阶无穷小量.

微课：无穷小量阶的比较

特别地，当$c=1$，即$\lim\dfrac{\beta}{\alpha}=1$时，称$\beta$与$\alpha$是等价无穷小量，记作$\beta\sim\alpha$.

显然，等价无穷小量具有自反性和传递性.

(4) 如果$\lim\dfrac{\beta}{\alpha^k}=c(c\neq0,k>0)$，则称$\beta$是$\alpha$的$k$阶无穷小量.

根据以上定义，我们知道当$x\to0$时，有$\sin x\sim x,x^3=o(x)$.

因为$\lim\limits_{x\to0}\dfrac{1-\cos x}{x^2}=\dfrac{1}{2}$，所以当$x\to0$时，$1-\cos x\sim\dfrac{1}{2}x^2$，或者$1-\cos x=o(x)$.

注 并非任何两个无穷小量都能进行比较. 例如，当$x\to0$时，由于$\sin\dfrac{1}{x}$是有界变量，可

知 $x\sin\frac{1}{x}$是无穷小量，而$\lim\limits_{x\to0}\frac{x\sin\frac{1}{x}}{x}=\lim\limits_{x\to0}\sin\frac{1}{x}$不存在，故不能比较 $x\sin\frac{1}{x}$与 x 的阶的高低.

1.4.4　等价无穷小代换

定理 1.19　若 α,β 是自变量在同一变化过程中的无穷小量，且 $\alpha\sim\alpha',\beta\sim\beta',\lim\frac{\beta'}{\alpha'}$存在，则

$$\lim\frac{\beta}{\alpha}=\lim\frac{\beta'}{\alpha'}.$$

证明　$\lim\frac{\beta}{\alpha}=\lim\left(\frac{\beta}{\beta'}\cdot\frac{\beta'}{\alpha'}\cdot\frac{\alpha'}{\alpha}\right)=\lim\frac{\beta}{\beta'}\cdot\lim\frac{\beta'}{\alpha'}\cdot\lim\frac{\alpha'}{\alpha}=\lim\frac{\beta'}{\alpha'}.$

注　(1)定理 1.19 说明在求极限的过程中，可以把积或商中的无穷小量用与之等价的无穷小量替换，从而达到简化运算的目的. 但须注意，在加减运算中一般不能使用等价无穷小代换.

(2)当 $x\to0$ 时，常用的等价无穷小量有

$$x\sim\sin x,x\sim\arcsin x,x\sim\tan x,x\sim\arctan x,x\sim\ln(1+x),x\sim e^x-1,$$

$$a^x-1\sim x\ln a(a>0,a\neq1),1-\cos x\sim\frac{1}{2}x^2,(1+x)^\alpha-1\sim\alpha x(\alpha\neq0\text{ 且为常数}).$$

上述常用的等价无穷小量中，变量 x 换成无穷小量函数 $u(x)$ 或无穷小数列$\{x_n\}$，结论仍然成立.

例 1.27　求极限$\lim\limits_{x\to0}\frac{\sin^2x}{x^2(1+\cos x)}$.

解　当 $x\to0$ 时，$\sin x\sim x$，由定理 1.19 得

$$\lim_{x\to0}\frac{\sin^2x}{x^2(1+\cos x)}=\lim_{x\to0}\frac{x^2}{x^2(1+\cos x)}=\lim_{x\to0}\frac{1}{1+\cos x}=\frac{1}{2}.$$

例 1.28　设 $x\to0$ 时 $\ln(1+x^k)$与 $x+\sqrt[3]{x}$为等价无穷小量，求 k 的值.

解　由题意有$\lim\limits_{x\to0}\frac{\ln(1+x^k)}{x+\sqrt[3]{x}}=1$，当 $x\to0$ 时，$\ln(1+x^k)\sim x^k$，则

$$\lim_{x\to0}\frac{\ln(1+x^k)}{x+\sqrt[3]{x}}=\lim_{x\to0}\frac{x^k}{x+\sqrt[3]{x}}=\lim_{x\to0}\left(x^{k-\frac{1}{3}}\cdot\frac{1}{x^{\frac{2}{3}}+1}\right),$$

而$\lim\limits_{x\to0}\frac{1}{x^{\frac{2}{3}}+1}=1$，故 $k-\frac{1}{3}=0$，得 $k=\frac{1}{3}$.

定理 1.20　β 与 α 是等价无穷小量的充要条件为$\beta=\alpha+o(\alpha)$.

证明　必要性　设 $\beta\sim\alpha$，则 $\lim\frac{\beta-\alpha}{\alpha}=\lim\left(\frac{\beta}{\alpha}-1\right)=\lim\frac{\beta}{\alpha}-1=0$，因此，$\beta-\alpha=o(\alpha)$，即$\beta=\alpha+o(\alpha)$.

充分性　设$\beta=\alpha+o(\alpha)$，则 $\lim\frac{\beta}{\alpha}=\lim\frac{\alpha+o(\alpha)}{\alpha}=\lim\left[1+\frac{o(\alpha)}{\alpha}\right]=1$，因此，$\beta\sim\alpha$.

根据定理1.20，当$x\to0$时，因为$\sin x\sim x,\tan x\sim x,1-\cos x\sim\frac{1}{2}x^2$，所以，当$x\to0$时，有

$$\sin x=x+o(x),\tan x=x+o(x),1-\cos x=\frac{1}{2}x^2+o(x^2),$$

这表明在近似计算中，可用等价无穷小量做近似代替，使运算大大简化. 例如，$|x|$很小时，可用x近似代替$\sin x$或$\tan x$，用$\frac{1}{2}x^2$近似代替$1-\cos x$.

同步习题1.4

1. 无穷小量的倒数一定是无穷大量吗？举例说明.

2. 当$x\to0$时，比较下列各无穷小量的阶(低阶、高阶、同阶、等价).

(1)$\sqrt{x}+\sin x$与x. (2)$x^2+\arcsin x$与x.

(3)$x-\sin x$与x. (4)$\sqrt[3]{x}-3x^3+x^5$与x.

(5)$\arctan 2x$与$\sin 3x$. (6)$(1-\cos x)^2$与$\sin^2 x$.

3. 选择题.

(1)当$x\to0$时，$f(x)=\sin ax^3$与$g(x)=x^2\ln(1-x)$是等价无穷小量，则(　　).

A. $a=1$　　B. $a=2$　　C. $a=-1$　　D. $a=-2$

(2)当$x\to0$时，函数$f(x)=\tan x-\sin x$与$g(x)=1-\cos x$比较是(　　)无穷小量.

A. 等价　　B. 同阶非等价　　C. 高阶　　D. 低阶

(3)当$x\to0$时，$(1+ax^2)^{\frac{1}{3}}-1$与$\cos x-1$是等价无穷小量，则a的值为(　　).

A. $-\frac{3}{2}$　　B. $-\frac{5}{2}$　　C. 1　　D. 2

(4)当$x\to0^+$时，与$\sqrt{x}$等价的无穷小量是(　　).

A. $1-e^{\sqrt{x}}$　　B. $\ln\frac{1+x}{1-\sqrt{x}}$　　C. $\sqrt{1+\sqrt{x}}-1$　　D. $1-\cos\sqrt{x}$

4. 利用等价无穷小代换求下列极限.

(1)$\lim\limits_{x\to0}\frac{\sin 3x}{\tan 5x}$. (2)$\lim\limits_{x\to0}\frac{\arctan 2x}{\sin 2x}$.

(3)$\lim\limits_{x\to0}\frac{\sin x}{x^3+3x}$. (4)$\lim\limits_{x\to0}\frac{\tan x-\sin x}{\sin x^3}$.

5. 利用等价无穷小代换求下列极限.

(1)$\lim\limits_{x\to0}\frac{\ln(1-3x)}{\arctan 2x}$. (2)$\lim\limits_{x\to1}\frac{\arcsin(x-1)^2}{(x-1)\ln x}$.

(3)$\lim\limits_{x\to0}\frac{e^{\sin 2x}-1}{\tan x}$. (4)$\lim\limits_{x\to0}\frac{\tan 3x-\sin x}{\sqrt[3]{1+x}-1}$.

6. 证明：$\sqrt{n+1}-\sqrt{n}$与$\dfrac{1}{\sqrt{n}}$是同阶无穷小量.

7. 证明：当 $x\to 0$ 时，函数$f(x)=\dfrac{1}{x^2}\sin\dfrac{1}{x}$无界，但不是无穷大量.

8. 若$f(x)$是无穷大量，则 $kf(x)$是无穷大量吗？

提高题

1. 求极限$\lim\limits_{x\to 0}\dfrac{\sin x+x^2\sin\dfrac{1}{x}}{(1+\cos x)\ln(1+x)}$.

2. 求下列极限.

(1) $\lim\limits_{x\to 0}\dfrac{\ln(\sin^2 x+e^x)-x}{\ln(x^2+e^{2x})-2x}$.　　(2) $\lim\limits_{x\to 0}\dfrac{e^{x^4}-1}{1-\cos(x\sqrt{1-\cos x})}$.

3. 设当 $x\to 0$ 时，$(1-\cos x)\ln(1+x^2)$是比 $x\sin x^n$ 高阶的无穷小量，而 $x\sin x^n$ 是比 $e^{x^2}-1$ 高阶的无穷小量，求正整数 n 的值.

微课：同步习题 1.4 提高题 3

1.5 函数的连续性

自然界中有许多现象，如气温的变化、河水的流动、植物的生长等，都是连续变化的. 这类现象在函数关系上的反映，就是函数的连续性，它是微积分的又一重要概念. 但在经济应用中很多的问题并不是连续的，比如在一个存货周期内，仓库存货量与时间的关系等. 本节将研究函数的连续和间断.

1.5.1 函数连续的定义

定义 1.18 设变量 u 从它的一个初值 u_1 变到终值 u_2，终值与初值的差 u_2-u_1 称为变量 u 的增量，记为 Δu，即 $\Delta u=u_2-u_1$.

增量 Δu 可以是正的，也可以是负的. 在 Δu 为正的情形下，变量 u 从 u_1 变到 $u_2=u_1+\Delta u$ 时是增大的；当 Δu 为负时，变量 u 是减小的.

凡属连续变化的量，在数量上，它们有共同的特点，比如植物的生长，当时间的增量很小时，生长的增量也很小，因此，连续变化的概念反映在数学上，就是当自变量的增量很微小时，函数的增量也很微小.

定义 1.19 设函数 $y=f(x)$在点 x_0 的某邻域内有定义，当自变量 x 有增量 Δx 时，函数有相应的增量 Δy，若$\lim\limits_{\Delta x\to 0}\Delta y=0$，则称函数 $y=f(x)$在点 x_0 处连续，x_0 为 $y=f(x)$的连续点.

事实上，我们知道 $\Delta y=f(x_0+\Delta x)-f(x_0)$，若令 $x=x_0+\Delta x$，则 $\Delta x\to 0$ 时，对应 $x\to x_0$，从而

$$\Delta y=f(x_0+\Delta x)-f(x_0)=f(x)-f(x_0),$$

定义 1.19 中的表达式为

$$\lim_{\Delta x\to 0}\Delta y=\lim_{x\to x_0}[f(x)-f(x_0)]=\lim_{x\to x_0}f(x)-f(x_0)=0.$$

由此得到函数连续的等价定义.

定义 1.20 (1)设函数$f(x)$在点x_0的某邻域内有定义，若$\lim\limits_{x\to x_0}f(x)=f(x_0)$，则称函数$f(x)$在点$x_0$处连续.

(2)设函数$f(x)$在点x_0的某邻域内有定义，如果对于$\forall\varepsilon>0$，$\exists\delta>0$，当$|x-x_0|<\delta$时，有$|f(x)-f(x_0)|<\varepsilon$，则称函数$f(x)$在点$x_0$处连续.

从上述定义可以看出，函数$f(x)$在点x_0处连续必须满足以下3个条件：

(1)$f(x)$在点x_0处有定义；

(2)$f(x)$在点x_0处的极限$\lim\limits_{x\to x_0}f(x)$存在，设为$\lim\limits_{x\to x_0}f(x)=A$；

(3)$f(x)$在点x_0处的极限值等于函数值，即$A=f(x_0)$.

例 1.29 证明：函数$y=\sin x$在任意点x_0处都是连续的.

证明 设自变量在点x_0处的增量为Δx，则函数的相应增量为

$$\Delta y=\sin(x_0+\Delta x)-\sin x_0=2\sin\frac{\Delta x}{2}\cos\left(x_0+\frac{\Delta x}{2}\right).$$

由于$\left|\cos\left(x_0+\frac{\Delta x}{2}\right)\right|\leqslant 1$，所以$\left|\sin\frac{\Delta x}{2}\cos\left(x_0+\frac{\Delta x}{2}\right)\right|\leqslant\left|\sin\frac{\Delta x}{2}\right|\leqslant\left|\frac{\Delta x}{2}\right|$，即

$$0\leqslant|\Delta y|=|\sin(x_0+\Delta x)-\sin x_0|\leqslant 2\cdot\frac{|\Delta x|}{2}=|\Delta x|.$$

当$\Delta x\to 0$时，由夹逼准则知$|\Delta y|\to 0$，从而$\lim\limits_{\Delta x\to 0}\Delta y=0$，所以函数$y=\sin x$在任意点$x_0$处都是连续的.

同理可以证明$y=\cos x$在任意点x_0处也是连续的.

例 1.30 证明：函数$f(x)=\begin{cases}x\sin\dfrac{1}{x}, & x\neq 0,\\ 0, & x=0\end{cases}$在点$x=0$处连续.

证明 根据有界变量与无穷小量的乘积仍为无穷小量，得

$$\lim_{x\to 0}f(x)=\lim_{x\to 0}x\sin\frac{1}{x}=0=f(0),$$

所以函数$f(x)$在点$x=0$处连续.

定义 1.21 如果函数$f(x)$在(a,b)内每一点都连续，则称$f(x)$在(a,b)内连续；如果函数$f(x)$在(a,b)内每一点都连续，且在左端点$x=a$处右连续，在右端点$x=b$处左连续，则称$f(x)$在$[a,b]$上连续.

注 (1)$f(x)$在左端点$x=a$处右连续是指满足$\lim\limits_{x\to a^+}f(x)=f(a)$.

(2)$f(x)$在右端点$x=b$处左连续是指满足$\lim\limits_{x\to b^-}f(x)=f(b)$.

定理 1.21 函数$f(x)$在点x_0处连续的充分必要条件是函数$f(x)$在点x_0处既左连续又右连续.

1.5.2 函数的间断点

定义 1.22 如果函数$f(x)$在点x_0处不连续，则称函数$f(x)$在点x_0处间断，点x_0称为$f(x)$

的间断点或不连续点.

显然，若点 x_0 为 $f(x)$ 的间断点，则在点 x_0 处存在下列 3 种情形之一：

(1)在点 x_0 处，$f(x)$ 没有定义；

(2)$\lim\limits_{x \to x_0} f(x)$ 不存在；

(3)虽然 $f(x)$ 在点 x_0 处有定义，且 $\lim\limits_{x \to x_0} f(x)$ 存在，但 $\lim\limits_{x \to x_0} f(x) \neq f(x_0)$.

据此，我们对函数的间断点做如下分类.

(1)$f(x)$ 在点 x_0 的左、右极限 $f(x_0-0)$ 和 $f(x_0+0)$ 都存在且相等，但不等于 $f(x_0)$ 或函数 $f(x)$ 在点 x_0 无定义，则称 x_0 为 $f(x)$ 的可去间断点.

(2)$f(x)$ 在点 x_0 的左、右极限 $f(x_0-0)$ 和 $f(x_0+0)$ 都存在但不相等，则称 x_0 为 $f(x)$ 的跳跃间断点.

可去间断点和跳跃间断点统称为第一类间断点. 第一类间断点的特点是函数在该点处的左、右极限都存在. 可去间断点有一个重要性质——连续延拓，即可以通过补充定义或者改变函数值使函数 $f(x)$ 在点 x_0 处连续.

(3)$f(x)$ 在点 x_0 的左、右极限 $f(x_0-0)$ 和 $f(x_0+0)$ 中至少有一个不存在，则称 x_0 为 $f(x)$ 的第二类间断点. 特别地，若 $f(x_0-0)$ 和 $f(x_0+0)$ 中至少有一个是无穷大，则称 x_0 为 $f(x)$ 的无穷间断点；若 $\lim\limits_{x \to x_0} f(x)$ 不存在，且在 $\mathring{U}(x_0)$ 内 $f(x)$ 无限振荡，则称 x_0 为 $f(x)$ 的振荡间断点.

例 1.31 讨论函数 $f(x)=\begin{cases} \dfrac{x^2-9}{x-3}, & x \neq 3, \\ A, & x=3 \end{cases}$ 在点 $x=3$ 处的连续性.

解 $\lim\limits_{x \to 3} f(x)=\lim\limits_{x \to 3} \dfrac{x^2-9}{x-3}=\lim\limits_{x \to 3}(x+3)=6$，当 $A=6$ 时，$\lim\limits_{x \to 3} f(x)=f(3)$，此时 $f(x)$ 在点 $x=3$ 处连续；当 $A \neq 6$ 时，$\lim\limits_{x \to 3} f(x) \neq f(3)$，此时 $f(x)$ 在点 $x=3$ 处间断，且 $x=3$ 为第一类间断点中的可去间断点.

例 1.32 讨论函数 $f(x)=\sin \dfrac{1}{x}$ 在点 $x=0$ 处的连续性.

解 该函数在点 $x=0$ 处无定义，当 $x \to 0$ 时函数值在 1 和 -1 之间做无限次振荡，如图 1.23所示. $\lim\limits_{x \to 0} f(0)$ 不存在，则点 $x=0$ 是 $f(x)=\sin \dfrac{1}{x}$ 的第二类间断点，且为振荡间断点.

例 1.33 求函数 $\varphi(x)=\dfrac{1}{1-\mathrm{e}^{\frac{x}{1-x}}}$ 的间断点并判断其类型.

解 $\varphi(x)$ 是初等函数，除 $x=0, x=1$ 外有定义. 由于

$$\lim_{x \to 0}\left(1-\mathrm{e}^{\frac{x}{1-x}}\right)=1-\mathrm{e}^0=0,$$

故 $\lim\limits_{x \to 0} \varphi(x)=\infty$，从而 $x=0$ 是 $\varphi(x)$ 的第二类间断点中的无穷间断点.

又 $\lim\limits_{x \to 1^-} \dfrac{x}{1-x}=+\infty, \lim\limits_{x \to 1^+} \dfrac{x}{1-x}=-\infty$，故 $\lim\limits_{x \to 1^-} \mathrm{e}^{\frac{x}{1-x}}=+\infty, \lim\limits_{x \to 1^+} \mathrm{e}^{\frac{x}{1-x}}=0$，所以 $\varphi(1-0)=0, \varphi(1+0)=1$，即 $\varphi(1-0) \neq \varphi(1+0)$.

因此，$x=1$ 是 $\varphi(x)$ 的第一类间断点中的跳跃间断点.

1.5.3 连续函数的性质

根据函数极限的运算法则和连续的定义，易知连续函数具有以下性质.

定理 1.22 连续函数的和、差、积、商(分母不为0)仍是连续函数.

根据连续函数的定义和定理1.22易知，三角函数在各自的定义域内都是连续的.

定理 1.23 设函数 $y=f(x)$ 在区间 I_x 上是单调的连续函数，则它的反函数 $y=f^{-1}(x)$ 是区间 $I_y=\{f(x)\mid x\in I_x\}$ 上的单调连续函数.

证明从略.

对于基本初等函数，指数函数 $y=a^x$ 是单调函数，当 $0<a<1$ 时单调减少，而当 $a>1$ 时单调增加. 根据连续的定义可以证明 a^x 是连续函数，则它的反函数 $\log_a x$ 也是连续函数.

同理，由于 $y=\sin x\left(|x|\leqslant\dfrac{\pi}{2}\right)$, $y=\cos x(0\leqslant x\leqslant\pi)$, $y=\tan x\left(|x|<\dfrac{\pi}{2}\right)$ 是单调连续函数，故它们的反函数 $y=\arcsin x(|x|\leqslant 1)$, $y=\arccos x(|x|\leqslant 1)$, $y=\arctan x(x\in\mathbf{R})$ 也都是单调连续函数.

那么，一般的幂函数 $y=x^\mu$ 的连续性如何？为讨论这个问题，先考察复合函数的连续性.

定理 1.24 设函数 $g(x)$ 在点 x_0 连续，函数 $f(u)$ 在点 $u_0=g(x_0)$ 处连续，则复合函数 $f[g(x)]$ 在点 x_0 连续.

注 (1)定理1.24说明，$u=g(x)$ 在点 $x=x_0$ 处连续，所以 $\lim\limits_{x\to x_0}g(x)=g(x_0)$，即 $\lim\limits_{u\to u_0}u=u_0$. 又 $y=f(u)$ 在 $u_0=g(x_0)$ 处连续，所以 $\lim\limits_{x\to x_0}f[g(x)]=\lim\limits_{u\to u_0}f(u)=f(u_0)=f[g(x_0)]$，这就是说复合函数 $f[g(x)]$ 在点 x_0 处连续.

(2)极限形式可改写为 $\lim\limits_{x\to x_0}f[g(x)]=f(u_0)=f[\lim\limits_{x\to x_0}g(x)]$，可见，求复合函数的极限时，如果 $u=g(x)$ 在点 x_0 处极限存在，又 $y=f(x)$ 在对应的 $u_0[u_0=\lim\limits_{x\to x_0}g(x)=g(x_0)]$ 处连续，则极限运算可与函数运算交换次序.

(3)定理1.24有更一般的结论：设函数 $f(u)$ 在点 $u=a$ 处连续，且 $\lim\limits_{x\to x_0}g(x)=a$ 存在，则 $\lim\limits_{x\to x_0}f[g(x)]=f[\lim\limits_{x\to x_0}g(x)]=f(a)$.

由此，对于一般的幂函数 $y=x^\mu(x>0)$，由于 $x^\mu=(e^{\ln x})^\mu=e^{\mu\ln x}$，所以 $y=x^\mu$ 可看成由两个连续函数复合而成，从而是连续函数.

综上所述，基本初等函数在其定义域内连续.

由初等函数的定义及连续函数的运算性质知，初等函数在其定义区间内都是连续的. 所谓定义区间是指包含在定义域内的区间.

利用函数的连续性可以计算一些极限，即在计算 $\lim\limits_{x\to x_0}f(x)$ 时，若 $f(x)$ 在点 $x=x_0$ 处连续，则有 $\lim\limits_{x\to x_0}f(x)=f(x_0)$.

例 1.34 求 $\lim\limits_{x\to 0}\sqrt{\dfrac{\lg(100+x)}{a^x+\arcsin x}}\ (a>0)$.

解 由于 $\sqrt{\dfrac{\lg(100+x)}{a^x+\arcsin x}}$ 是初等函数，在其定义区间内连续，而 $x=0$ 在它的定义域内，所以

$$\lim_{x\to 0}\sqrt{\frac{\lg(100+x)}{a^x+\arcsin x}}=\sqrt{\frac{\lg(100+0)}{a^0+\arcsin 0}}=\sqrt{\frac{2}{1+0}}=\sqrt{2}.$$

1.5.4 闭区间上连续函数的性质

定理 1.25（最大值与最小值定理） 如果函数 $f(x)$ 在 $[a,b]$ 上连续，则函数 $f(x)$ 在 $[a,b]$ 上一定有最大值与最小值.

如图 1.24 所示，$y=f(x)$ 在点 x_1 处取得最小值 m，在点 b 处取得最大值 M.

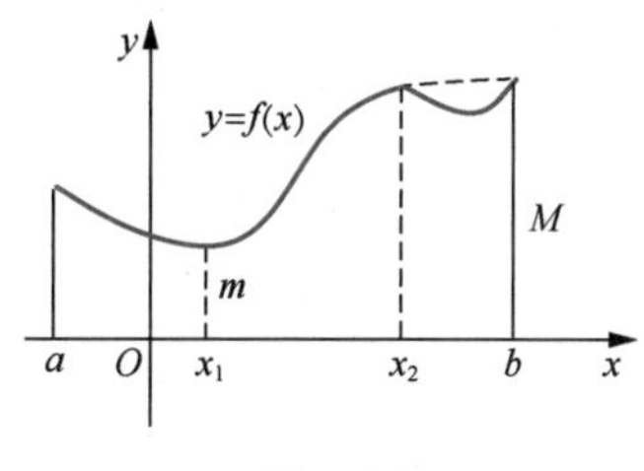

图 1.24

推论（有界性定理） 闭区间上的连续函数在该区间上一定有界.

定理 1.26（介值定理） 如果函数 $f(x)$ 在 $[a,b]$ 上连续，m 和 M 分别为 $f(x)$ 在 $[a,b]$ 上的最小值与最大值，则对介于 m 与 M 之间的任一实数 c（即 $m<c<M$），至少存在一点 $\xi\in[a,b]$，使 $f(\xi)=c$.

如图 1.25 所示，连续曲线 $y=f(x)$ 与直线 $y=c$ 相交于 3 点，这 3 点的横坐标分别为 ξ_1,ξ_2,ξ_3，所以有 $f(\xi_1)=f(\xi_2)=f(\xi_3)=c$.

推论（零点定理） 如果函数 $f(x)$ 在 $[a,b]$ 上连续，且 $f(a)$ 与 $f(b)$ 异号，则至少存在一点 $\xi\in(a,b)$，使 $f(\xi)=0$.

如图 1.26 所示，连续曲线 $y=f(x)$ $[f(a)<0,f(b)>0]$ 与 x 轴相交于点 ξ 处，所以有 $f(\xi)=0$.

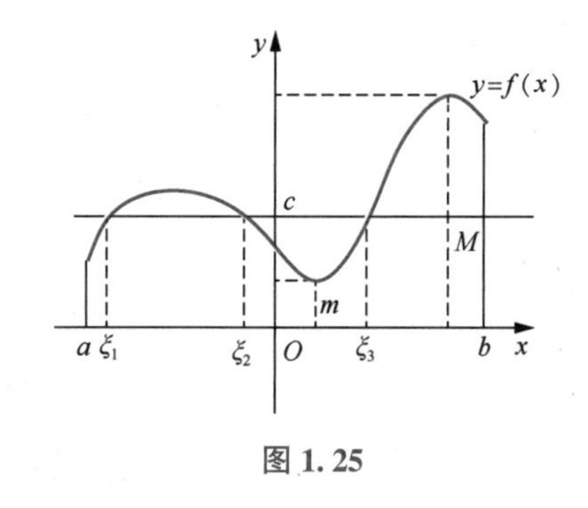

图 1.25

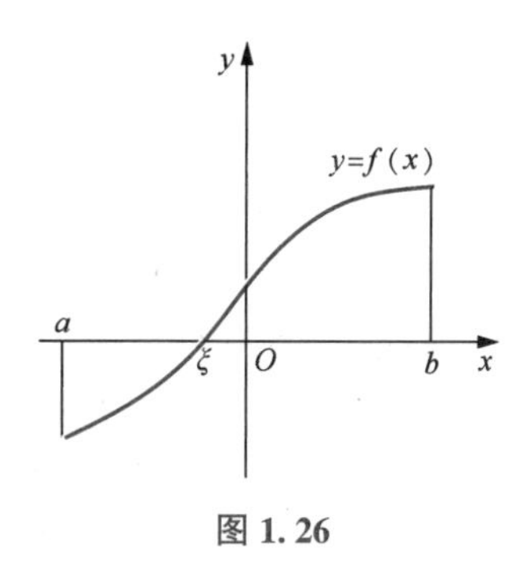

图 1.26

例 1.35 利用零点定理证明：方程 $x^3-3x^2-x+3=0$ 在 $(-2,0)$，$(0,2)$，$(2,4)$ 内各有一个实根.

证明 设 $f(x)=x^3-3x^2-x+3$，则 $f(x)$ 在 $[-2,0]$，$[0,2]$，$[2,4]$ 上连续. 又

$$f(-2)<0,f(0)>0,f(2)<0,f(4)>0,$$

根据零点定理可知存在 $\xi_1\in(-2,0)$，$\xi_2\in(0,2)$，$\xi_3\in(2,4)$，使 $f(\xi_1)=0,f(\xi_2)=0,f(\xi_3)=0$，这表明 ξ_1,ξ_2,ξ_3 为给定方程的实根.

由于三次方程至多有 3 个根，所以各区间内各有一个实根.

同步习题 1.5

1. 讨论下列函数在点 $x=0$ 处的连续性.

(1) $f(x)=\begin{cases} x^2\sin\dfrac{1}{x}, & x\neq 0, \\ 0, & x=0. \end{cases}$　　(2) $f(x)=\begin{cases} e^{-\frac{1}{x^2}}, & x\neq 0, \\ 0, & x=0. \end{cases}$

(3) $f(x)=\begin{cases} \dfrac{\sin x}{|x|}, & x\neq 0, \\ 1, & x=0. \end{cases}$　　(4) $f(x)=\begin{cases} e^x, & x\leqslant 0, \\ \dfrac{\sin x}{x}, & x>0. \end{cases}$

2. 设 $f(x)=\begin{cases} \dfrac{1}{x}\sin x, & x<0, \\ k, & x=0, \\ x\sin\dfrac{1}{x}+1, & x>0, \end{cases}$ 求 k 的值，使函数 $f(x)$ 在其定义域内连续.

3. 设 $f(x)=\begin{cases} \dfrac{\sin 2x}{x}, & x<0, \\ 3x^2-2x+k, & x\geqslant 0. \end{cases}$ 求 k 的值，使函数 $f(x)$ 在 $(-\infty,+\infty)$ 内连续.

4. 指出下列函数在指定点处间断点的类型，如果是可去间断点，则补充或改变函数的定义使之连续.

(1) $y=\dfrac{x^2-1}{x^2-3x+2}, x=1, x=2.$　　(2) $y=\cos\dfrac{1}{x}, x=0.$　　(3) $\operatorname{sgn}x=\begin{cases} -1, & x<0, \\ 0, & x=0, \\ 1, & x>0, \end{cases}$ $x=0.$

5. 已知 $f(x)$ 连续，且满足 $\lim\limits_{x\to 0}\dfrac{1-\cos[xf(x)]}{(e^{x^2}-1)f(x)}=1$，求 $f(0)$.

6. 求下列函数的连续区间.

(1) $f(x)=\begin{cases} 2x^2, & 0\leqslant x\leqslant 1, \\ 4-2x, & 1\leqslant x\leqslant 2. \end{cases}$　　(2) $f(x)=\begin{cases} x\cos\dfrac{1}{x}, & x\neq 0, \\ 1, & x=0. \end{cases}$

7. 求下列极限.

(1) $\lim\limits_{x\to 0}\dfrac{\ln(1+x)}{x}$.　　(2) $\lim\limits_{x\to 0}\dfrac{\ln(1+x^2)}{\sin(1+x^2)}$.　　(3) $\lim\limits_{x\to 1}\dfrac{x^2+\ln(2-x)}{4\arctan x}$.

8. 若 $f(x)$ 在点 $x=0$ 连续，且对任意的 $x,y\in(-\infty,+\infty)$，$f(x+y)=f(x)+f(y)$ 都成立，证明：$f(x)$ 为 $(-\infty,+\infty)$ 上的连续函数.

微课：同步习题 1.5
基础题 8

9. 证明：方程 $x\cdot 2^x=1$ 至少有一个小于 1 的正根.

提高题

1. 设函数 $f(x)=\begin{cases} -1, & x<0, \\ 1, & x\geqslant 0, \end{cases}$ $g(x)=\begin{cases} 2-ax, & x\leqslant -1, \\ x, & -1<x<0, \\ x-b, & x\geqslant 0. \end{cases}$ 若 $f(x)+g(x)$ 在 $\mathbf{R}$ 上连续，求 a,b 的值.

2. 证明：多项式 $p(x)=a_0x^{2n+1}+a_1x^{2n}+\cdots+a_{2n+1}(a_0\neq 0)$ 至少有一个零点.

3. 设 $f(x)$ 在 $[0,2L]$ 上连续，且 $f(0)=f(2L)$，证明：方程 $f(x)=f(x+L)$ 在 $[0,L]$ 上至少有一个根.

4. 若函数 $f(x)$ 在 $[a,b]$ 上连续，且 $a<x_1<x_2<\cdots<x_n<b$，证明：在 $[x_1,x_n]$ 上必存在 ξ，使 $f(\xi)=\dfrac{f(x_1)+f(x_2)+\cdots+f(x_n)}{n}$.

微课：同步习题 1.5 提高题 3

第1章思维导图

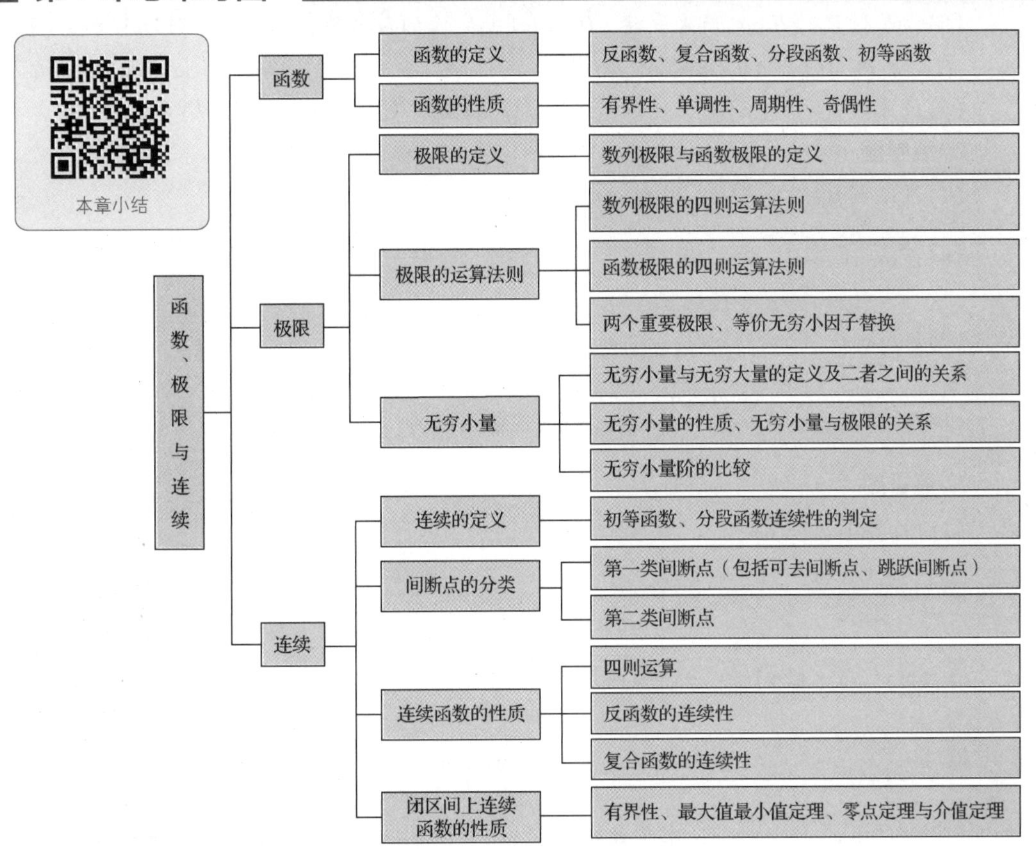

中国数学学者

个人成就

数学家，中国科学院院士，曾任中国科学院数学研究所研究员、所长. 华罗庚是我国解析数论、典型群、矩阵几何学、自守函数论与多复变函数论等方面研究的创始人与开拓者.

课程思政小微课

华罗庚

第1章总复习题

1. 判断题.

(1)函数$f(x)$在点$x=x_0$处无意义，则$\lim\limits_{x\to x_0}f(x)$不存在.

(2)若$\lim\limits_{x\to a}f(x)$和$\lim\limits_{x\to a}g(x)$都不存在，则$\lim\limits_{x\to a}[f(x)+g(x)]$也不存在.

(3)若$\lim\limits_{x\to a}f(x)$和$\lim\limits_{x\to a}g(x)$都不存在，则$\lim\limits_{x\to a}[f(x)g(x)]$也不存在.

(4)若$\lim\limits_{x\to a}f(x)$和$\lim\limits_{x\to a}g(x)$都存在，则$\lim\limits_{x\to a}\dfrac{f(x)}{g(x)}$也存在.

(5)设函数$f(x)$在$[a,b]$上连续，$f(x)$在$[a,b]$上的最大值、最小值分别为M和$m(M>m)$，则集合$I=\{f(x)\mid a\leqslant x\leqslant b\}$是$[m,M]$.

(6)设函数$f(x)$在$[a,b]$上连续，且$f(a)f(b)>0$，则函数$f(x)$在(a,b)内没有零点.

2. 填空题.

(7)设函数$f(\ln x)=1+x$，则$f(x)=$__________.

(8)设$\lim\limits_{x\to\infty}\left(1+\dfrac{c}{x}\right)^x=\mathrm{e}^2$，则$c=$__________.

(9)设$\lim\limits_{x\to 0}\dfrac{\sin cx}{x}=5$，则$c=$__________.

(10)设函数$f(x)=\dfrac{x^2-3x+2}{x^2-1}$，则$f(x)$的连续区间为__________.

3. 解答题.

(11)计算下列极限.

① $\lim\limits_{x\to -1}\dfrac{x^3+2x-1}{2-3x^2}$.　　② $\lim\limits_{x\to 1}\left(\dfrac{2}{x^2-1}-\dfrac{1}{x-1}\right)$.

③ $\lim\limits_{x\to +\infty}x(\sqrt{x^2+1}-x)$.　　④ $\lim\limits_{x\to\infty}\left(\dfrac{2x+3}{2x+1}\right)^{x+1}$.

⑤ $\lim\limits_{x\to +\infty}\dfrac{1+\mathrm{e}^x}{1+\mathrm{e}^{4x}}$.　　⑥ $\lim\limits_{x\to 0}(1+x^2\mathrm{e}^x)^{\frac{1}{1-\cos x}}$.

微课：第1章总复习题(11)⑥

(12)已知$\lim\limits_{x\to 1}\dfrac{x^2+ax+b}{x-1}=3$，求常数$a,b$.

微课：第1章总复习题(12)

(13)设$f(x)=\dfrac{\sin\pi x}{x}$，求下列极限.

① $\lim\limits_{x\to 1}f(x)$.　　② $\lim\limits_{x\to 0}f(x)$.　　③ $\lim\limits_{x\to\infty}f(x)$.

(14)设$f(x)=2x^2+3x-1$，求$\lim\limits_{x\to 1}\dfrac{f(x)-f(1)}{x-1}$.

02

第 2 章 导数与微分

导数和微分是微分学中重要的基本概念，它们在科学技术、工程建设等领域中有着极为广泛的应用. 大量与变化率有关的量，都可以用导数表示，如物体运动的速度、加速度等. 导数能反映函数相对于自变量的变化而变化的快慢程度，微分则能刻画自变量有一微小增量时，相应的函数值的增量. 研究导数理论，以及研究求函数导数与微分的方法及其应用的科学称为微分学. 一元函数微分学主要研究函数的导数、微分及其应用. 本章我们主要学习导数和微分的概念，掌握它们的计算方法及其在实际问题中的一些简单应用.

2.1 导数的定义

2.1.1 引例

在历史上，导数的概念主要起源于两个著名的问题：一个是求平面曲线的切线斜率问题；另一个是求变速直线运动质点的瞬时速度问题. 本节就从这两个经典引例的研究出发，从而归纳出导数的定义.

引例 1 切线斜率问题

切线的概念在中学已经介绍过，从几何上看，曲线在点 M_0 处的切线在该点和曲线相切，准确地说，曲线在点 M_0 处的切线是曲线的割线 M_0M 当点 M 沿曲线无限地接近于点 M_0 时的极限位置.

首先，要明确什么是曲线的切线. 用“与曲线只有一个交点的直线”作为平面曲线切线的定义是不合适的. 例如，对于抛物线 $y=x^2$，在原点 O 处两个坐标轴都符合上述定义，但只有 x 轴是该抛物线在原点处的切线. 下面，我们用极限的思想来给出定义.

设连续曲线 L：$y=f(x)$ 上有一定点 $M_0(x_0,f(x_0))$ 和一动点 $M(x_0+\Delta x,f(x_0+\Delta x))$，连接 M_0 和 M 作割线 M_0M，当动点 M 沿曲线 L 趋向定点 M_0 时，称割线 M_0M 的极限位置 M_0T 为曲线 L 在点 M_0 处的切线，如图 2.1 所示.

下面借助极限的思想来探究如何求曲线在点 $(x_0,f(x_0))$ 处切线的斜率. 先来研究割线的斜率，如图 2.1 所示，割线 M_0M 的斜率

$$\tan\varphi=\frac{\Delta y}{\Delta x}=\frac{f(x_0+\Delta x)-f(x_0)}{\Delta x}.$$

当动点 M 沿曲线 L 趋向点 M_0 时，割线 M_0M 越接近切线 M_0T，割线 M_0M 的斜率就越接近于切线的斜率，当点 M 沿曲线 L 无限逼近点 M_0 时（$\Delta x\to0$），割线 M_0M 的斜率的极限就是切线 M_0T 的斜率，从而有

$$\tan\alpha=\lim_{\Delta x\to0}\tan\varphi,$$

即切线斜率为

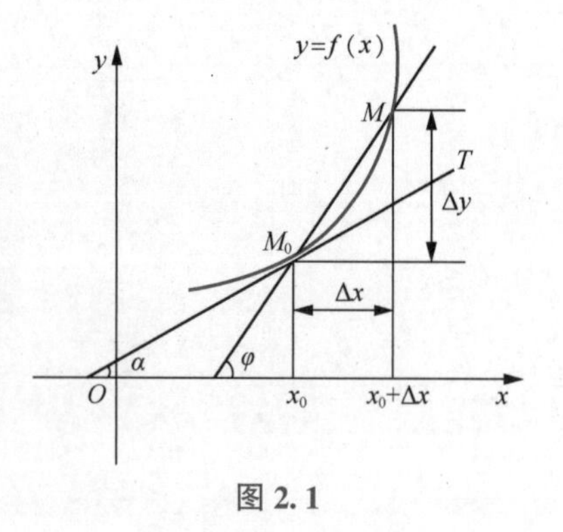

图 2.1

$$k=\lim_{\Delta x\to0}\frac{\Delta y}{\Delta x}=\lim_{\Delta x\to0}\frac{f(x_0+\Delta x)-f(x_0)}{\Delta x}.$$

引例 2 瞬时速度问题

若质点做匀速直线运动，即质点在任一时刻的速度是相同的，则速度等于所经过的位移与所用时间的比.

若质点做变速直线运动，假设质点在 $t=0$ 时刻位于数轴的原点，在任意 t 时刻，质点在数轴上的坐标为 $s=s(t)$（即 t 时刻的位移），下面讨论质点在时刻 t_0 的瞬时速度 $v(t_0)$，即要解决的问题是：已知质点的位移函数为 $s=s(t)$，如何求 $v(t_0)$.

首先质点在时刻 $t=t_0$ 到 $t=t_0+\Delta t$ 这段时间内的平均速度为

$$\bar{v}=\frac{\Delta s}{\Delta t}=\frac{s(t_0+\Delta t)-s(t_0)}{\Delta t},$$

可以用这段时间内的平均速度 $\bar{v}$ 去近似代替 t_0 时刻的瞬时速度 $v(t_0)$，但这种代替是有误差的，时间间隔越小，这种近似代替的精确度就越高. 当 $\Delta t\to0$ 时，平均速度 $\bar{v}$ 的极限就是 t_0 时刻的瞬时速度，即

$$v(t_0)=\lim_{\Delta t\to0}\frac{\Delta s}{\Delta t}=\lim_{\Delta t\to0}\frac{s(t_0+\Delta t)-s(t_0)}{\Delta t}.$$

上述两个引例，虽然分别属于几何和物理问题，所讲实际问题的具体含义不同，但解决问题的思想和方法是相同的，都可以归结为函数增量与自变量增量之比的极限问题，即 $\lim\limits_{\Delta x\to0}\frac{f(x_0+\Delta x)-f(x_0)}{\Delta x}$. 这种求增量比的极限问题就是导数问题.

2.1.2 导数的定义

1. 函数在一点处的导数

定义 2.1 设函数 $y=f(x)$ 在点 x_0 的某邻域内有定义，当自变量 x 在点 x_0 处有增量 Δx 时，相应的函数增量为 $\Delta y=f(x_0+\Delta x)-f(x_0)$. 如果极限 $\lim\limits_{\Delta x\to0}\frac{\Delta y}{\Delta x}$ 存在，则称函数 $y=f(x)$ 在点 x_0 处可导，并把这个极限值称为函数 $y=f(x)$ 在点 x_0 处的导数，记作

$$f'(x_0),\ y'\big|_{x=x_0},\ \frac{\mathrm{d}f}{\mathrm{d}x}\bigg|_{x=x_0}\text{ 或 }\frac{\mathrm{d}y}{\mathrm{d}x}\bigg|_{x=x_0},$$

即

$$f'(x_0)=\lim_{\Delta x\to 0}\frac{\Delta y}{\Delta x}=\lim_{\Delta x\to 0}\frac{f(x_0+\Delta x)-f(x_0)}{\Delta x}.$$

若当 $\Delta x\to 0$ 时，这个比值的极限不存在，则称函数 $y=f(x)$ 在点 x_0 处不可导.

注 (1)若令 $h=\Delta x, x=x_0+h$，则

$$f'(x_0)=\lim_{h\to 0}\frac{f(x_0+h)-f(x_0)}{h}.$$

(2)若令 $x=x_0+\Delta x$，则

$$f'(x_0)=\lim_{x\to x_0}\frac{f(x)-f(x_0)}{x-x_0}.$$

(3)平面曲线 $y=f(x)$ 在点 $(x_0,f(x_0))$ 处的切线斜率 k 恰好就是该曲线在点 x_0 处的导数，即 $k=f'(x_0)$.

(4)做变速直线运动的质点在 t_0 时刻的瞬时速度恰好就是位移函数 $s=s(t)$ 在 t_0 时刻的导数，即 $v(t_0)=s'(t_0)$.

2. 导函数

定义 2.2 如果函数 $f(x)$ 在 (a,b) 内每一点都可导，对于 $\forall x\in(a,b)$，$f'(x)$ 仍是 x 的函数，则称 $f'(x)$ 为 $f(x)$ 的导函数，简称导数，记为

$$f'(x),y'(x),\frac{\mathrm{d}f(x)}{\mathrm{d}x}\text{或}\frac{\mathrm{d}y}{\mathrm{d}x},$$

即

$$f'(x)=\lim_{\Delta x\to 0}\frac{f(x+\Delta x)-f(x)}{\Delta x},$$

或

$$f'(x)=\lim_{h\to 0}\frac{f(x+h)-f(x)}{h}.$$

显然，$f'(x_0)$ 是导函数 $f'(x)$ 在点 x_0 处的函数值，即 $f'(x_0)=f'(x)\big|_{x=x_0}$.

例 2.1 求函数 $f(x)=C$（C 为常数）的导数.

解 根据导数的定义，有

$$(C)'=\lim_{\Delta x\to 0}\frac{f(x+\Delta x)-f(x)}{\Delta x}=\lim_{\Delta x\to 0}\frac{C-C}{\Delta x}=0,$$

即常数的导数等于 0.

例 2.2 已知 $f(x)=\sqrt{x}$，求 $f'(1)$.

解 根据导数的定义，有

$$f'(1)=\lim_{x\to 1}\frac{f(x)-f(1)}{x-1}=\lim_{x\to 1}\frac{\sqrt{x}-1}{x-1}$$

$$=\lim_{x\to 1}\frac{\sqrt{x}-1}{(\sqrt{x}-1)(\sqrt{x}+1)}=\lim_{x\to 1}\frac{1}{\sqrt{x}+1}=\frac{1}{2}.$$

例 2.3 求函数$f(x)=x^3$的导数.

解 根据导数的定义，有

$$f'(x)=\lim_{\Delta x\to 0}\frac{f(x+\Delta x)-f(x)}{\Delta x}=\lim_{\Delta x\to 0}\frac{(x+\Delta x)^3-x^3}{\Delta x}$$

$$=\lim_{\Delta x\to 0}[3x^2+3x\Delta x+(\Delta x)^2]=3x^2,$$

即

$$(x^3)'=3x^2.$$

例 2.4 求函数$f(x)=\sin x$的导数.

解 根据导数的定义，结合和差化积公式得

$$f'(x)=\lim_{\Delta x\to 0}\frac{f(x+\Delta x)-f(x)}{\Delta x}=\lim_{\Delta x\to 0}\frac{\sin(x+\Delta x)-\sin x}{\Delta x}$$

$$=\lim_{\Delta x\to 0}\frac{2\cos\left(x+\frac{\Delta x}{2}\right)\sin\frac{\Delta x}{2}}{\Delta x}=\lim_{\Delta x\to 0}\cos\left(x+\frac{\Delta x}{2}\right)\cdot\lim_{\Delta x\to 0}\frac{\sin\frac{\Delta x}{2}}{\frac{\Delta x}{2}}=\cos x,$$

即

$$(\sin x)'=\cos x.$$

同理可得

$$(\cos x)'=-\sin x.$$

例 2.5 求$f(x)=\ln x$的导数.

解 根据导数的定义，有

$$f'(x)=\lim_{\Delta x\to 0}\frac{f(x+\Delta x)-f(x)}{\Delta x}=\lim_{\Delta x\to 0}\frac{\ln(x+\Delta x)-\ln x}{\Delta x}$$

$$=\lim_{\Delta x\to 0}\left[\frac{1}{x}\cdot\frac{\ln\left(1+\frac{\Delta x}{x}\right)}{\frac{\Delta x}{x}}\right]=\lim_{\Delta x\to 0}\left[\frac{1}{x}\ln\left(1+\frac{\Delta x}{x}\right)^{\frac{x}{\Delta x}}\right]$$

$$=\frac{1}{x}\ln\left[\lim_{\Delta x\to 0}\left(1+\frac{\Delta x}{x}\right)^{\frac{x}{\Delta x}}\right]=\frac{1}{x}\ln e=\frac{1}{x},$$

即

$$(\ln x)'=\frac{1}{x}.$$

例 2.6 求$f(x)=e^x$的导数.

解 根据导数的定义，有

$$f'(x)=\lim_{\Delta x\to 0}\frac{f(x+\Delta x)-f(x)}{\Delta x}=\lim_{\Delta x\to 0}\frac{e^{x+\Delta x}-e^x}{\Delta x}$$

$$=e^x\cdot\lim_{\Delta x\to 0}\frac{e^{\Delta x}-1}{\Delta x}=e^x\cdot\lim_{\Delta x\to 0}\frac{\Delta x}{\Delta x}=e^x.$$

3. 左导数与右导数

定义 2.3 设函数 $y=f(x)$ 在点 x_0 的某左邻域内有定义，如果极限 $\lim\limits_{\Delta x\to 0^-}\frac{f(x_0+\Delta x)-f(x_0)}{\Delta x}$ 存在，则称此极限值为函数 $y=f(x)$ 在点 x_0 处的左导数，记为

$$f'_-(x_0)=\lim_{\Delta x\to 0^-}\frac{f(x_0+\Delta x)-f(x_0)}{\Delta x}=\lim_{x\to x_0^-}\frac{f(x)-f(x_0)}{x-x_0}.$$

同理，右导数为

$$f'_+(x_0)=\lim_{\Delta x\to 0^+}\frac{f(x_0+\Delta x)-f(x_0)}{\Delta x}=\lim_{x\to x_0^+}\frac{f(x)-f(x_0)}{x-x_0}.$$

左导数和右导数统称为单侧导数.

定理 2.1 函数 $f(x)$ 在点 x_0 处可导的充要条件是左、右导数都存在且相等.

定义 2.4 若 $f(x)$ 在 (a,b) 内的每一点都可导，则称 $f(x)$ 在开区间 (a,b) 内可导.

定义 2.5 若 $f(x)$ 在 (a,b) 内可导，且在点 $x=a$ 处右导数存在，在点 $x=b$ 处左导数存在，则称 $f(x)$ 在 $[a,b]$ 上可导.

2.1.3 导数的几何意义

由 2.1.1 小节的引例 1 可知，$f'(x_0)$ 就是曲线 $y=f(x)$ 在点 $(x_0,f(x_0))$ 处切线的斜率，这就是导数的几何意义.

若函数 $f(x)$ 在点 $x=x_0$ 处可导，则曲线 $y=f(x)$ 在点 $(x_0,f(x_0))$ 处的**切线方程**为

$$y-f(x_0)=f'(x_0)(x-x_0);$$

当 $f'(x_0)\neq 0$ 时，曲线 $y=f(x)$ 在点 $(x_0,f(x_0))$ 处的**法线方程**为

$$y-f(x_0)=-\frac{1}{f'(x_0)}(x-x_0).$$

例 2.7 求抛物线 $f(x)=x^2$ 在点 $(2,4)$ 处的切线方程和法线方程.

解 这里 $x_0=2, f(x_0)=4$，因为 $f'(x)=2x, f'(x_0)=2x\big|_{x=2}=4$，所以所求切线方程为

$$y-4=4(x-2),$$

即

$$y=4x-4;$$

法线方程为

$$y-4=-\frac{1}{4}(x-2),$$

即

$$y=-\frac{1}{4}x+\frac{9}{2}.$$

例 2.8 曲线 $y=x^3$ 上哪一点的切线与直线 $y=3x+1$ 平行？并求此切线方程.

解 $y'=(x^3)'=3x^2$，又知直线 $y=3x+1$ 的斜率为 3，因此，令 $3x^2=3$，解得 $x_1=-1, x_2=1$. $f(-1)=-1, f(1)=1$，所以在点 $(-1,-1)$ 和点 $(1,1)$ 处的切线与直线 $y=3x+1$ 平行，所求切线方程分别为

$$y-(-1)=3[x-(-1)] \text{和} y-1=3(x-1),$$

即

$$y=3x+2 \text{ 和 } y=3x-2.$$

2.1.4 可导与连续的关系

定理 2.2 如果函数 $f(x)$ 在点 x_0 处可导，则 $f(x)$ 在点 x_0 处连续.

微课：可导与连续的关系

证明 若函数 $f(x)$ 在点 x_0 可导，由导数定义可得 $\lim\limits_{x\to x_0}\dfrac{f(x)-f(x_0)}{x-x_0}=f'(x_0)$，所以

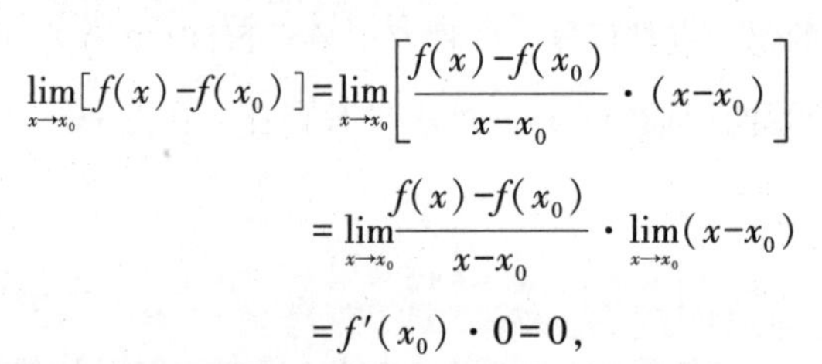

$$\begin{aligned}\lim_{x\to x_0}[f(x)-f(x_0)]&=\lim_{x\to x_0}\left[\frac{f(x)-f(x_0)}{x-x_0}\cdot(x-x_0)\right]\\&=\lim_{x\to x_0}\frac{f(x)-f(x_0)}{x-x_0}\cdot\lim_{x\to x_0}(x-x_0)\\&=f'(x_0)\cdot 0=0,\end{aligned}$$

即 $\lim\limits_{x\to x_0}f(x)=f(x_0)$，故函数 $f(x)$ 在点 x_0 处连续.

注 (1) 定理 2.2 的逆命题不一定成立. 即若函数 $f(x)$ 在某点连续，则函数在该点不一定可导. 连续是可导的必要条件，不是充分条件.

例如，函数 $f(x)=|x|$ 在点 $x=0$ 处连续，但在点 $x=0$ 处不可导(见图 1.4). 事实上，

$$f'_-(0)=\lim_{\Delta x\to 0^-}\frac{|\Delta x|-0}{\Delta x}=\lim_{\Delta x\to 0^-}\frac{-\Delta x}{\Delta x}=-1,\ f'_+(0)=\lim_{\Delta x\to 0^+}\frac{|\Delta x|-0}{\Delta x}=\lim_{\Delta x\to 0^+}\frac{\Delta x}{\Delta x}=1,$$

因此，$f'_-(0)\neq f'_+(0)$. 由定理 2.1 可知，$f(x)=|x|$ 在点 $x=0$ 处导数不存在.

(2) 定理 2.2 的逆否命题：若 $f(x)$ 在点 x_0 处不连续，则它在点 x_0 处一定不可导.

例 2.9 判断分段函数 $f(x)=\begin{cases}x^2-1, & x<0,\\ 3x+1, & x\geqslant 0\end{cases}$ 在点 $x=0$ 处是否可导.

解 因为 $\lim\limits_{x\to 0^-}f(x)=\lim\limits_{x\to 0^-}(x^2-1)=-1, \lim\limits_{x\to 0^+}f(x)=\lim\limits_{x\to 0^+}(3x+1)=1$，即 $\lim\limits_{x\to 0^-}f(x)\neq\lim\limits_{x\to 0^+}f(x)$，故 $f(x)$ 在点 $x=0$ 处不连续，从而 $f(x)$ 在点 $x=0$ 处不可导.

例 2.10 讨论函数 $f(x)=\begin{cases}x^3+1, & x<0,\\ \mathrm{e}^x, & x\geqslant 0\end{cases}$ 在点 $x=0$ 处的连续性、可导性.

解 (1) 因为 $\lim\limits_{x\to 0^-}f(x)=\lim\limits_{x\to 0^-}(x^3+1)=1, \lim\limits_{x\to 0^+}f(x)=\lim\limits_{x\to 0^+}\mathrm{e}^x=1$，即 $\lim\limits_{x\to 0^-}f(x)=\lim\limits_{x\to 0^+}f(x)=f(0)$，所以 $f(x)$ 在点 $x=0$ 处连续.

(2) $f'_-(0)=\lim\limits_{x\to 0^-}\dfrac{(x^3+1)-1}{x}=0, f'_+(0)=\lim\limits_{x\to 0^+}\dfrac{\mathrm{e}^x-1}{x}=1$，$f'_-(0)\neq f'_+(0)$，所以 $f(x)$ 在点 $x=0$ 处不可导.

同步习题 2.1

1. 选择题.

(1)设 $f(x)$ 在点 $x=x_0$ 处可导，则 $f'(x_0)=($ $)$.

A. $\lim\limits_{\Delta x\to 0}\frac{f(x_0-\Delta x)-f(x_0)}{\Delta x}$　　B. $\lim\limits_{h\to 0}\frac{f(x_0+h)-f(x_0-h)}{2h}$

C. $\lim\limits_{x\to 0}\frac{f(x_0)-f(x_0+2x)}{2x}$　　D. $\lim\limits_{x\to 0}\frac{f(x)-f(0)}{x}$

(2)函数 $f(x)$ 在点 $x=x_0$ 处连续是 $f(x)$ 在点 $x=x_0$ 处可导的(　　).

A. 必要但非充分条件　　B. 充分但非必要条件

C. 充分必要条件　　D. 既非充分又非必要条件

(3)若 $f(x)$ 在点 $x=x_0$ 处可导，则 $|f(x)|$ 在点 $x=x_0$ 处(　　).

A. 可导　　B. 不可导　　C. 连续但未必可导　　D. 不连续

(4)曲线 $y=\ln x$ 在点(　　)处的切线平行于直线 $y=2x-3$.

A. $\left(\frac{1}{2},-\ln 2\right)$　　B. $\left(\frac{1}{2},-\ln\frac{1}{2}\right)$　　C. $(2,\ln 2)$　　D. $(2,-\ln 2)$

(5)函数 $f(x)=|x-2|$ 在点 $x=2$ 处满足(　　).

A. 连续但不可导　　B. 可导但不连续

C. 不连续也不可导　　D. 连续且可导

(6)设函数 $f(x)$ 在点 $x=0$ 处可导，则 $\lim\limits_{h\to 0}\frac{f(2h)-f(-3h)}{h}=($ $)$.

A. $-f'(0)$　　B. $f'(0)$　　C. $5f'(0)$　　D. $2f'(0)$

(7)若下列各极限都存在，其中不成立的是(　　).

A. $\lim\limits_{x\to 0}\frac{f(x)-f(0)}{x}=f'(0)$　　B. $\lim\limits_{x\to x_0}\frac{f(x)-f(x_0)}{x-x_0}=f'(x_0)$

C. $\lim\limits_{h\to 0}\frac{f(x_0+2h)-f(x_0)}{h}=f'(x_0)$　　D. $\lim\limits_{\Delta x\to 0}\frac{f(x_0)-f(x_0-\Delta x)}{\Delta x}=f'(x_0)$

(8)设 $f(x)=\begin{cases}\frac{2}{3}x^3, & x\leqslant 1,\\ x^2, & x>1,\end{cases}$ 则 $f(x)$ 在点 $x=1$ 处(　　).

A. 左、右导数都存在　　B. 左导数存在，右导数不存在

C. 左导数不存在，右导数存在　　D. 左、右导数都不存在

2. 根据导数的定义求下列函数的导数.

(1) $y=1-2x^2$.　　(2) $y=\ln x$.　　(3) $y=\frac{1}{x^2}$.

3. 已知 $f'(x_0)=A$，求：

(1) $\lim\limits_{h\to 0}\dfrac{f(x_0+3h)-f(x_0)}{h}$；　　(2) $\lim\limits_{h\to 0}\dfrac{f(x_0+h)-f(x_0-h)}{h}$.

4. 求曲线 $y=x+e^x$ 在点 $P(0,1)$ 处的切线方程和法线方程.

5. 用定义讨论函数 $f(x)=\begin{cases}x^2\sin\dfrac{1}{x}, & x\neq 0,\\ 0, & x=0\end{cases}$ 在点 $x=0$ 处的可导性.

提高题

1. 设函数 $f(x)=x(x+1)(x+2)\cdots(x+n)$，求 $f'(-1)$.

微课：同步习题 2.1 提高题 1

2. 讨论 $f(x)=\begin{cases}1, & x\leqslant 0,\\ 2x+1, & 0<x\leqslant 1,\\ x^2+2, & 1<x\leqslant 2,\\ x, & x>2\end{cases}$ 在点 $x=0,x=1,x=2$ 处的连续性与可导性.

3. 设 $f(x)$ 是可导的偶函数，且 $\lim\limits_{h\to 0}\dfrac{f(1-2h)-f(1)}{h}=2$，求曲线 $y=f(x)$ 在点 $(-1,f(-1))$ 处法线的斜率.

微课：同步习题 2.1 提高题 3

2.2 导数的基本公式与运算法则

导数的定义提供了求导数的方法. 但对于一些比较复杂的函数，求导数时不仅烦琐，而且需要相当的技巧. 本节将给出所有基本初等函数的求导公式和导数的四则运算法则及复合函数的求导法则，借助于这些法则和公式，就能比较方便地求出常见函数的导数.

2.2.1 几个基本初等函数的导数

下面利用导数的定义导出几个基本初等函数的求导公式.

例 2.11 证明：$(x^n)'=nx^{n-1}$（n 为正整数）.

证明 设 $y=x^n$，则

$$\begin{aligned}\Delta y&=(x+\Delta x)^n-x^n\\&=nx^{n-1}\Delta x+\frac{n(n-1)}{2}x^{n-2}(\Delta x)^2+\cdots+(\Delta x)^n,\end{aligned}$$

所以

$$\lim_{\Delta x\to 0}\frac{\Delta y}{\Delta x}=\lim_{\Delta x\to 0}\left[nx^{n-1}+\frac{n(n-1)}{2}x^{n-2}\Delta x+\cdots+(\Delta x)^{n-1}\right]=nx^{n-1},$$

即

$$(x^n)'=nx^{n-1}.$$

当幂函数的指数不是正整数 n 而是任意实数 μ 时，也有形式完全相同的公式

$$(x^\mu)'=\mu x^{\mu-1}.$$

特别地，有

$$\left(\frac{1}{x}\right)'=-\frac{1}{x^2},(\sqrt{x})'=\frac{1}{2\sqrt{x}}.$$

例 2.12 证明：$(a^x)'=a^x\ln a(a>0,a\neq1)$.

证明 $(a^x)'=\lim\limits_{\Delta x\to0}\dfrac{a^{x+\Delta x}-a^x}{\Delta x}=a^x\lim\limits_{\Delta x\to0}\dfrac{a^{\Delta x}-1}{\Delta x}=a^x\lim\limits_{\Delta x\to0}\dfrac{e^{\Delta x\ln a}-1}{\Delta x}=a^x\ln a.$

例 2.13 证明：$(\log_a x)'=\dfrac{1}{x\ln a}(a>0,a\neq1)$.

证明 $(\log_a x)'=\lim\limits_{\Delta x\to0}\dfrac{\log_a(x+\Delta x)-\log_a x}{\Delta x}=\lim\limits_{\Delta x\to0}\left[\dfrac{1}{\Delta x}\log_a\left(1+\dfrac{\Delta x}{x}\right)\right]$

$$=\frac{1}{x}\lim_{\Delta x\to0}\left[\log_a\left(1+\frac{\Delta x}{x}\right)^{\frac{x}{\Delta x}}\right]=\frac{\log_a e}{x}=\frac{1}{x\ln a}.$$

对于分段函数的导数，在各区间段内分别求导；在分界点处，则通过讨论它的单侧导数以确定分界点处导数的存在性.

例 2.14 已知 $f(x)=\begin{cases}\sin x, & x<0,\\ x, & x\geqslant0,\end{cases}$ 求 $f'(x)$.

解 当 $x<0$ 时，$f'(x)=(\sin x)'=\cos x$；当 $x>0$ 时，$f'(x)=(x)'=1$；当 $x=0$ 时，由于

$$f'_-(0)=\lim_{x\to0^-}\frac{\sin x-0}{x}=1,f'_+(0)=\lim_{x\to0^+}\frac{x-0}{x}=1,$$

所以 $f'(0)=1$. 于是得

$$f'(x)=\begin{cases}\cos x, & x<0,\\ 1, & x\geqslant0.\end{cases}$$

2.2.2 求导法则

下面根据导数的定义，导出导数的四则运算法则，借助这些法则以及上节导出的几个基本初等函数的导数公式，求出其余的基本初等函数的导数公式，并在此基础上解决初等函数的求导问题.

定理 2.3 设函数 $u(x),v(x)$ 都在点 x 处可导，则函数

$$u(x)\pm v(x),u(x)v(x),\frac{u(x)}{v(x)}[v(x)\neq0]$$

在点 x 处也可导，且

微课：函数乘积的求导法则

(1) $[u(x)\pm v(x)]'=u'(x)\pm v'(x)$；

(2) $[u(x)v(x)]'=u'(x)v(x)+u(x)v'(x)$，特别地，$[Cu(x)]'=Cu'(x)$（$C$ 为常数）；

(3) $\left[\dfrac{u(x)}{v(x)}\right]'=\dfrac{u'(x)v(x)-u(x)v'(x)}{v^2(x)}$，特别地，$\left[\dfrac{1}{v(x)}\right]'=-\dfrac{v'(x)}{v^2(x)}$.

证明 (1)根据导数的定义并运用极限的运算法则，有

$$[u(x)\pm v(x)]'=\lim_{\Delta x\to 0}\frac{[u(x+\Delta x)\pm v(x+\Delta x)]-[u(x)\pm v(x)]}{\Delta x}$$
$$=\lim_{\Delta x\to 0}\left[\frac{u(x+\Delta x)-u(x)}{\Delta x}\pm\frac{v(x+\Delta x)-v(x)}{\Delta x}\right]$$
$$=u'(x)\pm v'(x).$$

(2)根据导数的定义并运用极限的运算法则，有

$$[u(x)v(x)]'=\lim_{\Delta x\to 0}\frac{u(x+\Delta x)v(x+\Delta x)-u(x)v(x)}{\Delta x}$$
$$=\lim_{\Delta x\to 0}\frac{[u(x+\Delta x)v(x+\Delta x)-u(x)v(x+\Delta x)]+[u(x)v(x+\Delta x)-u(x)v(x)]}{\Delta x}$$
$$=\lim_{\Delta x\to 0}\left[\frac{u(x+\Delta x)-u(x)}{\Delta x}\cdot v(x+\Delta x)+u(x)\cdot\frac{v(x+\Delta x)-v(x)}{\Delta x}\right]$$
$$=\lim_{\Delta x\to 0}\frac{u(x+\Delta x)-u(x)}{\Delta x}\cdot\lim_{\Delta x\to 0}v(x+\Delta x)+u(x)\cdot\lim_{\Delta x\to 0}\frac{v(x+\Delta x)-v(x)}{\Delta x},$$

由于 $v'(x)$ 存在，故 $v(x)$ 在点 x 处连续，从而 $\lim\limits_{\Delta x\to 0}v(x+\Delta x)=v(x)$，所以

$$[u(x)v(x)]'=u'(x)v(x)+u(x)v'(x).$$

上式可简记为

$$(uv)'=u'v+uv'.$$

(3)根据导数的定义并运用极限的运算法则，有

$$\left[\frac{u(x)}{v(x)}\right]'=\lim_{\Delta x\to 0}\frac{\dfrac{u(x+\Delta x)}{v(x+\Delta x)}-\dfrac{u(x)}{v(x)}}{\Delta x}$$
$$=\lim_{\Delta x\to 0}\frac{1}{v(x+\Delta x)v(x)}\cdot\frac{u(x+\Delta x)v(x)-u(x)v(x+\Delta x)}{\Delta x}$$
$$=\lim_{\Delta x\to 0}\frac{1}{v(x+\Delta x)v(x)}\cdot\left[v(x)\cdot\frac{u(x+\Delta x)-u(x)}{\Delta x}-u(x)\cdot\frac{v(x+\Delta x)-v(x)}{\Delta x}\right],$$

由于 $v'(x)$ 存在，故 $v(x)$ 在点 x 处连续，从而 $\lim\limits_{\Delta x\to 0}[v(x+\Delta x)v(x)]=v^2(x)$，所以

$$\left[\frac{u(x)}{v(x)}\right]'=\frac{u'(x)v(x)-u(x)v'(x)}{v^2(x)}.$$

注 (1)和与差的求导法则可以推广到任意有限多个可导函数的情形，即

$$[u_1(x)\pm u_2(x)\pm\cdots\pm u_n(x)]'=u_1'(x)\pm u_2'(x)\pm\cdots\pm u_n'(x).$$

(2)积的求导法则也可以推广到任意有限个可导函数的连乘积，例如

$$[u(x)v(x)w(x)]'=u'(x)v(x)w(x)+u(x)v'(x)w(x)+u(x)v(x)w'(x).$$

例 2.15 设$f(x)=4\cos x-x^3+3\sin x-\sin\dfrac{\pi}{2}$，求$f'(x),f'(0)$.

解 根据定理 2.3 得

$$\begin{aligned} f'(x)&=\left(4\cos x-x^3+3\sin x-\sin\frac{\pi}{2}\right)' \\ &=(4\cos x)'-(x^3)'+(3\sin x)'-\left(\sin\frac{\pi}{2}\right)' \\ &=-4\sin x-3x^2+3\cos x, \end{aligned}$$

所以$f'(0)=(-4\sin x-3x^2+3\cos x)\big|_{x=0}=3$.

例 2.16 设$y=\sqrt{x}\ln x+\mathrm{e}^x\sin x$，求$y'$.

解
$$\begin{aligned} y'&=(\sqrt{x}\ln x)'+(\mathrm{e}^x\sin x)' \\ &=(\sqrt{x})'\ln x+\sqrt{x}(\ln x)'+(\mathrm{e}^x)'\sin x+\mathrm{e}^x(\sin x)' \\ &=\frac{1}{2\sqrt{x}}\ln x+\frac{1}{\sqrt{x}}+\mathrm{e}^x\sin x+\mathrm{e}^x\cos x. \end{aligned}$$

例 2.17 设$y=\tan x$，求y'.

解
$$\begin{aligned} y'&=(\tan x)'=\left(\frac{\sin x}{\cos x}\right)'=\frac{(\sin x)'\cos x-\sin x(\cos x)'}{\cos^2 x} \\ &=\frac{\cos^2 x+\sin^2 x}{\cos^2 x}=\frac{1}{\cos^2 x}=\sec^2 x, \end{aligned}$$

即
$$(\tan x)'=\sec^2 x.$$

同理可得$(\cot x)'=-\csc^2 x$.

例 2.18 设$y=\sec x$，求y'.

解
$$y'=(\sec x)'=\left(\frac{1}{\cos x}\right)'=\frac{-(\cos x)'}{\cos^2 x}=\frac{\sin x}{\cos^2 x}=\sec x\tan x,$$

即
$$(\sec x)'=\sec x\tan x.$$

同理可得$(\csc x)'=-\csc x\cot x$.

2.2.3 反函数的导数

定理 2.4（反函数求导法则） 若函数$x=f(y)$在区间I_y内单调可导且$f'(y)\neq 0$，则它的反函数$y=f^{-1}(x)$在相应区间I_x内也单调可导，且有

$$[f^{-1}(x)]'=\frac{1}{f'(y)}\text{或}\frac{\mathrm{d}y}{\mathrm{d}x}=\frac{1}{\dfrac{\mathrm{d}x}{\mathrm{d}y}},$$

即反函数的导数等于直接函数导数的倒数.

例 2.19 证明：$(\arcsin x)'=\dfrac{1}{\sqrt{1-x^2}}$.

证明 设$x=\sin y$为直接函数，则$y=\arcsin x$是它的反函数. 函数$x=\sin y$在区间$I_y=\left(-\dfrac{\pi}{2},\dfrac{\pi}{2}\right)$内单调可导，且$(\sin y)'=\cos y>0$，因此，由定理 2.4 知，在对应区间$I_x=(-1,1)$内有

$$y'=(\arcsin x)'=\frac{1}{(\sin y)'}=\frac{1}{\cos y}.$$

又 $\cos y=\sqrt{1-\sin^2 y}=\sqrt{1-x^2}$，故 $(\arcsin x)'=\frac{1}{\sqrt{1-x^2}}$.

同理可得 $(\arccos x)'=-\frac{1}{\sqrt{1-x^2}}$，$(\arctan x)'=\frac{1}{1+x^2}$，$(\operatorname{arccot} x)'=-\frac{1}{1+x^2}$.

例 2.20 证明：$(a^x)'=a^x\ln a(a>0,a\neq1)$.

证明 设 $x=\log_a y$ 是直接函数，则 $y=a^x$ 是它的反函数. 函数 $x=\log_a y$ 在区间 $I_y=(0,+\infty)$ 上单调可导，且

$$(\log_a y)'=\frac{1}{y\ln a}\neq0.$$

由反函数求导法则知，在对应区间 $I_x=(-\infty,+\infty)$ 内有

$$(a^x)'=\frac{1}{(\log_a y)'}=y\ln a=a^x\ln a,$$

即 $(a^x)'=a^x\ln a$.

特别地，当 $a=\mathrm{e}$ 时，$(\mathrm{e}^x)'=\mathrm{e}^x$.

根据导数的定义及求导法则，为了便于大家查阅，我们把基本初等函数的求导公式归纳如下.

(1) $(C)'=0$，C 为常数.

(2) $(x^\mu)'=\mu x^{\mu-1}$（μ 为任意实数）.

(3) $(a^x)'=a^x\ln a(a>0,a\neq1)$.

(4) $(\mathrm{e}^x)'=\mathrm{e}^x$.

(5) $(\log_a x)'=\frac{1}{x\ln a}(a>0,a\neq1)$.

(6) $(\ln x)'=\frac{1}{x}$.

(7) $(\sin x)'=\cos x$.

(8) $(\cos x)'=-\sin x$.

(9) $(\tan x)'=\sec^2 x$.

(10) $(\cot x)'=-\csc^2 x$.

(11) $(\sec x)'=\sec x\tan x$.

(12) $(\csc x)'=-\csc x\cot x$.

(13) $(\arcsin x)'=\frac{1}{\sqrt{1-x^2}}$.

(14) $(\arccos x)'=-\dfrac{1}{\sqrt{1-x^2}}$.

(15) $(\arctan x)'=\dfrac{1}{1+x^2}$.

(16) $(\text{arccot}x)'=-\dfrac{1}{1+x^2}$.

2.2.4 复合函数的导数

在研究函数的变化率问题时，经常需要对复合函数进行求导. 为此，我们引入下面的重要法则来解决这一问题，从而扩大函数求导的范围.

定理 2.5 如果函数 $u=\varphi(x)$ 在点 x 处可导，函数 $y=f(u)$ 在对应点 $u=\varphi(x)$ 处可导，则复合函数 $y=f[\varphi(x)]$ 在点 x 处也可导，且

$$\{f[\varphi(x)]\}'=f'(u)\varphi'(x)=f'[\varphi(x)]\varphi'(x),$$

或

$$\frac{dy}{dx}=\frac{dy}{du}\cdot\frac{du}{dx}.$$

即复合函数对自变量的导数等于函数对中间变量的导数乘以中间变量对自变量的导数. 此法则又称为复合函数的链式求导法则. 因此，在对复合函数求导时，首先需要熟练引入中间变量，把复合函数分解成一串简单的函数，再用链式法则求导，最后把中间变量用自变量的函数代替.

例 2.21 求下列函数的导数.

(1) $y=\sin^2x$. (2) $y=e^{\frac{1}{x^2}}$. (3) $y=\sqrt{2+x^2}$. (4) $y=\arctan\sqrt{x}$.

解 (1) 设 $y=u^2, u=\sin x$，则

$$y'=(u^2)'(\sin x)'=2u\cos x=2\sin x\cos x=\sin 2x.$$

(2) 设 $y=e^u, u=\dfrac{1}{x^2}$，则

$$y'=(e^u)'\left(\frac{1}{x^2}\right)'=e^u\cdot\left(-\frac{2}{x^3}\right)=-\frac{2}{x^3}e^{\frac{1}{x^2}}.$$

在熟练掌握复合函数的求导公式后，求导时可不必写出中间过程和中间变量.

(3) $y'=\dfrac{1}{2\sqrt{2+x^2}}\cdot(2+x^2)'=\dfrac{1}{2\sqrt{2+x^2}}\cdot 2x=\dfrac{x}{\sqrt{2+x^2}}$.

(4) $y'=(\arctan\sqrt{x})'=\dfrac{1}{1+(\sqrt{x})^2}\cdot\dfrac{1}{2\sqrt{x}}=\dfrac{1}{2\sqrt{x}(1+x)}$.

复合函数的链式求导法则可以推广至多个中间变量的情况. 例如，$y=f(u), u=\varphi(v), v=\psi(x)$，则有

$$\frac{dy}{dx}=\frac{dy}{du}\cdot\frac{du}{dv}\cdot\frac{dv}{dx}.$$

例 2.22 求下列函数的导数.

(1) $y=\ln(1+\sin x^2)$. (2) $y=2^{\tan\frac{1}{x}}$. (3) $y=\sin^2(5+4x)$.

解 (1) 设 $y=\ln u, u=1+\sin v, v=x^2$, 则

$$y'=(\ln u)'(1+\sin v)'(x^2)'=\frac{1}{u}\cdot\cos v\cdot 2x=\frac{2x\cos x^2}{1+\sin x^2}.$$

(2) $y'=2^{\tan\frac{1}{x}}\ln 2\cdot\sec^2\frac{1}{x}\cdot\left(-\frac{1}{x^2}\right)=-\frac{2^{\tan\frac{1}{x}}\ln 2}{x^2\cos^2\frac{1}{x}}$.

(3) $y'=2\sin(5+4x)\cdot\cos(5+4x)\cdot 4=4\sin(10+8x)$.

复合函数求导法则常常与求导的四则运算法则结合使用.

例 2.23 求下列函数的导数.

(1) $y=\tan x^2\cdot\sin^2\frac{1}{x}$. (2) $y=\ln(x+\sqrt{x^2+1})$.

解 (1) $y'=(\tan x^2)'\sin^2\frac{1}{x}+\tan x^2\cdot\left(\sin^2\frac{1}{x}\right)'$

$$=\sec x^2\cdot 2x\cdot\sin^2\frac{1}{x}+\tan x^2\cdot 2\sin\frac{1}{x}\cdot\cos\frac{1}{x}\cdot\left(-\frac{1}{x^2}\right)$$

$$=2x\sec x^2\cdot\sin^2\frac{1}{x}-\frac{1}{x^2}\sin\frac{2}{x}\cdot\tan x^2.$$

(2) $y'=\frac{1}{x+\sqrt{x^2+1}}\cdot(x+\sqrt{x^2+1})'=\frac{1}{x+\sqrt{x^2+1}}\cdot\left[1+\frac{(x^2+1)'}{2\sqrt{x^2+1}}\right]$

$$=\frac{1}{x+\sqrt{x^2+1}}\cdot\left(1+\frac{2x}{2\sqrt{x^2+1}}\right)=\frac{1}{x+\sqrt{x^2+1}}\cdot\frac{\sqrt{x^2+1}+x}{\sqrt{x^2+1}}$$

$$=\frac{1}{\sqrt{x^2+1}}.$$

例 2.24 已知 $f(u)$ 可导, 求下列函数的导数.

(1) $y=3^{f(\sqrt{x})}$. (2) $y=f(\ln x)+\ln f(x)$.

解 (1) $y'=3^{f(\sqrt{x})}\cdot\ln 3\cdot[f(\sqrt{x})]'=3^{f(\sqrt{x})}\cdot\ln 3\cdot f'(\sqrt{x})(\sqrt{x})'=\frac{\ln 3}{2\sqrt{x}}\cdot 3^{f(\sqrt{x})}f'(\sqrt{x})$.

(2) $y'=[f(\ln x)]'+[\ln f(x)]'=f'(\ln x)(\ln x)'+\frac{1}{f(x)}f'(x)=\frac{1}{x}f'(\ln x)+\frac{f'(x)}{f(x)}$.

例 2.25 设 $f(x)=\ln|x|$, 求 $f'(x)$.

解 当 $x>0$ 时, $(\ln|x|)'=(\ln x)'=\frac{1}{x}$.

当 $x<0$ 时, $(\ln|x|)'=[\ln(-x)]'=\frac{1}{-x}\cdot(-1)=\frac{1}{x}$.

从而可得 $f'(x)=(\ln|x|)'=\frac{1}{x}$.

例 2.26 设$f(x)=\ln|\sec x+\tan x|$，求$f'(x)$.

解 根据例 2.25，有

$$\begin{aligned} f'(x)&=\frac{1}{\sec x+\tan x}\cdot(\sec x+\tan x)' \\ &=\frac{1}{\sec x+\tan x}\cdot(\sec x\tan x+\sec^2 x)=\sec x. \end{aligned}$$

同步习题 2.2

1. 选择题.

(1)设$y=\ln|1+x|$，则$y'=(\quad)$.

A. $\frac{1}{1+x}$　　B. $-\frac{1}{1+x}$　　C. $\frac{1}{|1+x|}$　　D. $-\frac{1}{|1+x|}$

(2)若对于任意x，有$f'(x)=4x^3+2x$, $f(1)=-1$，则函数$f(x)=(\quad)$.

A. $x^4+\frac{x^2}{2}$　　B. x^4+x^2-1　　C. $12x^2+1$　　D. x^4+x^2-3

(3)已知曲线$y=x^3-3x$上某点处的切线平行于x轴，则该点是(　　).

A. $(0,0)$　　B. $(-2,-2)$　　C. $(-1,2)$　　D. $(1,2)$

2. 求下列各函数的导数.

(1)$y=x^3+2\sqrt{x}-2$.　　(2)$y=\frac{\ln x}{x^2}$.　　(3)$y=\frac{1+\sin x}{1+\cos x}$.

(4)$y=e^x\sin x$.　　(5)$y=\frac{e^x+1}{x^2}$.　　(6)$y=x^2\arctan x$.

3. 求下列各函数在给定点处的导数值.

(1)$f(x)=x^2-2x+4$，求$f'(1)$, $f'(2)$.

(2)$f(x)=\frac{1-x}{x}$，求$f'(1)$, $f'(-2)$.

4. 求下列函数的导数.

(1)$y=\arcsin x^2$.　　(2)$y=e^{-\frac{x^2}{2}}$.　　(3)$y=\tan^3 4x$.

(4)$y=\arcsin\sqrt{x}$.　　(5)$y=(x+1)\sqrt{3-4x}$.　　(6)$y=\arctan\frac{1-x}{1+x}$.

(7)$y=\sqrt{x+\sqrt{x}}$.

5. 求下列函数的导数.

(1)$y=(3x^2-2x+1)^4$.　　(2)$y=\ln^3(1+x^2)$.　　(3)$y=\ln\arctan\frac{1}{x}$.

(4)$y=\left(\arctan\frac{x^2}{2}\right)^3$.　　(5)$y=\ln\ln\ln x$.　　(6)$y=e^{\tan\frac{1}{x}}\sin\frac{1}{x}$.

提高题

1. 求下列函数的导数(其中函数f可导).

(1)$y=\cos 2x+x^{\ln x}$.　　(2)$y=\ln(\mathrm{e}^x+\sqrt{1+\mathrm{e}^{2x}})$.

(3)$y=x\ln(x+\sqrt{x^2+a^2})-\sqrt{x^2+a^2}$.　　(4)$y=f^2(x)$.

(5)$y=f(\mathrm{e}^x)\mathrm{e}^{f(x)}$.　　(6)$y=f(\sin^2 x)+\sin f^2(x)$.

微课：同步习题 2.2 提高题 1(6)

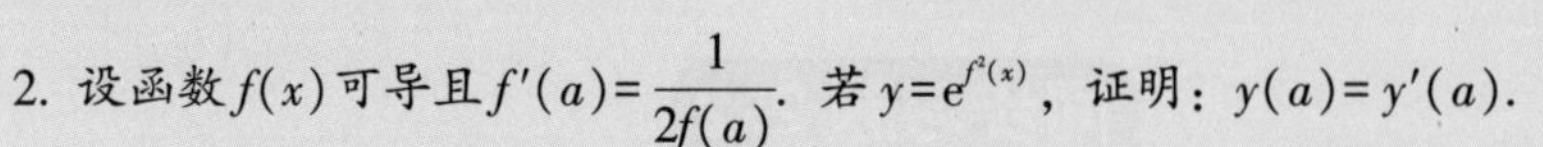
2. 设函数$f(x)$可导且$f'(a)=\dfrac{1}{2f(a)}$. 若$y=\mathrm{e}^{f^2(x)}$，证明：$y(a)=y'(a)$.

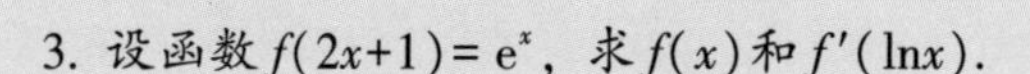
3. 设函数$f(2x+1)=\mathrm{e}^x$，求$f(x)$和$f'(\ln x)$.

2.3 高阶导数

2.3.1 高阶导数的定义

函数$f(x)$的导数$f'(x)$一般来说仍然是关于x的函数，因此，我们可以继续对$f'(x)$求导，我们把$f'(x)$的导数称为函数$f(x)$的二阶导数，记作y''或$\dfrac{\mathrm{d}^2y}{\mathrm{d}x^2}$，即

$$f''(x)=\lim_{\Delta x\to 0}\frac{f'(x+\Delta x)-f'(x)}{\Delta x}.$$

函数$f(x)$的二阶导数$f''(x)=[f'(x)]'$实际上是函数$f'(x)$的导数.

类似地，二阶导数的导数称为三阶导数，三阶导数的导数称为四阶导数，…，$n-1$阶导数的导数称为n阶导数，分别记作

$$y''',y^{(4)},\cdots,y^{(n)}\text{或}\frac{\mathrm{d}^3y}{\mathrm{d}x^3},\frac{\mathrm{d}^4y}{\mathrm{d}x^4},\cdots,\frac{\mathrm{d}^ny}{\mathrm{d}x^n}.$$

函数$f(x)$的二阶及二阶以上的导数统称为函数$f(x)$的高阶导数.

很多实际问题中都涉及高阶导数. 例如，变速直线运动的速度$v(t)$是位移函数$s(t)$对时间t的导数，而如果我们再考察速度$v(t)$对时间t的导数，即"速度变化的快慢"，这就是加速度$a(t)$，或者说

$$a(t)=\frac{\mathrm{d}v}{\mathrm{d}t}=\frac{\mathrm{d}}{\mathrm{d}t}\left(\frac{\mathrm{d}s}{\mathrm{d}t}\right)=\frac{\mathrm{d}^2s}{\mathrm{d}t^2}.$$

由n阶导数的定义可知，求高阶导数不需要用新的方法，按照求导方法逐阶来求即可.

例 2.27　设$y=4x^3-\mathrm{e}^{2x}$，求y''.

解　因为$y'=12x^2-2\mathrm{e}^{2x}$，对$y'$继续求导，得$y''=24x-4\mathrm{e}^{2x}$.

2.3.2 几个常见函数的高阶导数

例 2.28　求下列函数的n阶导数.

(1)$y=a^x$.　　(2)$y=\sin x$.

解　(1)$y'=a^x\ln a, y''=a^x\ln^2 a,\cdots$，由归纳法得，$y^{(n)}=a^x\ln^n a$. 特别地，$(\mathrm{e}^x)^{(n)}=\mathrm{e}^x$.

(2) $y'=\cos x=\sin\left(x+\frac{\pi}{2}\right)$，$y''=\cos\left(x+\frac{\pi}{2}\right)=\sin\left(x+2\cdot\frac{\pi}{2}\right)$，

$$y'''=\cos\left(x+2\cdot\frac{\pi}{2}\right)=\sin\left(x+3\cdot\frac{\pi}{2}\right),\ y^{(4)}=\cos\left(x+3\cdot\frac{\pi}{2}\right)=\sin\left(x+4\cdot\frac{\pi}{2}\right),\cdots,$$

由归纳法得，$y^{(n)}=(\sin x)^{(n)}=\sin\left(x+\frac{n\pi}{2}\right)$.

类似地，有 $(\cos x)^{(n)}=\cos\left(x+\frac{n\pi}{2}\right)$.

例 2.29 求函数 $y=\frac{1}{1+x}$ 的 n 阶导数.

解 $y'=[(1+x)^{-1}]'=(-1)\cdot(1+x)^{-2}$, $y''=[(-1)\cdot(1+x)^{-2}]'=(-1)\cdot(-2)\cdot(1+x)^{-3},\cdots$,

由归纳法得 $y^{(n)}=\frac{(-1)^n\cdot n!}{(1+x)^{n+1}}$.

例 2.30 求函数 $y=\ln(1+x)$ 的 n 阶导数.

解 $y'=\frac{1}{1+x}$，$y''=[(1+x)^{-1}]'=(-1)\cdot(1+x)^{-2}$，$y'''=[(-1)\cdot(1+x)^{-2}]'=(-1)\cdot(-2)\cdot(1+x)^{-3},\cdots$,

由归纳法得 $y^{(n)}=\frac{(-1)^{n-1}\cdot(n-1)!}{(1+x)^n}$.

2.3.3 高阶导数的运算法则

若函数 $u=u(x)$, $v=v(x)$ 在点 x 处具有 n 阶导数，则 $u(x)\pm v(x)$, $Cu(x)$ (C 为常数) 在点 x 处具有 n 阶导数，且

$$[u(x)\pm v(x)]^{(n)}=[u(x)]^{(n)}\pm[v(x)]^{(n)},\ [Cu(x)]^{(n)}=C[u(x)]^{(n)}.$$

求函数的高阶导数并非就是一次一次求导这么简单，我们经常需要将所求函数进行恒等变形，利用已知函数的高阶导数公式，并结合求导运算法则、变量代换或通过找规律来得到高阶导数.

例 2.31 已知 $y=\frac{1}{x^2-1}$，求 $y^{(100)}$.

解 因为 $y=\frac{1}{x^2-1}=\frac{1}{2}\left(\frac{1}{x-1}-\frac{1}{x+1}\right)$，由例 2.29 可得

$$\left(\frac{1}{x-1}\right)^{(100)}=\frac{(-1)^{100}\cdot 100!}{(x-1)^{101}}=\frac{100!}{(x-1)^{101}},\ \left(\frac{1}{x+1}\right)^{(100)}=\frac{(-1)^{100}\cdot 100!}{(x+1)^{101}}=\frac{100!}{(x+1)^{101}},$$

故 $y^{(100)}=\frac{100!}{2}\left[\frac{1}{(x-1)^{101}}-\frac{1}{(x+1)^{101}}\right]$.

设函数 $u=u(x)$, $v=v(x)$ 在点 x 处具有 n 阶导数，接下来考虑 $[u(x)v(x)]^{(n)}$ $(n>1)$ 的运算法则. 由 $(uv)'=u'v+uv'$ 可得

$$(uv)''=(u'v+uv')'=u''v+2u'v'+uv'',$$
$$(uv)'''=(u''v+2u'v'+uv'')'=u'''v+3u''v'+3u'v''+uv''',$$
$$\cdots,$$

由数学归纳法得

$$(uv)^{(n)}=u^{(n)}v+C_n^1u^{(n-1)}v'+C_n^2u^{(n-2)}v''+\cdots+C_n^{n-1}u'v^{(n-1)}+C_n^nuv^{(n)},$$

记为
$$[u(x)v(x)]^{(n)}=\sum_{k=0}^{n}C_n^k[u(x)]^{(n-k)}[v(x)]^{(k)},$$

其中 $[u(x)]^{(0)}=u(x)$, $[v(x)]^{(0)}=v(x)$, $C_n^k=\dfrac{n!}{k!\,(n-k)!}$. 上式称为莱布尼茨公式. 容易看出，上式右边的系数恰好与二项式定理中 $(a+b)^n$ 的展开式的系数相同.

例 2.32 已知 $y=x^2\sin x$，求 $y^{(60)}$.

微课：莱布尼茨公式及例 2.32

解 设 $u=\sin x, v=x^2$，则

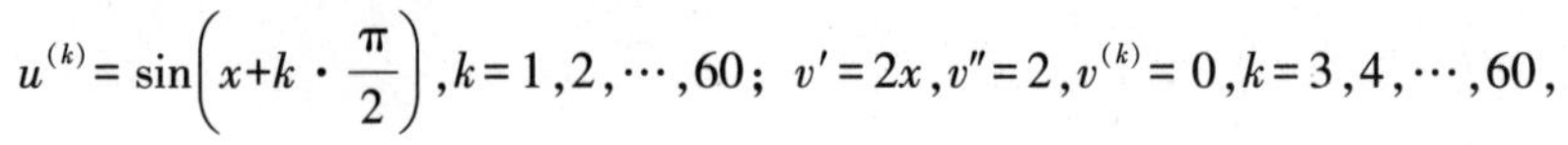

$$u^{(k)}=\sin\left(x+k\cdot\frac{\pi}{2}\right), k=1,2,\cdots,60;\ v'=2x, v''=2, v^{(k)}=0, k=3,4,\cdots,60,$$

代入莱布尼茨公式得

$$\begin{aligned}y^{(60)}&=(x^2\sin x)^{(60)}\\&=x^2\sin\left(x+60\cdot\frac{\pi}{2}\right)+60\cdot 2x\sin\left(x+59\cdot\frac{\pi}{2}\right)+\frac{60\cdot 59}{2!}\cdot 2\sin\left(x+58\cdot\frac{\pi}{2}\right)\\&=-x^2\sin x-120x\cos x-3\ 540\sin x.\end{aligned}$$

同步习题 2.3

基础题

1. 求下列函数指定阶的导数.

(1) $y=e^x\cos x$，求 $y^{(4)}$.　　(2) $y=x^2e^{2x}$，求 $y^{(20)}$.

2. 求下列函数的二阶导数.

(1) $y=e^{2x-1}\sin x$.　　(2) $y=\ln(x+\sqrt{1+x^2})$.

3. 求下列函数的 n 阶导数.

(1) $y=\ln x$.　　(2) $y=a_0x^n+a_1x^{n-1}+\cdots+a_{n-1}x+a_n\ (a_0\neq 0)$.

(3) $y=x\ln x$.　　(4) $y=\cos 2x$.

提高题

1. 求下列函数的二阶导数.

(1) $y=\tan x$.　　(2) $y=\dfrac{x}{2}\sqrt{x^2+a^2}+\dfrac{a^2}{2}\ln(x+\sqrt{x^2+a^2})$.

2. 求下列函数的 n 阶导数.

(1) $y=\dfrac{1}{x^2-2x-8}$.　　(2) $y=x^2\ln x$.　　(3) $y=x^3e^{2x}$.

2.4 函数的微分

在自然科学与工程技术中，常遇到这样一类问题：在运动变化过程中，当自变量有微小增量 Δx 时，需要计算相应的函数增量 Δy.

对于函数 $y=f(x)$，在点 x_0 处函数的增量可表示为 $\Delta y=f(x_0+\Delta x)-f(x_0)$，而在很多函数关系中，用上式表达的 Δy 与 Δx 之间的关系相对比较复杂，这一点不利于计算 Δy 相应于自变量 Δx 的增量. 能否有较简单的关于 Δx 的线性关系去近似代替 Δy 的上述复杂关系呢？近似后所产生的误差又是怎样的呢？现在以可导函数 $y=f(x)$ 来研究这个问题，先看一个引例.

引例（受热金属片面积的增量） 如图 2.2 所示，一个正方形金属片受热后，其边长由 x_0 变化为 $x_0+\Delta x$，问：此时金属片的面积改变了多少？

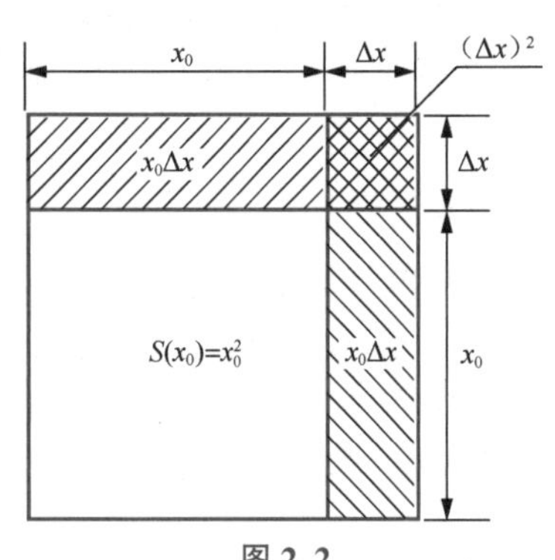

图 2.2

设此正方形金属片的边长为 x，面积为 S，则 S 是 x 的函数：$S(x)=x^2$. 正方形金属片面积的增量，可以看成当自变量 x 在点 x_0 处取得增量 Δx 时，函数 $S(x)$ 相应的增量 ΔS，即

$$\Delta S=(x_0+\Delta x)^2-x_0^2=2x_0\Delta x+(\Delta x)^2.$$

从上式可以看出，ΔS 分成两部分：第一部分 $2x_0\Delta x$ 是 Δx 的线性函数，即图 2.2 中带有斜线的两个矩形面积之和；第二部分 $(\Delta x)^2$ 是图 2.2 中带有交叉斜线的小正方形的面积.

当 $\Delta x\to 0$ 时，第二部分 $(\Delta x)^2$ 是比 Δx 高阶的无穷小量，即 $(\Delta x)^2=o(\Delta x)$. 由此可见，如果边长改变很微小，即 $|\Delta x|$ 很小时，面积函数 $S(x)=x^2$ 的增量 ΔS 可近似地用第一部分 $2x_0\Delta x$ 来代替，而 $2x_0=(x^2)'|_{x=x_0}$. 这种近似代替具有一般性，下面给出微分的定义.

2.4.1 微分的定义

定义 2.6 设函数 $y=f(x)$ 在点 x_0 的某邻域 $U(x_0)$ 内有定义，$x_0+\Delta x\in U(x_0)$，如果函数的增量 $\Delta y=f(x_0+\Delta x)-f(x_0)$ 可表示为

$$\Delta y=A\Delta x+o(\Delta x), \tag{2.1}$$

其中 A 是不依赖于 Δx 的常数，$o(\Delta x)$ 是比 Δx 高阶的无穷小量 $(\Delta x\to 0)$，则称函数 $y=f(x)$ 在点 x_0 处可微，而 $A\Delta x$ 称为 $y=f(x)$ 在点 x_0 处的微分，记为 $\mathrm{d}y|_{x=x_0}$，即

$$\mathrm{d}y|_{x=x_0}=A\Delta x.$$

显然，微分有两个特点：一是 $A\Delta x$ 是 Δx 的线性函数；二是 Δy 与它的差

$$\Delta y-A\Delta x=o(\Delta x)$$

是比 Δx 高阶的无穷小量 $(\Delta x\to 0)$. 因此，微分 $A\Delta x$ 为 Δy 的线性主要部分. 当 $A\neq 0$ 且 $|\Delta x|$ 很小时，就可以用 Δx 的线性函数 $A\Delta x$ 来近似代替 Δy.

定理 2.6 函数$f(x)$在点x_0处可微的充分必要条件是$f(x)$在点x_0处可导，且$dy|_{x=x_0}=f'(x_0)\Delta x$.

证明 必要性 如果函数$f(x)$在点x_0处可微，当x有增量Δx时，有$\Delta y=A\Delta x+o(\Delta x)$，两边同时除以$\Delta x$，得

$$\frac{\Delta y}{\Delta x}=A+\frac{o(\Delta x)}{\Delta x},$$

令$\Delta x\to 0$，得

$$\lim_{\Delta x\to 0}\frac{\Delta y}{\Delta x}=A=f'(x_0).$$

因此，如果函数$y=f(x)$在点x_0处可微，那么$f(x)$在点x_0处可导，且$dy|_{x=x_0}=f'(x_0)\Delta x$.

充分性 如果函数$f(x)$在点x_0处可导，即

$$\lim_{\Delta x\to 0}\frac{\Delta y}{\Delta x}=f'(x_0),$$

根据极限与无穷小量的关系，有

$$\frac{\Delta y}{\Delta x}=f'(x_0)+\alpha,$$

其中$\lim\limits_{\Delta x\to 0}\alpha=0$. 因此，

$$\Delta y=f'(x_0)\Delta x+\alpha\Delta x.$$

显然$\alpha\Delta x=o(\Delta x)$且$f'(x_0)$不依赖于$\Delta x$，故$f(x)$在点$x_0$处可微.

由此可见，函数$f(x)$在点x_0处可微与可导是等价的，并且函数$f(x)$在点x_0处的微分可表示为

$$dy|_{x=x_0}=f'(x_0)\Delta x. \tag{2.2}$$

当$f'(x_0)\neq 0$时，有

$$\lim_{\Delta x\to 0}\frac{\Delta y}{dy}=\lim_{\Delta x\to 0}\frac{\Delta y}{f'(x_0)\Delta x}=\frac{1}{f'(x_0)}\lim_{\Delta x\to 0}\frac{\Delta y}{\Delta x}=1,$$

从而，当$\Delta x\to 0$时，Δy与dy是等价无穷小量.

例 2.33 求函数$y=x^3$当$x_0=2,\Delta x=0.02$时的微分.

解 $y'=3x^2$，当$x_0=2,\Delta x=0.02$时，

$$dy|_{x=2}=3\times 2^2\times 0.02=0.24.$$

如果函数$f(x)$在区间(a,b)内每一点x处都可微，则称函数$f(x)$在区间(a,b)内可微. 函数$f(x)$在区间(a,b)的微分记为

$$dy=f'(x)\Delta x.$$

通常把自变量x的增量Δx称为自变量的微分，记作dx，即$dx=\Delta x$. 在任意点x处函数的微分

$$dy=f'(x)\Delta x=f'(x)dx.$$

从微分的定义$dy=f'(x)dx$可以推出，函数的导数就是函数的微分与自变量的微分之商，即$f'(x)=\frac{dy}{dx}$，因此，导数又叫“微商”.

由式(2.1)和式(2.2)可得，在 x 处，$\Delta y=\mathrm{d}y+o(\Delta x)$，当 $\Delta x\to 0$ 时，函数的增量 Δy 主要取决于第一部分 $\mathrm{d}y$ 的大小，可记为

$$\Delta y\approx \mathrm{d}y \text{ 或 } \Delta y\approx f'(x)\Delta x. \tag{2.3}$$

2.4.2 微分的计算

根据微分的表达式 $\mathrm{d}y=f'(x)\mathrm{d}x$，要计算函数的微分，只需要计算函数的导数，再乘以自变量的微分. 因此，我们可得到如下的微分公式和微分运算法则.

1. 基本初等函数的微分公式

(1) $\mathrm{d}C=0$.

(2) $\mathrm{d}x^{\mu}=\mu x^{\mu-1}\mathrm{d}x$.

(3) $\mathrm{d}a^{x}=a^{x}\ln a\mathrm{d}x(a>0,a\neq 1)$.

(4) $\mathrm{d}\mathrm{e}^{x}=\mathrm{e}^{x}\mathrm{d}x$.

(5) $\mathrm{d}\log_{a}x=\dfrac{1}{x\ln a}\mathrm{d}x(a>0,a\neq 1)$.

(6) $\mathrm{d}\ln x=\dfrac{1}{x}\mathrm{d}x$.

(7) $\mathrm{d}\sin x=\cos x\mathrm{d}x$.

(8) $\mathrm{d}\cos x=-\sin x\mathrm{d}x$.

(9) $\mathrm{d}\tan x=\sec^{2}x\mathrm{d}x$.

(10) $\mathrm{d}\cot x=-\csc^{2}x\mathrm{d}x$.

(11) $\mathrm{d}\sec x=\sec x\tan x\mathrm{d}x$.

(12) $\mathrm{d}\csc x=-\csc x\cot x\mathrm{d}x$.

(13) $\mathrm{d}\arcsin x=\dfrac{1}{\sqrt{1-x^{2}}}\mathrm{d}x$.

(14) $\mathrm{d}\arccos x=-\dfrac{1}{\sqrt{1-x^{2}}}\mathrm{d}x$.

(15) $\mathrm{d}\arctan x=\dfrac{1}{1+x^{2}}\mathrm{d}x$.

(16) $\mathrm{d}\mathrm{arccot}x=-\dfrac{1}{1+x^{2}}\mathrm{d}x$.

2. 微分的四则运算法则

设 $u=u(x)$，$v=v(x)$ 都是可微函数，则

(1) $\mathrm{d}(u\pm v)=\mathrm{d}u\pm\mathrm{d}v$;

(2) $\mathrm{d}(uv)=v\mathrm{d}u+u\mathrm{d}v$;

(3) $\mathrm{d}(Cu)=C\mathrm{d}u$（$C$ 为常数）;

(4) $\mathrm{d}\left(\dfrac{u}{v}\right)=\dfrac{v\mathrm{d}u-u\mathrm{d}v}{v^{2}}[v(x)\neq 0]$.

例 2.34 求下列函数的微分或在给定点处的微分.

(1) $y=\mathrm{e}^{ax+bx^{2}}$，求 $\mathrm{d}y$.

(2) $y=x^{3}\mathrm{e}^{2x}$，求 $\mathrm{d}y$.

(3) $y=\arctan\dfrac{1}{x}$，求 $\mathrm{d}y$ 及 $\mathrm{d}y\big|_{x=1}$.

解 (1) $\mathrm{d}y=\mathrm{d}(\mathrm{e}^{ax+bx^{2}})=(\mathrm{e}^{ax+bx^{2}})'\mathrm{d}x=(a+2bx)\mathrm{e}^{ax+bx^{2}}\mathrm{d}x$.

(2) $\mathrm{d}y=\mathrm{d}(x^{3}\mathrm{e}^{2x})=(x^{3}\mathrm{e}^{2x})'\mathrm{d}x=x^{2}(3+2x)\mathrm{e}^{2x}\mathrm{d}x$.

(3) 因为 $y'=\dfrac{1}{1+\dfrac{1}{x^{2}}}\cdot\left(-\dfrac{1}{x^{2}}\right)=-\dfrac{1}{1+x^{2}}$，$y'\big|_{x=1}=\left(-\dfrac{1}{1+x^{2}}\right)\Bigg|_{x=1}=-\dfrac{1}{2}$，所以 $\mathrm{d}y=-\dfrac{1}{1+x^{2}}\mathrm{d}x$，$\mathrm{d}y\big|_{x=1}=-\dfrac{1}{2}\mathrm{d}x$.

注 求函数的微分时，先求出导数，再乘以 $\mathrm{d}x$ 即可.

2.4.3 微分的简单应用

由于当自变量的增量趋于零时，可用微分近似代替函数的增量，且这种近似计算比较简便，因此微分公式被广泛应用于计算函数增量的近似值.

由微分的定义可知，函数 $y=f(x)$ 在点 x_0 处可导，且 $|\Delta x|$ 很小时，$\Delta y\approx dy\big|_{x=x_0}=f'(x_0)\Delta x$，利用该式可求函数增量的近似值.

$\Delta y=f(x_0+\Delta x)-f(x_0)$，因此式(2.3)可以变形为

$$f(x_0+\Delta x)\approx f(x_0)+f'(x_0)\Delta x \text{ 或 } f(x)\approx f(x_0)+f'(x_0)(x-x_0). \tag{2.4}$$

式(2.4)可用来求函数在一点处的近似值.

例 2.35 利用微分近似计算 $\sqrt[3]{998}$.

解 设 $y=f(x)=\sqrt[3]{x}$，则 $f'(x)=\frac{1}{3}x^{-\frac{2}{3}}$，$dy=\frac{1}{3}x^{-\frac{2}{3}}\Delta x$.

取 $x_0=1\ 000$，则有 $\Delta x=998-1\ 000=-2$，$f(1\ 000)=\sqrt[3]{1\ 000}=10$，$f'(1\ 000)=\frac{1}{300}$，代入微分近似计算公式[式(2.4)]得

$$\sqrt[3]{998}\approx 10+\frac{1}{300}\times(-2)\approx 9.993.$$

同步习题 2.4

1. 选择题.

(1) 当 $|\Delta x|$ 充分小且 $f'(x_0)\neq 0$ 时，函数 $y=f(x)$ 的增量 Δy 与微分 dy 的关系是(　　).

A. $\Delta y=dy$　　B. $\Delta y<dy$　　C. $\Delta y>dy$　　D. $\Delta y\approx dy$

(2) 若 $f(x)$ 可微，当 $\Delta x\to 0$ 时，在点 x 处的 $\Delta y-dy$ 是关于 Δx 的(　　).

A. 高阶无穷小量　　B. 等价无穷小量

C. 同阶无穷小量　　D. 低阶无穷小量

2. 将适当的函数填入下列横线中，使等式成立.

(1) $d\_\_\_\_\_\_=2x dx$.　　(2) $d\_\_\_\_\_\_=\frac{1}{1+x^2}dx$.

(3) $d\_\_\_\_\_\_=\frac{1}{\sqrt{x}}dx$.　　(4) $d\_\_\_\_\_\_=e^{2x}dx$.

(5) $d\_\_\_\_\_\_=\sin\omega x dx$.　　(6) $d\_\_\_\_\_\_=\sec^2 3x dx$.

3. 当 $x=1$ 时，分别求出函数 $y=f(x)=x^2-3x+5$ 在 $\Delta x=1,\Delta x=0.1,\Delta x=0.01$ 时的增量及微分，并加以比较，判断是否能得出结论：当 Δx 越小时，二者越接近.

4. 求下列函数的微分.

(1) $y=\frac{1}{x}+2\sqrt{x}$.　　(2) $y=x\sin 2x$.

(3) $y=\frac{x}{\sqrt{x^2+1}}$.　　(4) $y=\ln^2(1-x)$.

(5) $y=x^2\mathrm{e}^{2x}$.　　(6) $y=\mathrm{e}^{-x}\cos(3-x)$.

(7) $y=\arcsin\sqrt{1-x^2}\ (x>0)$.

提高题

设函数 $y=f(\ln x)\mathrm{e}^{f(x)}$，其中 f 可微，求 $\mathrm{d}y$.

2.5 导数的应用

导数具有广泛的应用，微分中值定理是导数应用的理论基础，本节先介绍微分中值定理，再利用导数求未定式、研究函数和曲线的某些性态，并利用导数解决一些实际问题.

2.5.1 微分中值定理

定理 2.7（罗尔定理） 设函数 $f(x)$ 满足

(1) 在 $[a,b]$ 上连续；

(2) 在 (a,b) 内可导；

(3) $f(a)=f(b)$，

则至少存在一点 $\xi\in(a,b)$，使 $f'(\xi)=0$.

证明 因为函数 $f(x)$ 在 $[a,b]$ 上连续，由闭区间上连续函数的性质知，$f(x)$ 在 $[a,b]$ 上必有最大值 M 和最小值 m. 于是，有以下两种情况.

(1) 若 $M=m$，此时 $f(x)$ 在 $[a,b]$ 上恒为常数，则在 (a,b) 内处处有 $f'(x)=0$.

(2) 若 $M>m$，由于 $f(a)=f(b)$，因此 m 与 M 中至少有一个不等于端点的函数值. 不妨设 $M\neq f(a)$ [如果 $m\neq f(a)$，证法类似]，即最大值不在两个端点处取得，则在 (a,b) 内至少存在一点 ξ，使 $f(\xi)=M$. 下证 $f'(\xi)=0$.

取 $\xi+\Delta x\in[a,b]$，因为 $f(\xi)=M$ 是 $f(x)$ 在 $[a,b]$ 上的最大值，则

$$f(\xi+\Delta x)-f(\xi)\leqslant 0.$$

因为 $f(x)$ 在 (a,b) 内可导，所以 $f(x)$ 在点 ξ 处可导，即 $f'(\xi)=f'_+(\xi)=f'_-(\xi)$. 而

$$f'_+(\xi)=\lim_{\Delta x\to 0^+}\frac{f(\xi+\Delta x)-f(\xi)}{\Delta x}\leqslant 0,$$

$$f'_-(\xi)=\lim_{\Delta x\to 0^-}\frac{f(\xi+\Delta x)-f(\xi)}{\Delta x}\geqslant 0,$$

所以 $f'(\xi)=0$.

罗尔定理的几何意义：在两端高度相同的一段连续曲线上，若除两端点外，处处都存在不垂直于 x 轴的切线，则其中至少存在一条水平切线，如图 2.3 所示.

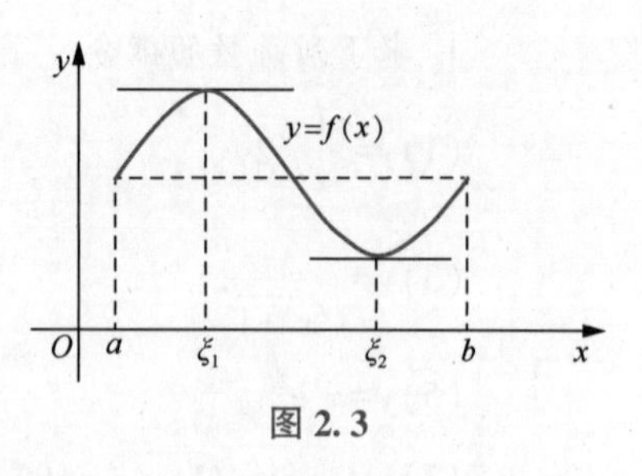

图 2.3

注 (1)定理中的 ξ 不唯一，定理只表明 ξ 的存在性.

(2)定理的条件是结论成立的充分条件而非必要条件，即条件满足时结论一定成立；若条件不满足，结论可能成立也可能不成立.

例如，函数 $f(x)=x^2-2x-3=(x-3)(x+1)$ 在 $[-1,2]$ 上连续、在 $(-1,2)$ 内可导，又 $f'(x)=2x-2=2(x-1)$，显然存在 $\xi=1\in(-1,2)$，使 $f'(\xi)=f'(1)=0$. 虽然 $f(x)$ 在端点处的值 $f(-1)=0, f(2)=-3$ 不相等，即不满足罗尔定理的第三个条件，但结论仍然成立.

下面的 3 个例子，它们都不满足罗尔定理的全部条件，且都不存在一个内点 ξ，使 $f'(\xi)=0$.

(1)如图 2.4(a)所示，函数 $f(x)=\begin{cases}x, & 0\leqslant x<1,\\ 0, & x=1,\end{cases}$ 它在闭区间 $[0,1]$ 上不连续.

(2)如图 2.4(b)所示，函数 $f(x)=|x|$，它在开区间 $(-1,1)$ 内的点 $x=0$ 处不可导.

(3)如图 2.4(c)所示，函数 $f(x)=x^2$，它在闭区间 $[0,1]$ 的端点处函数值不相等.

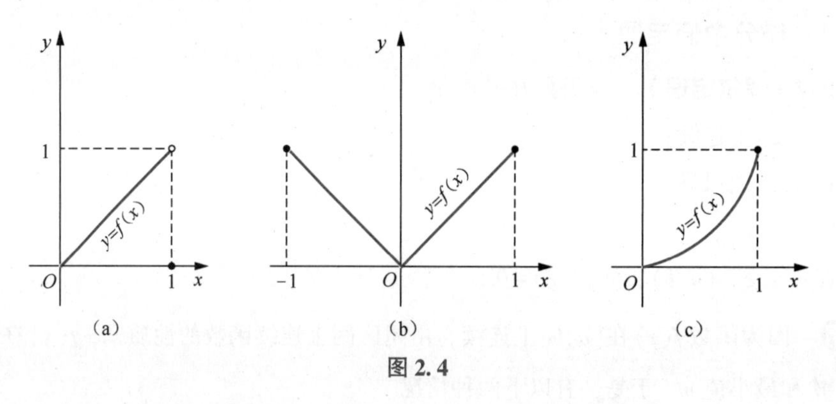

图 2.4

罗尔定理表明，对于可导函数 $f(x)$，在方程 $f(x)=0$ 的两个实根之间，至少存在方程 $f'(x)=0$ 的一个实根.

例 2.36 设 $f(x)=(x-1)(x-2)(x-3)(x-4)$，不求导数，证明方程 $f'(x)=0$ 有 3 个实根.

证明 显然 $f(x)$ 有 4 个零点：$x=1,2,3,4$，即 $f(1)=f(2)=f(3)=f(4)=0$. 考察区间 $[1,2],[2,3],[3,4]$，$f(x)$ 在这 3 个区间上显然满足罗尔定理的 3 个条件，于是得 $f'(x)=0$ 在 3 个区间内各至少有一个实根，所以方程 $f'(x)=0$ 至少有 3 个实根.

另一方面，$f'(x)$ 是一个 3 次多项式，在实数范围内至多有 3 个实根.

综上可知，$f'(x)=0$ 有且仅有 3 个实根.

定理 2.8（拉格朗日中值定理） 设函数 $f(x)$ 满足

(1)在 $[a,b]$ 上连续；

(2)在(a,b)内可导，

则至少存在一点$\xi\in(a,b)$，使

$$f'(\xi)=\frac{f(b)-f(a)}{b-a}.$$

拉格朗日中值定理的结论也可以写作

$$f(b)-f(a)=f'(\xi)(b-a)\ (a<\xi<b).$$

在拉格朗日中值定理中，若增加条件$f(a)=f(b)$，则得到罗尔定理. 可见，罗尔定理是拉格朗日中值定理的一个特例. 因此，证明拉格朗日中值定理就是要构造一个辅助函数，使其符合罗尔定理的条件，借助罗尔定理进行证明，从而证得结论.

证明 构造辅助函数

$$\varphi(x)=f(x)-f(a)-\frac{f(b)-f(a)}{b-a}(x-a).$$

容易验证，$\varphi(x)$满足罗尔定理的条件. 因此，在(a,b)内至少存在一点ξ，使$\varphi'(\xi)=0$，即

$$f'(\xi)-\frac{f(b)-f(a)}{b-a}=0,$$

所以$f'(\xi)=\dfrac{f(b)-f(a)}{b-a}$.

注 (1)证明中辅助函数的构造是不唯一的，比如可取$F(x)=f(x)-\dfrac{f(b)-f(a)}{b-a}x$.

(2)拉格朗日中值定理的几何意义：在一段连续曲线上，若除两端点外处处都存在不垂直于x轴的切线，则其中至少有一条切线平行于两端点的连线，如图2.5所示.

(3)拉格朗日中值定理建立了函数与导数的等式关系，由此可以用导数研究函数的性质.

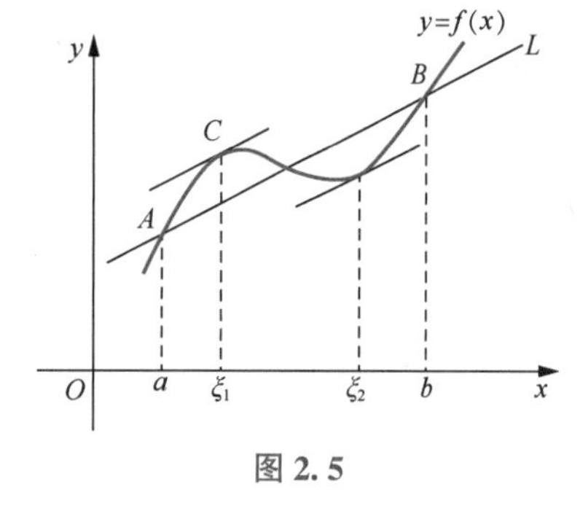

图2.5

由拉格朗日中值定理可以得到以下两个非常重要的推论.

推论1 设$f(x)$在区间(a,b)内可导，且$f'(x)\equiv 0$，则$f(x)$在(a,b)内是常值函数.

证明 设x_1,x_2是开区间(a,b)内的任意两点，且$x_1<x_2$，由拉格朗日中值定理得

$$f(x_2)-f(x_1)=f'(\xi)(x_2-x_1)\ (x_1<\xi<x_2).$$

由$f'(x)\equiv 0$知$f'(\xi)=0$，所以$f(x_2)-f(x_1)=0$，即$f(x_2)=f(x_1)$. 因为x_1,x_2是区间(a,b)内的任意两点，所以$f(x)$在区间(a,b)内是一个常数.

推论2 若在区间(a,b)上$f'(x)\equiv g'(x)$，则在(a,b)上有$f(x)-g(x)=C$(C是常数).

证明 令$F(x)=f(x)-g(x)$，因为$F'(x)=[f(x)-g(x)]'=f'(x)-g'(x)=0$，由定理2.8的推论1可知，在区间$(a,b)$内，$F(x)=C$，即$f(x)-g(x)=C$.

例2.37 设$f(x)=3x^2+2x+5$，求$f(x)$在$[a,b]$上满足拉格朗日中值定理的ξ值.

解 $f(x)$为多项式函数，在$[a,b]$上满足拉格朗日中值定理的条件，故有

$$f'(\xi)=\frac{f(b)-f(a)}{b-a},$$

即

$$6\xi+2=\frac{(3b^2+2b+5)-(3a^2+2a+5)}{b-a},$$

解得 $\xi=\frac{b+a}{2}$，即此时 ξ 为 $[a,b]$ 的中点.

例 2.38 对任意的 $x\in(-\infty,+\infty)$，证明：$\arctan x+\operatorname{arccot} x=\frac{\pi}{2}$.

证明 设 $f(x)=\arctan x+\operatorname{arccot} x$，则对于 $\forall x\in(-\infty,+\infty)$，有

$$f'(x)=\frac{1}{1+x^2}-\frac{1}{1+x^2}\equiv 0,$$

由定理 2.8 的推论 1 知，在 $(-\infty,+\infty)$ 内有 $f(x)=\arctan x+\operatorname{arccot} x=C$，令 $x=0$，得 $C=\frac{\pi}{2}$. 因此，在 $(-\infty,+\infty)$ 内有

$$\arctan x+\operatorname{arccot} x=\frac{\pi}{2}.$$

2.5.2 洛必达法则

在自变量的同一变化过程中，两个无穷小量之比的极限，可能存在也可能不存在，称为"$\frac{0}{0}$"型；两个无穷大量之比的极限，可能存在也可能不存在，称为"$\frac{\infty}{\infty}$"型. 由于"$\frac{0}{0}$"型与"$\frac{\infty}{\infty}$"型极限不确定，故称为未定式. 借助导数求未定式的理论方法，称为洛必达法则.

1. "$\frac{0}{0}$"型未定式

定理 2.9（洛必达法则 Ⅰ） 设 $f(x)$ 和 $g(x)$ 在点 x_0 的某一去心邻域 $\mathring{U}(x_0)$ 内有定义，如果

(1) $\lim\limits_{x\to x_0}f(x)=0,\lim\limits_{x\to x_0}g(x)=0$；

(2) $f(x)$ 和 $g(x)$ 在点 x_0 的去心邻域 $\mathring{U}(x_0)$ 内可导，且 $g'(x)\neq 0$；

(3) $\lim\limits_{x\to x_0}\frac{f'(x)}{g'(x)}=A$（或为无穷大），

那么
$$\lim_{x\to x_0}\frac{f(x)}{g(x)}=\lim_{x\to x_0}\frac{f'(x)}{g'(x)}=A\text{（或为无穷大）}.$$

注 (1) 如果 $\lim\limits_{x\to x_0}\frac{f'(x)}{g'(x)}$ 还是"$\frac{0}{0}$"型未定式，且函数 $f'(x)$ 与 $g'(x)$ 满足洛必达法则 Ⅰ 中应满足的条件，则可继续使用洛必达法则 Ⅰ，即有

$$\lim_{x\to x_0}\frac{f(x)}{g(x)}=\lim_{x\to x_0}\frac{f'(x)}{g'(x)}=\lim_{x\to x_0}\frac{f''(x)}{g''(x)}.$$

以此类推，直到求出所要求的极限.

(2) 洛必达法则 Ⅰ 中，极限过程 $x\to x_0$ 若换成 $x\to x_0^+,x\to x_0^-,x\to\infty,x\to+\infty,x\to-\infty$，结论仍然成立.

例 2.39 求$\lim\limits_{x\to0}\dfrac{e^x-1}{x^2-x}$.

解 该极限为"$\dfrac{0}{0}$"型未定式，由洛必达法则 I，得

$$\lim_{x\to0}\frac{e^x-1}{x^2-x}\overset{\frac{0}{0}}{=}\lim_{x\to0}\frac{e^x}{2x-1}=\frac{1}{-1}=-1.$$

例 2.40 求$\lim\limits_{x\to2}\dfrac{x^3-12x+16}{x^3-2x^2-4x+8}$.

解 该极限属于"$\dfrac{0}{0}$"型未定式，由洛必达法则 I，得

$$\lim_{x\to2}\frac{x^3-12x+16}{x^3-2x^2-4x+8}\overset{\frac{0}{0}}{=}\lim_{x\to2}\frac{3x^2-12}{3x^2-4x-4}\overset{\frac{0}{0}}{=}\lim_{x\to2}\frac{6x}{6x-4}=\frac{3}{2}.$$

例 2.41 求$\lim\limits_{x\to+\infty}\dfrac{\dfrac{\pi}{2}-\arctan x}{\dfrac{1}{x}}$.

解 该极限属于"$\dfrac{0}{0}$"型未定式，由洛必达法则 I，得

$$\lim_{x\to+\infty}\frac{\dfrac{\pi}{2}-\arctan x}{\dfrac{1}{x}}=\lim_{x\to+\infty}\frac{-\dfrac{1}{1+x^2}}{-\dfrac{1}{x^2}}=\lim_{x\to+\infty}\frac{x^2}{1+x^2}=1.$$

例 2.42 求$\lim\limits_{x\to0}\dfrac{x-\sin x}{x^2\tan x}$.

解 这是"$\dfrac{0}{0}$"型未定式，先对分母中的乘积因子 $\tan x$ 利用等价无穷小量 x 进行代换，再由洛必达法则 I，得

$$\lim_{x\to0}\frac{x-\sin x}{x^2\tan x}=\lim_{x\to0}\frac{x-\sin x}{x^3}\overset{\frac{0}{0}}{=}\lim_{x\to0}\frac{1-\cos x}{3x^2}\overset{\frac{0}{0}}{=}\lim_{x\to0}\frac{\sin x}{6x}=\frac{1}{6}.$$

从该例题可以看出，求未定式时，将洛必达法则 I 与求极限的其他方法(比如等价无穷小代换)结合使用更方便快捷.

例 2.43 求$\lim\limits_{x\to0}\dfrac{x^2\sin\dfrac{1}{x}}{\sin x}$.

解 这是"$\dfrac{0}{0}$"型未定式，如果用洛必达法则 I，则得

$$\lim_{x\to0}\frac{x^2\sin\dfrac{1}{x}}{\sin x}=\lim_{x\to0}\frac{2x\sin\dfrac{1}{x}-\cos\dfrac{1}{x}}{\cos x},$$

右边极限不存在. 事实上，$\sin x\sim x(x\to0)$，因而有

$$\lim_{x\to 0}\frac{x^2\sin\frac{1}{x}}{\sin x}=\lim_{x\to 0}\frac{x^2\sin\frac{1}{x}}{x}=\lim_{x\to 0}x\sin\frac{1}{x}=0.$$

2. “$\frac{\infty}{\infty}$”型未定式

定理 2.10（洛必达法则Ⅱ） 设$f(x)$和$g(x)$在点x_0的某一去心邻域$\mathring{U}(x_0)$内有定义，如果

(1) $\lim\limits_{x\to x_0}f(x)=\infty$, $\lim\limits_{x\to x_0}g(x)=\infty$;

(2) $f(x)$和$g(x)$在点x_0的去心邻域$\mathring{U}(x_0)$内可导，且$g'(x)\neq 0$;

(3) $\lim\limits_{x\to x_0}\frac{f'(x)}{g'(x)}=A$（或为无穷大），

那么
$$\lim_{x\to x_0}\frac{f(x)}{g(x)}=\lim_{x\to x_0}\frac{f'(x)}{g'(x)}=A\text{（或为无穷大）}.$$

注 (1) 如果$\lim\limits_{x\to x_0}\frac{f'(x)}{g'(x)}$还是“$\frac{\infty}{\infty}$”型未定式，且函数$f'(x)$与$g'(x)$满足洛必达法则Ⅱ中应满足的条件，则可继续使用洛必达法则Ⅱ，即有

$$\lim_{x\to x_0}\frac{f(x)}{g(x)}=\lim_{x\to x_0}\frac{f'(x)}{g'(x)}=\lim_{x\to x_0}\frac{f''(x)}{g''(x)}.$$

以此类推，直到求出所要求的极限.

(2) 洛必达法则Ⅱ中，极限过程$x\to x_0$若换成$x\to x_0^+, x\to x_0^-, x\to\infty, x\to+\infty, x\to-\infty$，结论仍然成立.

例 2.44 求$\lim\limits_{x\to+\infty}\frac{\ln x}{x^2}$.

解 当$x\to+\infty$时，$\ln x\to+\infty$，$x^2\to+\infty$，$\lim\limits_{x\to+\infty}\frac{\ln x}{x^2}$是“$\frac{\infty}{\infty}$”型未定式. 使用洛必达法则Ⅱ，得

$$\lim_{x\to+\infty}\frac{\ln x}{x^2}\overset{\frac{\infty}{\infty}}{=}\lim_{x\to+\infty}\frac{\frac{1}{x}}{2x}=\lim_{x\to+\infty}\frac{1}{2x^2}=0.$$

例 2.45 求$\lim\limits_{x\to 0^+}\frac{\ln x}{\ln\sin x}$.

解 当$x\to 0^+$时，$\ln x\to-\infty$，$\ln\sin x\to-\infty$，$\lim\limits_{x\to 0^+}\frac{\ln x}{\ln\sin x}$是“$\frac{\infty}{\infty}$”型未定式. 使用洛必达法则Ⅱ，得

$$\lim_{x\to 0^+}\frac{\ln x}{\ln\sin x}\overset{\frac{\infty}{\infty}}{=}\lim_{x\to 0^+}\frac{\frac{1}{x}}{\frac{\cos x}{\sin x}}=\lim_{x\to 0^+}\left(\frac{\sin x}{x}\cdot\frac{1}{\cos x}\right)=1.$$

3. 其他类型的未定式

对于其他类型的未定式，可以先将其转化为“$\frac{0}{0}$”型或“$\frac{\infty}{\infty}$”型未定式，再使用洛必达法则计算.

(1)“$0\cdot\infty$”型未定式.

设$\lim\limits_{x\to x_0}f(x)=0$，$\lim\limits_{x\to x_0}g(x)=\infty$，则$\lim\limits_{x\to x_0}f(x)g(x)$就构成了“$0\cdot\infty$”型未定式，可以对它做如下转化：

$$\lim_{x\to x_0}f(x)g(x)=\lim_{x\to x_0}\frac{f(x)}{\frac{1}{g(x)}}\left(“\frac{0}{0}”型\right)，称为将g(x)下放；$$

或

$$\lim_{x\to x_0}f(x)g(x)=\lim_{x\to x_0}\frac{g(x)}{\frac{1}{f(x)}}\left(“\frac{\infty}{\infty}”型\right)，称为将f(x)下放.$$

注 下放的原则：对数函数和反三角函数一般不下放，因为下放后反而使运算更复杂，违背了数学运算的原则.

例 2.46 求$\lim\limits_{x\to0^+}x\ln x$.

解 该极限属于“$0\cdot\infty$”型未定式. 先将其转化为“$\frac{\infty}{\infty}$”型未定式，再使用洛必达法则，得

$$\lim_{x\to0^+}x\ln x\overset{0\cdot\infty}{=\!=}\lim_{x\to0^+}\frac{\ln x}{\frac{1}{x}}\overset{\frac{\infty}{\infty}}{=}\lim_{x\to0^+}\frac{\frac{1}{x}}{-\frac{1}{x^2}}=\lim_{x\to0^+}(-x)=0.$$

注 若将本例题的极限转化为“$\frac{0}{0}$”型未定式，则

$$\lim_{x\to0^+}x\ln x\overset{0\cdot\infty}{=\!=}\lim_{x\to0^+}\frac{x}{\frac{1}{\ln x}}\overset{\frac{0}{0}}{=}\lim_{x\to0^+}\frac{1}{-\frac{1}{\ln^2x}\cdot\frac{1}{x}}=\lim_{x\to0^+}(-x\ln^2x),$$

可以看出这样做越来越复杂，因此，“$0\cdot\infty$”型未定式是转化为“$\frac{0}{0}$”型还是转化成“$\frac{\infty}{\infty}$”型需要合理选择.

(2)“$\infty-\infty$”型未定式.

这种形式的未定式可以通过通分化简等方式转化为“$\frac{0}{0}$”型未定式.

例 2.47 求$\lim\limits_{x\to\frac{\pi}{2}}(\sec x-\tan x)$.

解 该极限属于“$\infty-\infty$”型未定式，先通分化为“$\frac{0}{0}$”型未定式，再使用洛必达法则，得

$$\lim_{x\to\frac{\pi}{2}}(\sec x-\tan x)\overset{\infty-\infty}{=\!=}\lim_{x\to\frac{\pi}{2}}\left(\frac{1}{\cos x}-\frac{\sin x}{\cos x}\right)=\lim_{x\to\frac{\pi}{2}}\frac{1-\sin x}{\cos x}\overset{\frac{0}{0}}{=}\lim_{x\to\frac{\pi}{2}}\frac{-\cos x}{-\sin x}=0.$$

(3)"$0^0, 1^\infty, \infty^0$"型未定式.

可以通过取对数进行如下转化：

$$\lim[f(x)]^{g(x)}=\lim e^{g(x)\ln f(x)}=e^{\lim[g(x)\ln f(x)]}.$$

无论$\lim[f(x)]^{g(x)}$是"$0^0, 1^\infty, \infty^0$"中的哪一种，$\lim[g(x)\ln f(x)]$均为"$0\cdot\infty$"型未定式.

例 2.48 求$\lim\limits_{x\to 0^+}x^x$.

解 该极限属于"0^0"型未定式，先取对数，再使用洛必达法则，得

$$\lim_{x\to 0^+}x^x=e^{\lim\limits_{x\to 0^+}x\ln x}=e^{\lim\limits_{x\to 0^+}\frac{\ln x}{\frac{1}{x}}}=e^{\lim\limits_{x\to 0^+}(-x)}=e^0=1.$$

例 2.49 求$\lim\limits_{x\to 1}x^{\frac{1}{1-x}}$.

解 该极限属于"1^∞"型未定式，先取对数，再使用洛必达法则，得

$$\lim_{x\to 1}x^{\frac{1}{1-x}}=e^{\lim\limits_{x\to 1}\frac{\ln x}{1-x}}=e^{\lim\limits_{x\to 1}\frac{\frac{1}{x}}{-1}}=e^{-1}.$$

利用洛必达法则求未定式，要注意以下4点.

(1)洛必达法则只能适用于"$\frac{0}{0}$"型和"$\frac{\infty}{\infty}$"型未定式，其他类型的未定式须先化简变形成"$\frac{0}{0}$"型或"$\frac{\infty}{\infty}$"型未定式才能运用该法则.

(2)只要条件具备，可以连续多次使用洛必达法则.

(3)洛必达法则可以和其他求未定式的方法结合使用.

(4)洛必达法则的条件是充分的，但不必要. 在某些特殊情况下，洛必达法则可能失效，此时应寻求其他解法.

例 2.50 求$\lim\limits_{x\to+\infty}\frac{e^x-e^{-x}}{e^x+e^{-x}}$.

解 当$x\to+\infty$时，$e^x-e^{-x}\to+\infty$，$e^x+e^{-x}\to+\infty$，$\lim\limits_{x\to+\infty}\frac{e^x-e^{-x}}{e^x+e^{-x}}$是"$\frac{\infty}{\infty}$"型未定式. 使用洛必达法则，得

$$\lim_{x\to+\infty}\frac{e^x-e^{-x}}{e^x+e^{-x}}\overset{\frac{\infty}{\infty}}{=}\lim_{x\to+\infty}\frac{e^x+e^{-x}}{e^x-e^{-x}}\overset{\frac{\infty}{\infty}}{=}\lim_{x\to+\infty}\frac{e^x-e^{-x}}{e^x+e^{-x}},$$

出现循环，因此洛必达法则失效. 事实上，将要求的极限变形后可以使用洛必达法则.

$$\lim_{x\to+\infty}\frac{e^x-e^{-x}}{e^x+e^{-x}}=\lim_{x\to+\infty}\frac{e^{2x}-1}{e^{2x}+1}\overset{\frac{\infty}{\infty}}{=}\lim_{x\to+\infty}\frac{2e^{2x}}{2e^{2x}}=1.$$

2.5.3 函数的单调性、极值与最值

在以前的学习中，我们用初等数学的方法研究一些函数的单调性和某些简单函数的性质，但是这些方法使用范围狭小，有些需要借助某些特殊的技巧，因而不具有一般性. 本小节将利用导数研究函数的单调性、极值与最值等.

1. 函数的单调性

单调性是函数的重要性质，在 1.1 节中我们已经讨论过函数在一个区间上单调性的定义，通过函数单调性的定义可以判断函数的单调性. 即在函数的定义域内任取两点 x_1 和 x_2，不妨设 $x_1<x_2$，通过比较 $f(x_1)$ 和 $f(x_2)$ 的大小来判断函数的单调性，可以通过函数值做差或者做商来实现判断函数值大小的目的. 但对有的函数来说，这个方法比较复杂. 下面讨论怎样利用导数判断函数的单调性.

首先观察图 2.6. 由图 2.6(a)可以看出，当函数图形随自变量的增大而上升时，曲线上每一点处的切线与 x 轴正向的夹角为锐角，从而斜率大于零，由导数的几何意义知导数大于零；由图 2.6(b)可知，当函数图形随自变量的增大而下降时，导数小于零. 因此，我们可以利用曲线上任意一点的导数的符号判断函数的单调性.

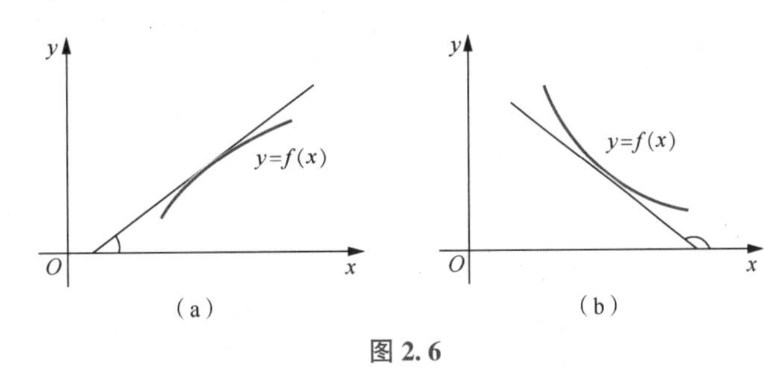

图 2.6

定理 2.11 设函数 $f(x)$ 在区间 I 上可导，对一切 $x\in I$，

(1) 若 $f'(x)>0$，则函数 $f(x)$ 在 I 上单调增加；

(2) 若 $f'(x)<0$，则函数 $f(x)$ 在 I 上单调减少.

证明 (1) 任取 $x_1,x_2\in I$，且 $x_1<x_2$，在 $[x_1,x_2]$ 上应用拉格朗日中值定理，有

$$f(x_2)-f(x_1)=f'(\xi)(x_2-x_1),x_1<\xi<x_2.$$

由于对 $\forall x\in I$，有 $f'(x)>0$，因此 $f'(\xi)>0$，从而 $f(x_2)>f(x_1)$.

由 x_1,x_2 的任意性知，函数 $f(x)$ 在 I 上单调增加，(1) 得证.

类似地可证(2).

例 2.51 研究函数 $f(x)=x-\sin x$ 在 $(0,2\pi)$ 内的单调性.

解 在 $(0,2\pi)$ 内 $f'(x)=1-\cos x>0$，故函数 $f(x)$ 在 $(0,2\pi)$ 内单调增加.

例 2.52 求函数 $f(x)=e^x-x-1$ 的单调区间.

解 函数的定义域为 $(-\infty,+\infty)$，$f'(x)=e^x-1$，令 $f'(x)=0$，得 $x=0$，点 $x=0$ 将 $(-\infty,+\infty)$ 分成两部分：$(-\infty,0)$，$[0,+\infty)$.

当 $x\in(-\infty,0)$ 时，$f'(x)<0$，函数 $f(x)=e^x-x-1$ 在 $(-\infty,0)$ 上单调减少；

当 $x\in(0,+\infty)$ 时，$f'(x)>0$，函数 $f(x)=e^x-x-1$ 在 $[0,+\infty)$ 上单调增加.

例 2.53 判断函数 $f(x)=\sqrt[3]{x}$ 的单调性.

解 函数 $f(x)=\sqrt[3]{x}$ 的定义域为 $(-\infty,+\infty)$，且 $f'(x)=\dfrac{1}{3}x^{-\frac{2}{3}}$，容易得到函数 $f(x)=\sqrt[3]{x}$ 在点 $x=0$ 处导数不存在. 点 $x=0$ 把定义域分成两个部分区间 $(-\infty,0)$ 和 $[0,+\infty)$.

当 $x\in(-\infty,0)$ 时，$f'(x)>0$，函数 $f(x)=\sqrt[3]{x}$ 在 $(-\infty,0)$ 上单调增加；

当 $x\in(0,+\infty)$ 时，$f'(x)>0$，函数 $f(x)=\sqrt[3]{x}$ 在 $[0,+\infty)$ 上单调增加.

综上所述，函数 $f(x)=\sqrt[3]{x}$ 在 $(-\infty,+\infty)$ 上单调增加.

利用函数的单调性还可以证明一些不等式. 如果函数 $f(x)$ 在 $[a,b]$ 上连续，在 (a,b) 内可导，对一切 $x\in(a,b)$，有 $f'(x)>0$，则 $f(x)$ 单调增加，所以有 $f(x)>f(a)$. 这就提供了证明不等式的依据.

例 2.54 证明：当 $x>0$ 时，有 $\ln(1+x)<x$.

证明 设 $f(x)=x-\ln(1+x)$，$x\in[0,+\infty)$，则 $f(0)=0$，$f(x)$ 在 $[0,+\infty)$ 上连续，且当 $x>0$ 时，

$$f'(x)=1-\frac{1}{1+x}=\frac{x}{1+x}>0,$$

所以函数 $f(x)=x-\ln(1+x)$ 在 $[0,+\infty)$ 上是单调增加的，从而 $f(x)>f(0)=0$.
因此，当 $x>0$ 时，有 $f(x)=x-\ln(1+x)>0$，即 $\ln(1+x)<x$.

2. 函数的极值

定义 2.7 设 $f(x)$ 在点 x_0 的某邻域 $U(x_0)$ 内有定义，若对于 $U(x_0)$ 内异于 x_0 的点 x 都满足

(1) $f(x)<f(x_0)$，则称 $f(x_0)$ 为函数 $f(x)$ 的极大值，x_0 称为极大值点；

(2) $f(x)>f(x_0)$，则称 $f(x_0)$ 为函数 $f(x)$ 的极小值，x_0 称为极小值点.

函数的极大值和极小值统称为函数的极值，使函数取得极值的点称为极值点.

由定义 2.7 可知，极大值和极小值都是局部概念，函数在某个区间上的极大值不一定大于极小值. 观察图 2.7 可知：点 x_1,x_2,x_4,x_5,x_6 为函数 $y=f(x)$ 的极值点，x_1,x_4,x_6 为极小值点，x_2,x_5 为极大值点，但 $f(x_2)<f(x_6)$.

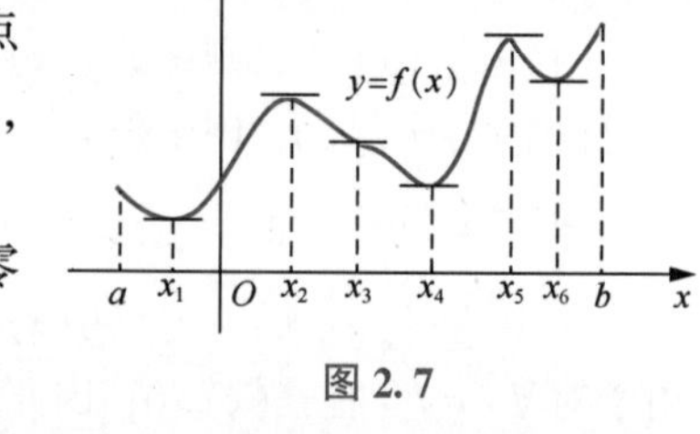

图 2.7

由图 2.7 还可以发现：在极值点处，函数的导数或者为零（如点 x_1,x_2,x_4,x_6），或者不存在（如点 x_5）.

因此，关于函数极值应注意以下两点：

(1) 函数极值的概念是局部性的，在一个区间内，函数可能存在多个极值，函数的极大值和极小值之间并无确定的大小关系；

(2) 由极值的定义知，函数的极值只能在区间内部取得，不能在区间端点上取得.

下面介绍极值的判别方法.

由定义 2.7，再来观察图 2.7，函数 $f(x)$ 在点 x_1,x_4,x_6 取极小值，在点 x_2 取极大值，曲线 $y=f(x)$ 在这几个点处都可作切线，且切线一定平行于 x 轴，因此有 $f'(x_1)=0,f'(x_4)=0,f'(x_6)=0,f'(x_2)=0$. 函数 $f(x)$ 在点 x_5 处虽然也取极大值，但曲线 $y=f(x)$ 在该点处不能作切线，函数在该点不可导. 由此，有下面的定理.

定理 2.12（极值存在的必要条件） 若可导函数 $f(x)$ 在点 x_0 处取极值，则点 x_0 一定是其驻点，即 $f'(x_0)=0$.

对于定理 2.12，需要说明两点.

(1) 当 $f'(x_0)$ 存在时，$f'(x_0)=0$ 不是极值存在的充分条件. 即函数的驻点不一定是函数的极值点. 例如，点 $x=0$ 是函数 $y=x^3$ 的驻点但不是极值点.

(2)函数在导数不存在的点处也可能取极值. 例如，图2.7中函数$f(x)$在点x_5处取极大值；再如，$y=|x|$在点$x=0$处导数不存在，但函数在该点取极小值$y(0)=0$. 另外，导数不存在的点也可能不是极值点. 例如，$y=x^{\frac{1}{3}}$在$x=0$处导数不存在，$x=0$不是函数的极值点.

把驻点和导数不存在的点统称为可能极值点. 为了找出极值点，首先要找出所有可能的极值点，然后再判断它们是否是极值点.

从几何直观上容易理解，如果连续曲线通过某点时先增后减，则函数在该点处取极大值；如果先减后增，则函数在该点处取极小值. 利用单调性很容易得到判定函数极值的方法，从而有下面的判定定理.

定理2.13（极值存在的第一充分条件） 设函数$f(x)$在点x_0处连续，在点x_0的某邻域$U(x_0,\delta)(\delta>0)$内可导，如果满足

(1)当$x_0-\delta<x<x_0$时，$f'(x)>0$，当$x_0<x<x_0+\delta$时，$f'(x)<0$，则$f(x)$在点x_0处取极大值；

(2)当$x_0-\delta<x<x_0$时，$f'(x)<0$，当$x_0<x<x_0+\delta$时，$f'(x)>0$，则$f(x)$在点x_0处取极小值；

(3)当x在点x_0左右邻近取值时，$f'(x)$的符号不变，则$f(x)$在点x_0处不取极值.

综合以上讨论，可按如下步骤求函数的极值：

(1)确定函数的连续区间(初等函数即为定义域)；

(2)求导数$f'(x)$并求出函数的驻点和导数不存在的点；

(3)利用极值存在的第一充分条件依次判断这些点是否是函数的极值点；

(4)求出各极值点处的函数值，即得$f(x)$的全部极值.

例2.55 求函数$f(x)=(x-1)\sqrt[3]{x^2}$的极值.

解 函数$f(x)$的定义域为$(-\infty,+\infty)$.

$$f'(x)=\sqrt[3]{x^2}+\frac{2(x-1)}{3\sqrt[3]{x}}=\frac{5x-2}{3\sqrt[3]{x}}.$$

令$f'(x)=0$，得驻点$x=\frac{2}{5}$；当$x=0$时，导数不存在.

列表讨论，如表2.1所示.

表2.1

x	$(-\infty,0)$	0	$\left(0,\frac{2}{5}\right)$	$\frac{2}{5}$	$\left(\frac{2}{5},+\infty\right)$
$f'(x)$	+	不存在	−	0	+
$f(x)$	↗	极大值 0	↘	极小值 $-\frac{3}{25}\sqrt[3]{20}$	↗

所以函数$f(x)$在点$x=0$处取极大值$f(0)=0$，在点$x=\frac{2}{5}$处取极小值$f\left(\frac{2}{5}\right)=-\frac{3}{25}\sqrt[3]{20}$.

当函数$f(x)$在驻点的二阶导数存在且不为零时，也可判定函数的驻点是否为极值点，有以下定理.

定理 2.14（极值存在的第二充分条件） 设函数$f(x)$在点x_0处二阶可导，且$f'(x_0)=0$.

(1)若$f''(x_0)<0$，则$f(x_0)$是$f(x)$的极大值.

(2)若$f''(x_0)>0$，则$f(x_0)$是$f(x)$的极小值.

(3)当$f''(x_0)=0$时，$f(x_0)$有可能是极值也有可能不是极值.

例 2.56 求函数$f(x)=x^2-\ln x^2$的极值.

解 函数的定义域为$(-\infty,0)\cup(0,+\infty)$.

$$f'(x)=2x-\frac{2}{x}=\frac{2(x^2-1)}{x},\ f''(x)=2+\frac{2}{x^2},$$

令$f'(x)=0$，得驻点$x_1=-1,x_2=1$，而$f''(-1)=4>0,f''(1)=4>0$，由定理2.14知，$x_1=-1,x_2=1$都是极小值点，$f(-1)=1,f(1)=1$都是函数的极小值.

3. 函数的最值

(1)闭区间上连续函数的最值.

设函数$f(x)$在$[a,b]$上连续，根据闭区间上连续函数的性质(最值定理)，$f(x)$在$[a,b]$上一定存在最值. 而且，如果函数的最值是在区间内部取得的话，那么其最值点也一定是函数的极值点；当然，函数的最值点也可能是区间的端点.

因此，可以按照以下步骤求给定闭区间上连续函数的最值.

① 在给定区间上求出函数所有可能的极值点：驻点和导数不存在的点.

② 求出函数在所有驻点、导数不存在的点和区间端点的函数值.

③ 比较这些函数值的大小，最大者即为函数在该区间上的最大值，最小者即为最小值.

例 2.57 求函数$f(x)=x+\frac{3}{2}x^{\frac{2}{3}}$在区间$\left[-8,\frac{1}{8}\right]$上的最大值与最小值.

解 $f'(x)=1+x^{-\frac{1}{3}}=\frac{\sqrt[3]{x}+1}{\sqrt[3]{x}}$，令$f'(x)=0$，在$\left(-8,\frac{1}{8}\right)$内解得驻点$x=-1$和不可导点$x=0$.

因为$f(0)=0,f(-1)=\frac{1}{2},f(-8)=-2,f\left(\frac{1}{8}\right)=\frac{1}{2}$，比较后即知，函数的最大值为$f(-1)=f\left(\frac{1}{8}\right)=\frac{1}{2}$；函数的最小值为$f(-8)=-2$.

(2)实际应用中的最值.

在生产实践和工程技术中，经常会遇到求在一定条件下，怎样才能使“成本最低”“利润最高”等问题. 这类问题在数学上可以归结为建立一个目标函数，求这个目标函数的最大值或最小值问题.

对于实际问题，往往根据问题的性质就可以断定函数$f(x)$在定义区间内部存在最大值或最小值. 理论上可以证明这样一个结论：在实际问题中，若函数$f(x)$的定义域是开区间，且在此开区间内只有一个驻点x_0，而最值又存在，则可以直接断定该驻点x_0就是最值点，$f(x_0)$即为相应的最值.

例 2.58(面积最大问题) 将一长为$2L$的铁丝折成一个长方形，问：如何折才能使长方形的面积最大？

解 设长方形的长为x，宽为y，则其面积$A=xy$.

由题意有 $2x+2y=2L$，所以 $y=L-x$，代入上式得

$$A=x(L-x)\ (0<x<L),$$

进而有

$$A'(x)=L-2x.$$

令 $A'(x)=0$，解得 $x=\frac{L}{2}$，这是 $A(x)$ 在 $(0,L)$ 内唯一的驻点，所以 $x=\frac{L}{2}$ 为 $A(x)$ 的最大值点，进而可知 $A(x)$ 的最大值为 $A\left(\frac{L}{2}\right)=\frac{L^2}{4}$，这时 $y=L-\frac{L}{2}=\frac{L}{2}$. 因此，把该铁丝折成一个长、宽相等的正方形时面积最大.

同步习题 2.5

1. 验证下列函数是否满足罗尔定理的条件. 若满足，求出定理中的 ξ；若不满足，请说明原因.

(1) $f(x)=\begin{cases}x^2, & 0\leqslant x<1,\\ 0, & x=1,\end{cases}$ $x\in[0,1]$.　　(2) $f(x)=\sqrt[3]{8x-x^2}$, $x\in[0,8]$.

(3) $f(x)=\ln\sin x$，$x\in\left[\frac{\pi}{6},\frac{5\pi}{6}\right]$.

2. 下列函数中，在 $[-1,1]$ 上满足罗尔定理条件的是(　　).

A. $f(x)=\frac{1}{\sqrt{1-x^2}}$　　B. $f(x)=\sqrt{x^2}$　　C. $f(x)=\sqrt[3]{x^2}$　　D. $f(x)=x^2+1$

3. 验证下列函数是否满足拉格朗日中值定理的条件. 若满足，求出定理中的 ξ；若不满足，请说明原因.

(1) $f(x)=e^x$, $x\in[0,1]$.　　(2) $f(x)=\ln x$, $x\in[1,e]$.

4. 证明：当 $x>0$ 时，$\frac{x}{1+x}<\ln(1+x)<x$.

5. 求下列函数极限.

(1) $\lim\limits_{x\to1}\frac{x^3-3x+2}{x^3-x^2-x+1}$.　　(2) $\lim\limits_{x\to1}\frac{\ln x}{x-1}$.

(3) $\lim\limits_{x\to\frac{\pi}{2}}\frac{\cos x}{x-\frac{\pi}{2}}$.　　(4) $\lim\limits_{x\to0}\frac{e^x-e^{-x}}{\sin x}$.

6. 求下列函数极限.

(1) $\lim\limits_{x\to+\infty}\frac{\ln x}{x^\alpha}\ (\alpha>0)$.　　(2) $\lim\limits_{x\to+\infty}\frac{x^3}{a^x}\ (a>1)$.

(3) $\lim\limits_{x\to0}\frac{\ln(1+x)-x}{\cos x-1}$.　　(4) $\lim\limits_{x\to\frac{\pi}{2}^+}\frac{\ln\left(x-\frac{\pi}{2}\right)}{\tan x}$.

7. 求下列函数极限.

(1) $\lim\limits_{x\to\infty}x(e^{\frac{1}{x}}-1)$.　　(2) $\lim\limits_{x\to0}\left[\frac{1}{\ln(x+1)}-\frac{1}{x}\right]$.

(3) $\lim\limits_{x\to+\infty}x\left(\frac{\pi}{2}-\arctan x\right)$.

8. 求下列函数极限.

(1) $\lim\limits_{x\to0}(1+\sin x)^{\frac{1}{x}}$.　　(2) $\lim\limits_{x\to0^+}x^{\tan x}$.　　(3) $\lim\limits_{x\to\infty}(1+x^2)^{\frac{1}{x}}$.

9. 求下列函数的单调区间.

(1) $y=2x^3-6x^2-18x-7$.　　(2) $y=\frac{10}{4x^3-9x^2+6x}$.

(3) $y=\frac{e^x}{3+x}$.

10. 证明：当 $x>0$ 时，$1+\frac{1}{2}x>\sqrt{1+x}$.

11. 求下列函数的极值.

(1) $y=x^3-3x$.　　(2) $y=\frac{x^3}{(x-1)^2}$.　　(3) $y=|x|$.

12. a 为何值时，函数 $f(x)=a\sin x+\frac{1}{3}\sin 3x$ 在点 $x=\frac{\pi}{3}$ 处取极值？它是极大值还是极小值？求此极值.

13. 求下列函数的最值.

(1) $y=2x^3-3x^2, x\in[-1,4]$.　　(2) $y=x+\sqrt{1-x}, x\in[-5,1]$.

(3) $y=2x(x-6)^2, x\in[-2,4]$.　　(4) $y=\ln(1+x^2), x\in[-1,2]$.

提高题

1. 若方程 $a_0x^n+a_1x^{n-1}+\cdots+a_{n-1}x=0$ 有一个正根 $x=x_0$，证明：方程 $a_0nx^{n-1}+a_1(n-1)x^{n-2}+\cdots+a_{n-1}=0$ 必有一个小于 x_0 的正根.

2. 设 $0<a<b$，证明：$\frac{b-a}{b}<\ln\frac{b}{a}<\frac{b-a}{a}$.

3. 证明：$\arcsin x+\arccos x=\frac{\pi}{2}$，$x\in[-1,1]$.

4. 证明：$|\sin x-\sin y|\leqslant|x-y|$.

5. 证明：$e^x>1+x\ (x\neq0)$.

6. 求下列函数极限.

(1) $\lim\limits_{x\to0}\frac{x-x\cos x}{4\sin^3x}$.　　(2) $\lim\limits_{x\to1}\left(\frac{x}{x-1}-\frac{1}{\ln x}\right)$.　　(3) $\lim\limits_{x\to0}\left(\frac{1}{x^2}-\cot^2x\right)$.　　(4) $\lim\limits_{x\to+\infty}\left(\frac{2}{\pi}\arctan x\right)^x$.

7. 试确定常数 a,b，使 $\lim\limits_{x\to0}\frac{\ln(1+x)-(ax+bx^2)}{x^2}=2$.

8. 在抛物线 $y=x^2$(第一象限部分)上求一点，使过该点的切线与直线 $y=0,x=8$ 相交所围成的三角形的面积最大.

9. 证明：当 $x>1$ 时，$\ln x+\frac{4}{x+1}-2>0$.

10. 设函数 $f(x)$ 在 $[0,+\infty)$ 上二阶可导，且 $f''(x)>0,f(0)=0$. 证明：函数 $F(x)=\frac{f(x)}{x}$ 在 $(0,+\infty)$ 上单调增加.

微课：同步习题 2.5 提高题 12

11. 设 $e<a<b$，证明：$a^b>b^a$.

12. 设 $e<a<b<e^2$，证明：$\ln^2 b-\ln^2 a>\frac{4}{e^2}(b-a)$.

第 2 章思维导图

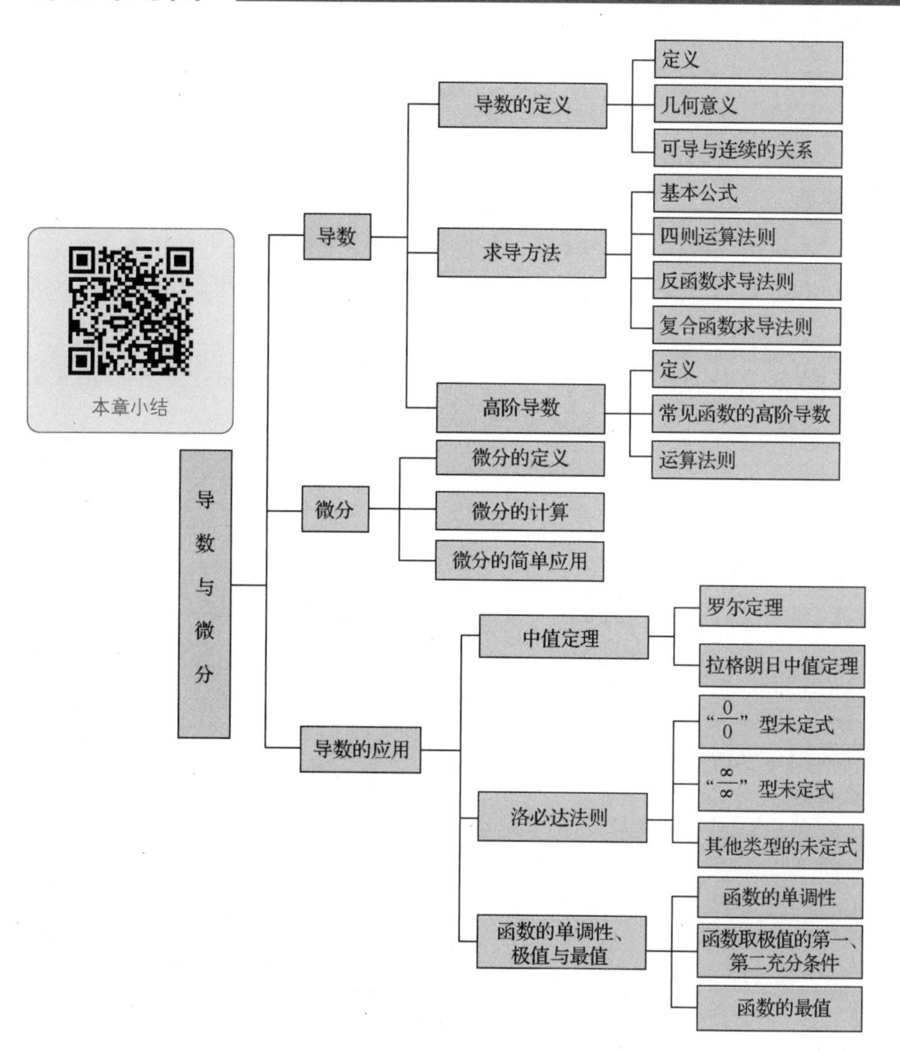

中国数学学者

个人成就

数学家，中国科学院院士，曾任山东大学数学研究所所长. 潘承洞和潘承彪合著的《哥德巴赫猜想》一书，是"猜想"研究历史上第一部全面并且系统的学术专著. 潘承洞对 Bombieri 定理的发展做出了重要贡献. 为了最终解决哥德巴赫猜想，潘承洞提出了一个新的探索途径，其中的误差项简单明确，便于直接处理.

课程思政小微课

潘承洞

第2章总复习题

1. 判断题.

(1) 可导偶函数的导函数必为奇函数，可导奇函数的导函数必为偶函数.

(2) 单调函数的导函数是单调函数.

(3) 若 $f(x_0)=-1$，则在点 x_0 处 $\lim\limits_{\Delta x\to 0}\dfrac{\Delta y-\mathrm{d}y}{\Delta y}=0$.

(4) 若 $y=f(u)$, $u=g(x)$ 都可导，则 $\mathrm{d}y=f'(u)\mathrm{d}u=f'(u)g'(x)\mathrm{d}x$.

2. 填空题.

(5) 在"充分""必要""充分必要"三者中选择一个正确的填入下列横线中.

① $f(x)$ 在点 x_0 处可导是 $f(x)$ 在点 x_0 处连续的________条件；$f(x)$ 在点 x_0 处连续是 $f(x)$ 在点 x_0 处可导的________条件.

② $f(x)$ 在点 x_0 处的左导数 $f'_-(x_0)$ 及右导数 $f'_+(x_0)$ 都存在且相等是 $f(x)$ 在点 x_0 处可导的________条件.

③ $f(x)$ 在点 x_0 处可导是 $f(x)$ 在点 x_0 处可微的________条件.

(6) 设 $y=10^x\sin x$，则 $y'=$________.

(7) 设 $y=\sin\sqrt{1+x^2}$，则 $y'=$________.

(8) 设 $y=f(\ln x)\ln f(x)$，则 $y'=$________.

(9) 设 $f(x)$ 二阶可导，则函数 $y=f(\mathrm{e}^x)$ 的一阶导数为 $y'=$________，二阶导数为 $y''=$________.

(10) 设 $y=(\arctan x)^2$，则 $\mathrm{d}y=$________.

3. 选择题.

(11) $f(x)$ 在点 x_0 处的导数 $f'(x_0)$ 存在等价于（　　）.

A. $\lim\limits_{n\to\infty}n\left[f\left(x_0+\dfrac{1}{n}\right)-f(x_0)\right]$ 存在

B. $\lim\limits_{h\to 0}\dfrac{f(x_0-h)-f(x_0)}{h}$ 存在

C. $\lim\limits_{\Delta x\to 0}\dfrac{f(x_0+\Delta x)-f(x_0-\Delta x)}{\Delta x}$ 存在

D. $\lim\limits_{\Delta x\to 0}\dfrac{f(x_0+3\Delta x)-f(x_0+\Delta x)}{\Delta x}$ 存在

(12) 直线 l 与 x 轴平行，且与曲线 $y=x-e^x$ 相切，则切点为(　　).

A. $(1,1)$　　B. $(-1,1)$　　C. $(0,1)$　　D. $(0,-1)$

(13) 设 $y=f(u)$ 是可微函数，u 是 x 的可微函数，则 $dy=$(　　).

A. $f'(u)u\mathrm{d}x$　　B. $f'(u)\mathrm{d}u$　　C. $f'(u)\mathrm{d}x$　　D. $f'(u)u'\mathrm{d}u$

(14) 函数 $f(x)$ 在点 $x=x_0$ 处取极大值，则必有(　　).

A. $f'(x_0)=0$　　B. $f'(x_0)<0$

C. $f'(x_0)=0$ 且 $f''(x_0)<0$　　D. $f'(x_0)=0$ 或 $f'(x_0)$ 不存在

4. 解答题.

(15) 求下列函数的导数.

① $y=\begin{cases}\ln(1+x^2)^{\frac{2}{x}}, & x\neq 0,\\ 0, & x=0.\end{cases}$　　② $y=(1+\cos x)^{\frac{1}{x}}$.

③ $y=x^x$.

(16) 曲线 $y=x^3$ 在何处的切线与直线 $y=x$ 平行？并求该切线方程.

(17) 设 $y=\left(\dfrac{a}{b}\right)^x\left(\dfrac{b}{x}\right)^a\left(\dfrac{x}{a}\right)^b$，求 y'.

(18) 设 $f(x)=\begin{cases}x^3\sin\dfrac{1}{x}, & x\neq 0,\\ 0, & x=0,\end{cases}$ 求 $f'(0)$, $f''(0)$.

(19) 已知直线 $y=2x$ 是抛物线 $y=x^2+ax+b$ 上点 $(2,4)$ 处的切线，求 a,b.

(20) 求过点 $(2,0)$ 且与曲线 $y=\dfrac{1}{x}$ 相切的直线方程.

(21) 已知函数 $y=f\left(\dfrac{3x-2}{3x+2}\right)$, $f'(x)=\arctan x^2$，求 $\left.\dfrac{\mathrm{d}y}{\mathrm{d}x}\right|_{x=0}$.

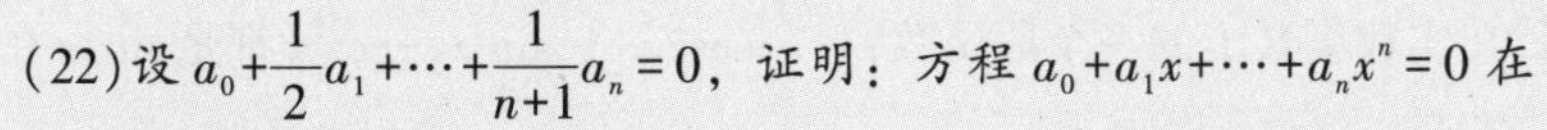

(22) 设 $a_0+\dfrac{1}{2}a_1+\cdots+\dfrac{1}{n+1}a_n=0$，证明：方程 $a_0+a_1x+\cdots+a_nx^n=0$ 在 $(0,1)$ 内至少有一个根.

(23) 设 $\lim\limits_{x\to\infty}f'(x)=a$，求 $\lim\limits_{x\to\infty}[f(x+k)-f(x)]$.

03

第3章 不定积分、定积分及其应用

前面我们介绍了微分运算，同加法有其逆运算减法、乘法有其逆运算除法一样，微分也有其逆运算——积分. 积分学是微积分的另一个重要的组成部分，内容包括不定积分与定积分. 不定积分研究的是已知函数 $F(x)$ 的导函数 $f(x)$，求函数 $F(x)$ 的问题，这种运算与微分运算恰好相反. 不定积分揭示的正是微分和积分的这种互逆性，而定积分解决的是分布区间上整体量的问题.

本章导学

3.1 不定积分的基础知识

3.1.1 原函数

定义 3.1 设函数 $f(x)$ 在区间 I 上有定义，如果对于 $\forall x\in I$ 都有函数 $F(x)$，使

$$F'(x)=f(x) \text{ 或 } \mathrm{d}F(x)=f(x)\mathrm{d}x,$$

则称 $F(x)$ 为 $f(x)$ 在区间 I 上的一个原函数.

例如，$\frac{1}{3}x^3$ 是 x^2 在实数集 $\mathbf{R}$ 上的一个原函数；$-\frac{1}{2}\cos2x+1,\sin^2x,-\cos^2x$ 都是 $\sin2x$ 在 $\mathbf{R}$ 上的原函数.

定理 3.1 如果函数 $f(x)$ 在区间 I 上有原函数 $F(x)$，则 $F(x)+C$ 也是 $f(x)$ 在区间 I 上的原函数，且 $f(x)$ 的任意一个原函数均可表示为 $F(x)+C$ 的形式，其中 C 为任意常数.

定理 3.1 表明：

(1) 如果 $F(x)$ 是 $f(x)$ 的一个原函数，则 $F(x)+C$ 是 $f(x)$ 的全体原函数；

(2) $f(x)$ 的任意两个原函数之差一定是常数.

3.1.2 不定积分的定义

定义 3.2 函数 $f(x)$ 在区间 I 上的所有原函数的全体称为 $f(x)$ 的不定积分，记作

$$\int f(x)\mathrm{d}x.$$

如果 $F(x)$ 是 $f(x)$ 的一个原函数，则

$$\int f(x)\mathrm{d}x=F(x)+C.$$

其中，$\int$称为积分号，$f(x)$称为被积函数，$f(x)\mathrm{d}x$称为被积表达式，x称为积分变量，C为任意常数.

由不定积分的定义可知，记号$\int f(x)\mathrm{d}x$表示$f(x)$在区间I上的全体原函数. 根据定理3.1知，只需求出$f(x)$在区间I上的一个原函数$F(x)$，再加上任意常数C，就可以得到函数$f(x)$在区间I上的全体原函数.

例 3.1 求$\int \cos x\mathrm{d}x$.

解 因为$(\sin x)'=\cos x$，$\sin x$为$\cos x$的一个原函数，所以$\int \cos x\mathrm{d}x=\sin x+C$.

例 3.2 求$\int x^2\mathrm{d}x$.

解 因为$\left(\frac{1}{3}x^3\right)'=x^2$，$\frac{1}{3}x^3$为$x^2$的一个原函数，所以$\int x^2\mathrm{d}x=\frac{1}{3}x^3+C$.

3.1.3 不定积分的几何意义

函数$y=F(x)$表示一条曲线；$y=F(x)+C$表示曲线簇，称为$f(x)$的积分曲线簇，C取不同值时对应不同曲线. 积分曲线簇$y=F(x)+C$中的任意一条曲线都可以由曲线$y=F(x)$沿y轴上下平移得到，$f(x)$在x处的函数值正是积分曲线簇$y=F(x)+C$在点x处的切线斜率，所以对应于同一横坐标$x=x_0$，积分曲线簇中各条曲线具有相同的切线斜率$f(x_0)$，这些切线彼此互相平行.

在求原函数的具体问题中，我们往往先求出全体原函数，然后从中确定满足条件$F(x_0)=y_0$的原函数，满足条件$F(x_0)=y_0$的原函数对应的是积分曲线簇中通过点(x_0,y_0)的那一条积分曲线.

3.1.4 不定积分的性质

设$F(x)$为$f(x)$的一个原函数. 容易验证，不定积分具有以下性质.

性质 3.1 $\int F'(x)\mathrm{d}x=\int \mathrm{d}F(x)=F(x)+C$.

性质 3.2 $\int kf(x)\mathrm{d}x=k\int f(x)\mathrm{d}x$（$k$为非零常数）.

性质 3.3 $\int [f(x)\pm g(x)]\mathrm{d}x=\int f(x)\mathrm{d}x\pm\int g(x)\mathrm{d}x$.

性质 3.4 $\left[\int f(x)\mathrm{d}x\right]'=[F(x)+C]'=F'(x)=f(x)$，$\mathrm{d}\int f(x)\mathrm{d}x=\mathrm{d}[F(x)+C]=f(x)\mathrm{d}x$.

性质3.1和性质3.4表达了不定积分与求导或微分的互逆关系. 这里我们只证明性质3.2，类似可证明性质3.3.

证明 设$F(x)$是$f(x)$的一个原函数，则

$$\int f(x)\mathrm{d}x=F(x)+C,$$

于是

$$k\int f(x)\mathrm{d}x=kF(x)+kC=kF(x)+C_1,$$

其中 $C_1(C_1=kC)$ 也是任意常数. 显然，$kF(x)$ 是 $kf(x)$ 的一个原函数，因此，

$$\int kf(x)\,\mathrm{d}x = kF(x) + C_1.$$

这就证明了性质 3.2.

3.1.5 基本积分公式

由基本求导公式，相应地，可得到下列基本积分公式.

(1) $\int k\,\mathrm{d}x = kx + C$（$k$ 为常数）.

(2) $\int x^a\,\mathrm{d}x = \dfrac{1}{a+1}x^{a+1} + C\ (a \neq -1)$.

(3) $\int \dfrac{1}{x}\,\mathrm{d}x = \ln|x| + C$.

(4) $\int \mathrm{e}^x\,\mathrm{d}x = \mathrm{e}^x + C$.

(5) $\int a^x\,\mathrm{d}x = \dfrac{1}{\ln a}a^x + C\ (a \neq 1, a > 0)$.

(6) $\int \cos x\,\mathrm{d}x = \sin x + C$.

(7) $\int \sin x\,\mathrm{d}x = -\cos x + C$.

(8) $\int \sec^2 x\,\mathrm{d}x = \tan x + C$.

(9) $\int \csc^2 x\,\mathrm{d}x = -\cot x + C$.

(10) $\int \sec x\tan x\,\mathrm{d}x = \sec x + C$.

(11) $\int \csc x\cot x\,\mathrm{d}x = -\csc x + C$.

(12) $\int \dfrac{1}{1+x^2}\,\mathrm{d}x = \arctan x + C = -\operatorname{arccot} x + C_1\left(C_1 = \dfrac{\pi}{2} + C\right)$.

(13) $\int \dfrac{1}{\sqrt{1-x^2}}\,\mathrm{d}x = \arcsin x + C = -\arccos x + C_1\left(C_1 = \dfrac{\pi}{2} + C\right)$.

利用基本积分公式和不定积分的性质，经过恒等变形，可以求出一些比较简单的函数的不定积分，称之为直接积分法.

3.1.6 用直接积分法计算不定积分

例 3.3 求 $\int (1-\sqrt{x})^2\,\mathrm{d}x$.

解 $\int (1-\sqrt{x})^2\,\mathrm{d}x = \int (1-2\sqrt{x}+x)\,\mathrm{d}x = x - \dfrac{4}{3}x^{\frac{3}{2}} + \dfrac{1}{2}x^2 + C.$

例 3.4 求$\int \frac{x^2}{1+x^2}dx$.

解 $\int \frac{x^2}{1+x^2}dx = \int\left(1-\frac{1}{1+x^2}\right)dx = x-\arctan x+C.$

例 3.5 求$\int 4e^x dx$.

解 $\int 4e^x dx = 4\int e^x dx = 4e^x+C.$

例 3.6 求$\int \cos^2\frac{x}{2}dx$.

解 $\int \cos^2\frac{x}{2}dx = \frac{1}{2}\int(1+\cos x)dx = \frac{1}{2}x+\frac{1}{2}\sin x+C.$

同步习题 3.1

1. 证明：$\sin^2 x,-\cos^2 x,-\frac{1}{2}\cos 2x$ 都是 $\sin 2x$ 的原函数.

2. 设曲线上任一点 $M(x,y)$ 处的切线斜率等于该点横坐标的倒数，并且曲线过点$(e^2,5)$，求该曲线方程.

3. 求下列不定积分.

(1) $\int x^4 dx$.　　(2) $\int x\sqrt{x}\,dx$.

(3) $\int\left(2e^x-\frac{1}{x}\right)dx$.　　(4) $\int 3^x e^x dx$.

(5) $\int \cot^2 x dx$.　　(6) $\int \sin^2\frac{x}{2}dx$.

(7) $\int \frac{1}{1+\cos 2x}dx$.　　(8) $\int \sec x(\sec x-\cos x)dx$.

提高题

求下列不定积分.

(1) $\int \frac{\sqrt{x^3}+1}{\sqrt{x}+1}dx$.　　(2) $\int \frac{x^6}{1+x^2}dx$.

(3) $\int (x^2+1)^2 dx$.　　(4) $\int \frac{1}{1-\cos 2x}dx$.

(5) $\int\left(\sin\frac{x}{2}-\cos\frac{x}{2}\right)^2 dx$.　　(6) $\int \frac{\cos 2x}{\cos x-\sin x}dx$.

(7) $\int \frac{1+\cos^2 x}{1+\cos 2x}dx$.　　(8) $\int \frac{\cos 2x}{\cos^2 x\sin^2 x}dx$.

3.2 不定积分的计算方法——换元法

利用基本积分公式与不定积分的性质，所能计算的不定积分是非常有限的. 因此，我们有必要进一步研究不定积分的求法. 本节把复合函数的微分法反过来用于求不定积分，利用中间变量的代换，得到复合函数的积分法，称为换元积分法，简称换元法. 换元法分为两种类型，即第一换元积分法(凑微分法) 和第二换元积分法.

3.2.1 第一换元积分法(凑微分法)

定理3.2 设$f(u)$有原函数$F(u)$，且$u=\varphi(x)$是可导函数，则

$$\int f[\varphi(x)]\varphi'(x)\mathrm{d}x = F[\varphi(x)] + C. \tag{3.1}$$

该公式称为第一换元公式.

证明 因为$\{F[\varphi(x)]\}' = F'[\varphi(x)]\varphi'(x) = f[\varphi(x)]\varphi'(x)$，所以$F[\varphi(x)]$是$f[\varphi(x)]\varphi'(x)$的一个原函数. 故有式(3.1)成立.

例3.7 求$\int \cos 5x\mathrm{d}x$.

解 令$u=5x$，$\mathrm{d}u=5\mathrm{d}x$，则

$$\int \cos 5x\mathrm{d}x = \int \frac{1}{5}\cos 5x\mathrm{d}(5x) = \frac{1}{5}\int \cos u\mathrm{d}u = \frac{1}{5}\sin u + C.$$

将$u=5x$代入，得

$$\int \cos 5x\mathrm{d}x = \frac{1}{5}\sin 5x + C.$$

例3.8 求$\int \mathrm{e}^{ax}\mathrm{d}x$.

解 令$u=ax$，$\mathrm{d}u=a\mathrm{d}x$，则

$$\int \mathrm{e}^{ax}\mathrm{d}x = \frac{1}{a}\int \mathrm{e}^{ax}\mathrm{d}(ax) = \frac{1}{a}\int \mathrm{e}^{u}\mathrm{d}u = \frac{1}{a}\mathrm{e}^{u} + C.$$

将$u=ax$代入，得

$$\int \mathrm{e}^{ax}\mathrm{d}x = \frac{1}{a}\mathrm{e}^{ax} + C.$$

例3.9 求$\int 2x\mathrm{e}^{x^2}\mathrm{d}x$.

解 令$u=x^2$，$\mathrm{d}u=2x\mathrm{d}x$，则

$$\int 2x\mathrm{e}^{x^2}\mathrm{d}x = \int \mathrm{e}^{x^2}\mathrm{d}(x^2) = \int \mathrm{e}^{u}\mathrm{d}u = \mathrm{e}^{u} + C.$$

将$u=x^2$代入，得

$$\int 2x\mathrm{e}^{x^2}\mathrm{d}x = \mathrm{e}^{x^2} + C.$$

例 3.10 求$\int \frac{dx}{\sqrt{a^2-x^2}}$.

解 $\int \frac{dx}{\sqrt{a^2-x^2}} = \frac{1}{a}\int \frac{dx}{\sqrt{1-\left(\frac{x}{a}\right)^2}} = \int \frac{d\left(\frac{x}{a}\right)}{\sqrt{1-\left(\frac{x}{a}\right)^2}} = \arcsin\frac{x}{a}+C.$

例 3.11 求$\int \frac{dx}{a^2-x^2}$.

解

$$\begin{aligned}\int \frac{dx}{a^2-x^2} &= \int \frac{dx}{(a-x)(a+x)} = \frac{1}{2a}\int\left(\frac{1}{a+x}+\frac{1}{a-x}\right)dx \\ &= \frac{1}{2a}\int \frac{d(a+x)}{a+x} - \frac{1}{2a}\int \frac{d(a-x)}{a-x} \\ &= \frac{1}{2a}\ln|a+x| - \frac{1}{2a}\ln|a-x| + C = \frac{1}{2a}\ln\left|\frac{a+x}{a-x}\right|+C.\end{aligned}$$

例 3.12 求$\int \sec x dx$.

解

$$\begin{aligned}\int \sec x dx &= \int \frac{\cos x}{\cos^2 x}dx = \int \frac{d\sin x}{1-\sin^2 x} \\ &= \frac{1}{2}\ln\left|\frac{1+\sin x}{1-\sin x}\right|+C = \frac{1}{2}\ln\frac{(1+\sin x)^2}{1-\sin^2 x}+C \\ &= \ln|\sec x+\tan x|+C.\end{aligned}$$

第一换元积分法，关键在于将$\varphi'(x)dx$凑成微分$d\varphi(x)$，所以又称为凑微分法.

3.2.2 第二换元积分法

第一换元积分法是通过变换$u=u(x)$，将$\int f[u(x)]u'(x)dx$化为$\int f(u)du$的方法，第二换元积分法则是通过反变换$x=x(t)$，将$\int f(x)dx$化为$\int f[x(t)]x'(t)dt$的方法. 常用的第二换元积分法有以下 3 种情形.

(1) 三角代换：三角代换包括弦代换、切代换、割代换 3 种.

① 弦代换：弦代换是针对形如$\sqrt{a^2-x^2}$ $(a>0)$ 的根式进行的，目的是去掉根号，方法是令$x=a\sin t, t\in\left(-\frac{\pi}{2},\frac{\pi}{2}\right)$，则$\sqrt{a^2-x^2}=a\cos t, dx=a\cos t dt, t=\arcsin\frac{x}{a}$，变量还原时，常借助辅助直角三角形.

② 切代换：切代换是针对形如$\sqrt{a^2+x^2}$ $(a>0)$ 的根式进行的，目的是去掉根号，方法是令$x=a\tan t, t\in\left(-\frac{\pi}{2},\frac{\pi}{2}\right)$，则$\sqrt{a^2+x^2}=a\sec t, dx=a\sec^2 t dt, t=\arctan\frac{x}{a}$，变量还原时，常借助辅助直角三角形.

③ 割代换：割代换是针对形如$\sqrt{x^2-a^2}$ $(a>0)$ 的根式进行的，目的是去掉根号，方法是令$x=a\sec t$，则$\sqrt{x^2-a^2}=a\tan t, dx=a\sec t\tan t dt$，变量还原时，常借助辅助直角三角形.

(2) 无理代换：若被积函数是$\sqrt[n_1]{x},\sqrt[n_2]{x},\cdots,\sqrt[n_k]{x}$的无理式，设$n$为正整数$n_1,n_2,\cdots,n_k$的最小公倍数，作代换$t=\sqrt[n]{x}$，有$x=t^n,\mathrm{d}x=nt^{n-1}\mathrm{d}t$，可化被积函数为$t$的有理函数；若被积函数中只有一种根式$\sqrt[n]{ax+b}$或$\sqrt[n]{\dfrac{ax+b}{cx+d}}$，可作代换$t=\sqrt[n]{ax+b}$或$t=\sqrt[n]{\dfrac{ax+b}{cx+d}}$.

(3) 倒数代换：设被积函数的分子、分母关于x的最高次数分别为m和n，若$n-m>1$，可尝试使用倒代换，即令$x=\dfrac{1}{t}$，则$\mathrm{d}x=-\dfrac{1}{t^2}\mathrm{d}t$.

例 3.13 求$\displaystyle\int\frac{\mathrm{d}x}{1+\sqrt{x}}$.

解 被积函数中含有$\sqrt{x}$，令$\sqrt{x}=t$，即$x=t^2$，这时$\mathrm{d}x=\mathrm{d}(t^2)=2t\mathrm{d}t$，所以

$$\begin{aligned}\int\frac{\mathrm{d}x}{1+\sqrt{x}}&=\int\frac{2t\mathrm{d}t}{1+t}=2\int\frac{1+t-1}{1+t}\mathrm{d}t=2\int\left(1-\frac{1}{1+t}\right)\mathrm{d}t\\&=2(t-\ln|1+t|)+C=2\sqrt{x}-2\ln(1+\sqrt{x})+C.\end{aligned}$$

例 3.14 求$\displaystyle\int\frac{\mathrm{d}x}{x^2\sqrt{1+x^2}}$.

解 令$x=\dfrac{1}{t}$，则$\mathrm{d}x=-\dfrac{1}{t^2}\mathrm{d}t$，从而有

$$\begin{aligned}\int\frac{\mathrm{d}x}{x^2\sqrt{1+x^2}}&=\int\frac{t^2}{\sqrt{1+\frac{1}{t^2}}}\cdot\left(-\frac{1}{t^2}\right)\mathrm{d}t=-\int\frac{t}{\sqrt{1+t^2}}\mathrm{d}t\\&=-\sqrt{1+t^2}+C=-\frac{\sqrt{1+x^2}}{x}+C.\end{aligned}$$

例 3.15 求$\displaystyle\int\sqrt{a^2-x^2}\,\mathrm{d}x\,(a>0)$.

解 作代换$x=a\sin t\left(-\dfrac{\pi}{2}<t<\dfrac{\pi}{2}\right)$，可以去掉被积函数中的根号，这时

$$\begin{aligned}\int\sqrt{a^2-x^2}\,\mathrm{d}x&=\int\sqrt{a^2-a^2\sin^2t}\,\mathrm{d}(a\sin t)=a^2\int\cos^2t\mathrm{d}t\\&=\frac{a^2}{2}\int(1+\cos2t)\mathrm{d}t=\frac{a^2}{2}(t+\sin t\cos t)+C.\end{aligned}$$

根据$\sin t=\dfrac{x}{a}$构造辅助直角三角形，如图 3.1 所示，即得$\cos t=\dfrac{\sqrt{a^2-x^2}}{a}$，因此

$$\begin{aligned}\int\sqrt{a^2-x^2}\,\mathrm{d}x&=\frac{a^2}{2}\left(\arcsin\frac{x}{a}+\frac{x}{a}\frac{\sqrt{a^2-x^2}}{a}\right)+C\\&=\frac{a^2}{2}\arcsin\frac{x}{a}+\frac{x}{2}\sqrt{a^2-x^2}+C.\end{aligned}$$

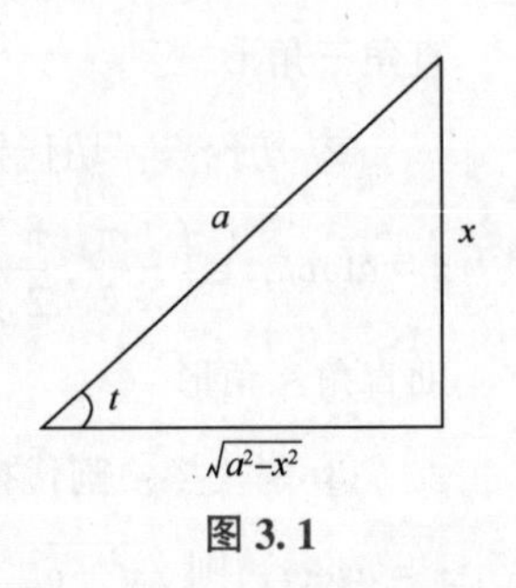

图 3.1

例 3.16　求$\int \frac{\mathrm{d}x}{\sqrt{x^2-a^2}}(a>0)$.

解　令 $x=a\sec t\left[0<t<\frac{\pi}{2}\text{(同理可考虑}-\frac{\pi}{2}<t<0\text{的情况)}\right]$，可得

$$\int \frac{\mathrm{d}x}{\sqrt{x^2-a^2}}=\int \frac{a\sec t\cdot\tan t}{a\tan t}\mathrm{d}t=\int \sec t\mathrm{d}t$$
$$=\ln|\sec t+\tan t|+C.$$

借助图 3.2 的辅助直角三角形，可求出 $\sec t=\frac{x}{a},\tan t=\frac{\sqrt{x^2-a^2}}{a}$，故得

$$\int \frac{\mathrm{d}x}{\sqrt{x^2-a^2}}=\ln\left|\frac{x}{a}+\frac{\sqrt{x^2-a^2}}{a}\right|+C$$
$$=\ln\left|x+\sqrt{x^2-a^2}\right|+C_1(C_1=C-\ln a).$$

例 3.17　求$\int \frac{\mathrm{d}x}{(x^2+a^2)^2}(a>0)$.

微课：不定积分的换元法及例 3.17

解　令 $x=a\tan t\left(-\frac{\pi}{2}<t<\frac{\pi}{2}\right)$，如图 3.3 所示，可得

$$\int \frac{\mathrm{d}x}{(x^2+a^2)^2}=\int \frac{a\sec^2 t}{a^4\sec^4 t}\mathrm{d}t=\frac{1}{a^3}\int \cos^2 t\mathrm{d}t=\frac{1}{2a^3}\int(1+\cos 2t)\mathrm{d}t$$
$$=\frac{1}{2a^3}(t+\sin t\cos t)+C=\frac{1}{2a^3}\left(\arctan\frac{x}{a}+\frac{ax}{x^2+a^2}\right)+C.$$

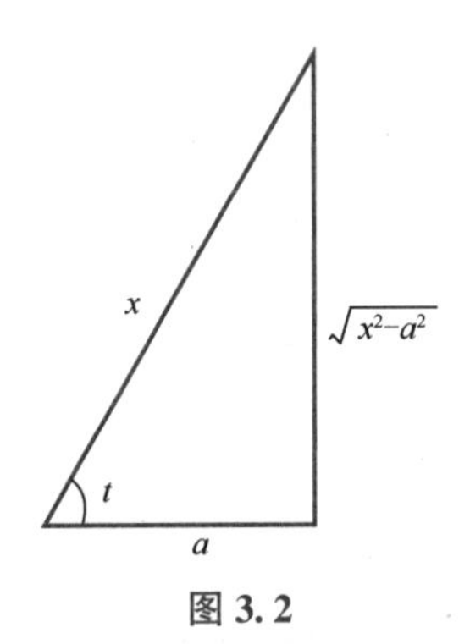

图 3.2

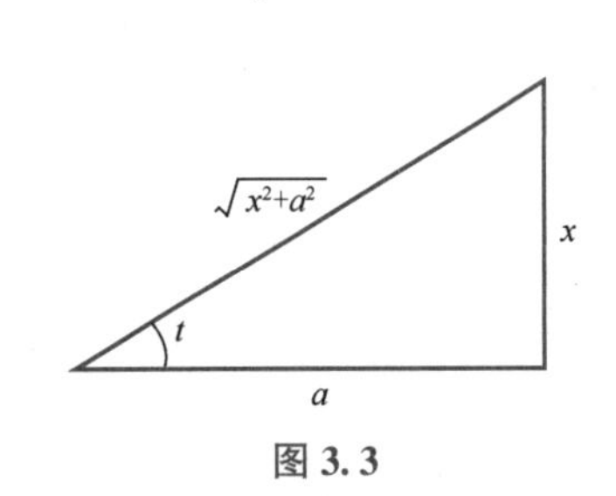

图 3.3

同步习题 3.2

1. 求下列不定积分.

(1) $\int \frac{1}{2^x}\mathrm{d}x$.　　(2) $\int \sin 5x\mathrm{d}x$.

(3) $\int \frac{e^x}{1+e^x}dx$.　　(4) $\int e^{1-2x}dx$.

(5) $\int \sin(1-5x)dx$.　　(6) $\int \frac{x}{2+x^2}dx$.

(7) $\int \frac{1}{x\ln x}dx$.　　(8) $\int (1-5x)^9dx$.

2. 求下列不定积分.

(1) $\int \sqrt{1-x^2}dx$.　　(2) $\int \frac{1}{\sqrt{x}}e^{3\sqrt{x}}dx$.

(3) $\int x\sqrt{1-x}dx$.　　(4) $\int \frac{1}{1+\sqrt{2x}}dx$.

(5) $\int \frac{1}{\sqrt{2-3x}}dx$.　　(6) $\int \frac{1}{1+\sqrt{1-x^2}}dx$.

(7) $\int \frac{\sqrt{1+x}}{1+\sqrt{1+x}}dx$.　　(8) $\int \frac{1}{x+\sqrt{1-x^2}}dx$.

提高题

选择适当的方法求下列不定积分.

(1) $\int \frac{1}{\sqrt{16-9x^2}}dx$.　　(2) $\int \frac{1}{x^2+2x-3}dx$.

(3) $\int \frac{1}{x^2+3x+2}dx$.　　(4) $\int \frac{\arctan x}{1+x^2}dx$.

(5) $\int \sin^2 x dx$.　　(6) $\int \cos^3 x dx$.

(7) $\int \frac{1}{x(1+2\ln x)}dx$.　　(8) $\int \frac{dx}{(a^2+x^2)^{\frac{3}{2}}}$.

3.3 不定积分的计算方法——分部积分法

3.3.1 分部积分法的基本原理

前面在复合函数求导法则的基础上得到了换元积分法，现在利用两个函数乘积的微分法则，来推导另一个求积分的基本方法——分部积分法.

设函数 $u(x)$, $v(x)$ 可微，则

$$d(uv) = udv + vdu,$$

移项，得

$$udv = d(uv) - vdu,$$

两边积分，得

$$\int u\mathrm{d}v=\int \mathrm{d}(uv)-\int v\mathrm{d}u,$$

即

$$\int uv'\mathrm{d}x=uv-\int vu'\mathrm{d}x \text{ 或} \int u\mathrm{d}v=uv-\int v\mathrm{d}u. \tag{3.2}$$

式(3.2) 称为分部积分公式.

3.3.2 分部积分法的具体应用

例 3.18 求$\int x\sin x\mathrm{d}x$.

解 $\int x\sin x\mathrm{d}x=\frac{1}{2}\int \sin x\mathrm{d}(x^2)$，令 $u=\sin x$，$v=x^2$，则有

$$\int x\sin x\mathrm{d}x=\frac{1}{2}\int \sin x\mathrm{d}x^2=\frac{1}{2}\left(x^2\sin x-\int x^2\mathrm{d}\sin x\right)=\frac{1}{2}\left(x^2\sin x-\int x^2\cos x\mathrm{d}x\right),$$

上式中$\int x^2\cos x\mathrm{d}x$ 比原积分$\int x\sin x\mathrm{d}x$ 更难计算，说明 u,v 选取不当，应重新选择.

$\int x\sin x\mathrm{d}x=-\int x\mathrm{d}\cos x$，令 $u=x$，$v=\cos x$，则有

$$\int x\sin x\mathrm{d}x=-\int x\mathrm{d}\cos x=-x\cos x+\int \cos x\mathrm{d}x=-x\cos x+\sin x+C.$$

例 3.19 求$\int x^2\mathrm{e}^x\mathrm{d}x$.

解 $\int x^2\mathrm{e}^x\mathrm{d}x=\int x^2\mathrm{d}\mathrm{e}^x=x^2\mathrm{e}^x-\int \mathrm{e}^x\mathrm{d}x^2=x^2\mathrm{e}^x-2\int x\mathrm{e}^x\mathrm{d}x=x^2\mathrm{e}^x-2\int x\mathrm{d}\mathrm{e}^x$

$$=x^2\mathrm{e}^x-2\left(x\mathrm{e}^x-\int \mathrm{e}^x\mathrm{d}x\right)=x^2\mathrm{e}^x-2(x\mathrm{e}^x-\mathrm{e}^x)+C=(x^2-2x+2)\mathrm{e}^x+C.$$

例 3.20 求$\int \mathrm{e}^x\sin x\mathrm{d}x$.

解 $\int \mathrm{e}^x\sin x\mathrm{d}x=\int \sin x\mathrm{d}\mathrm{e}^x=\mathrm{e}^x\sin x-\int \mathrm{e}^x\mathrm{d}\sin x$

$$=\mathrm{e}^x\sin x-\int \mathrm{e}^x\cos x\mathrm{d}x=\mathrm{e}^x\sin x-\int \cos x\mathrm{d}\mathrm{e}^x$$

$$=\mathrm{e}^x\sin x-\left(\mathrm{e}^x\cos x-\int \mathrm{e}^x\mathrm{d}\cos x\right)$$

$$=\mathrm{e}^x\sin x-\mathrm{e}^x\cos x-\int \mathrm{e}^x\sin x\mathrm{d}x,$$

把右端末项移到等号左边，化简并加任意常数 C，得

$$\int \mathrm{e}^x\sin x\mathrm{d}x=\frac{1}{2}\mathrm{e}^x(\sin x-\cos x)+C.$$

例 3.21 求$\int \ln x\mathrm{d}x$.

解 $\int \ln x\mathrm{d}x=x\ln x-\int x\mathrm{d}\ln x=x\ln x-\int x\cdot\frac{1}{x}\mathrm{d}x=x\ln x-\int \mathrm{d}x=x\ln x-x+C.$

例 3.22 求$\int \arccos x\mathrm{d}x$.

解 $\int \arccos x\mathrm{d}x = x\arccos x - \int x\mathrm{d}\arccos x = x\arccos x + \int \dfrac{x}{\sqrt{1-x^2}}\mathrm{d}x$

$$= x\arccos x - \frac{1}{2}\int \frac{1}{(1-x^2)^{\frac{1}{2}}}\mathrm{d}(1-x^2) = x\arccos x - \sqrt{1-x^2} + C.$$

同步习题 3.3

求下列不定积分.

(1) $\int xa^x\mathrm{d}x$.

(2) $\int \dfrac{x}{\mathrm{e}^x}\mathrm{d}x$.

(3) $\int x^2\sin 2x\mathrm{d}x$.

(4) $\int x\sin^2 2x\mathrm{d}x$.

(5) $\int x\cos x\mathrm{d}x$.

(6) $\int \ln(x^2+1)\mathrm{d}x$.

(7) $\int x\ln^2 x\mathrm{d}x$.

(8) $\int \mathrm{e}^{-x}\sin 2x\mathrm{d}x$.

(9) $\int x\cos 5x\mathrm{d}x$.

(10) $\int \cos\sqrt{x}\,\mathrm{d}x$.

(11) $\int \arcsin x\mathrm{d}x$.

(12) $\int \dfrac{\ln x}{x^2}\mathrm{d}x$.

(13) $\int \left(\ln\ln x + \dfrac{1}{\ln x}\right)\mathrm{d}x$.

(14) $\int x^3\ln x\mathrm{d}x$.

提高题

求下列不定积分.

(1) $\int (x^2-1)\sin 2x\mathrm{d}x$.

(2) $\int \dfrac{\ln^3 x}{x^2}\mathrm{d}x$.

(3) $\int \mathrm{e}^{\sqrt[3]{x}}\mathrm{d}x$.

(4) $\int x\sin x\cos x\mathrm{d}x$.

(5) $\int \ln^2 x\mathrm{d}x$.

(6) $\int x\ln(x-1)\mathrm{d}x$.

(7) $\int (\arcsin x)^2\mathrm{d}x$.

(8) $\int \sec^3 x\mathrm{d}x$.

(9) $\int \sin(\ln x)\mathrm{d}x$.

微课：同步习题 3.3 提高题(9)

3.4 定积分的基础知识

本节主要使用极限思想来研究积分学的第二个基本问题——定积分. 与导数一样，定积分的概念也是在分析和解决实际问题的过程中逐步发展起来的，下面以求曲边梯形的面积为例，引出定积分的概念，阐述定积分的几何意义，并在此基础上讨论定积分的基本性质.

3.4.1 曲边梯形的面积

设函数$f(x)$在$[a,b]$上非负、连续，由直线$x=a,x=b,y=0$及曲线$y=f(x)$所围成的图形(见图3.4)称为曲边梯形.

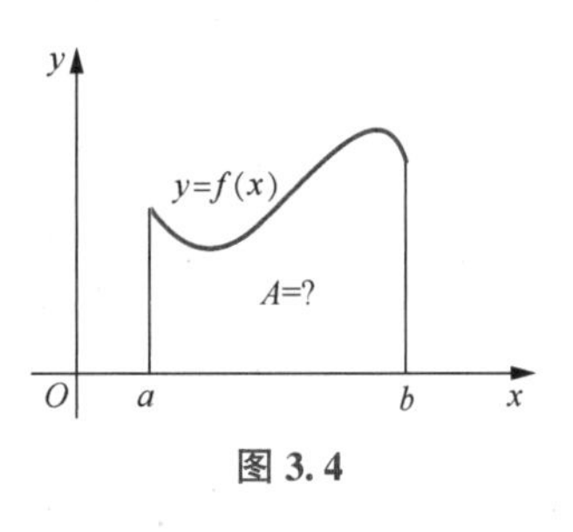

图 3.4

我们知道，若函数$f(x)$是常数函数，则曲边梯形即为矩形，其面积$A_{矩形}$的计算公式为$A_{矩形}$ = 底×高，现在的问题是在$[a,b]$上$y=f(x)$不是常数函数，即曲边梯形在底边上各点处的高度$f(x)$在$[a,b]$上是变化的，那么能否创造条件，用“不变代变”来解决这个问题呢？

由于曲边梯形的高$f(x)$在$[a,b]$上是连续变化的，在很小一段区间上它的变化很小，因此，如果把$[a,b]$划分为许多小区间，在每个小区间上用其中某一点处的高来近似代替同一个小区间上的窄曲边梯形的变高，那么，每个窄曲边梯形就可近似地看成窄矩形，我们就以所有这些窄矩形面积之和作为曲边梯形面积的近似值，并把$[a,b]$无限细分下去，使每个小区间的长度都趋于零，这时所有窄矩形面积之和的极限就可定义为曲边梯形的面积.

根据以上分析，具体做法如下.

(1) 分割：在$[a,b]$内任意插入$n-1$个分点

$$a=x_0<x_1<\cdots<x_{n-1}<x_n=b,$$

把$[a,b]$分成n个小区间

$$[x_0,x_1],[x_1,x_2],\cdots,[x_{i-1},x_i],\cdots,[x_{n-1},x_n],$$

各小区间的长度依次为$\Delta x_i=x_i-x_{i-1}(i=1,2,\cdots,n)$.

在每个小区间$[x_{i-1},x_i]$上任取一点ξ_i，则以$[x_{i-1},x_i]$为底、以$f(\xi_i)$为高的小矩形的面积为$A_i=f(\xi_i)\Delta x_i$，如图3.5所示.

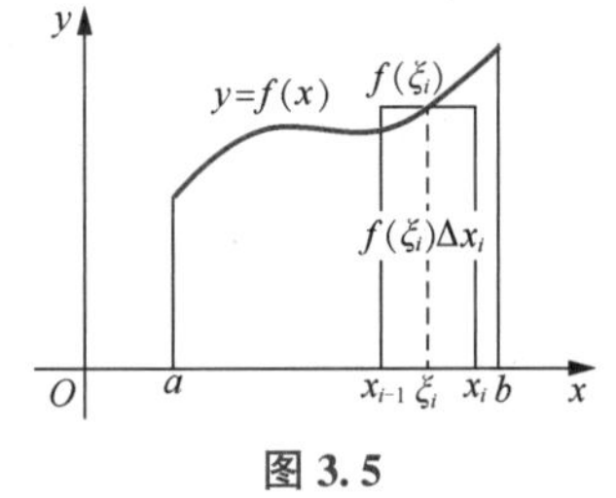

图 3.5

(2) 求和：曲边梯形面积的近似值为

$$A\approx\sum_{i=1}^{n}f(\xi_i)\Delta x_i.$$

(3) 取极限：当对$[a,b]$进行无限分割，小区间的最大长度$\lambda=\max\{\Delta x_1,\Delta x_2,\cdots,\Delta x_n\}$趋近于零时，得曲边梯形的面积为$A=\lim\limits_{\lambda\to 0}\sum\limits_{i=1}^{n}f(\xi_i)\Delta x_i$.

3.4.2 定积分的定义

从3.4.1小节可以看到：所要计算的量，即曲边梯形的面积A，采用化整为零、以不变代变、逐渐逼近的方式，归结为某一函数在某一区间上的特殊和式的极限.

抛开问题的具体意义，抓住它的本质与特性加以概括，我们可以抽象出下述定积分的定义.

定义 3.3 设函数 $f(x)$ 在 $[a,b]$ 上有界，在 $[a,b]$ 内任意插入 $n-1$ 个分点

$$a = x_0 < x_1 < \cdots < x_{i-1} < x_i < \cdots < x_{n-1} < x_n = b,$$

将区间 $[a,b]$ 分成 n 个小区间

$$[x_0,x_1],\cdots,[x_{i-1},x_i],\cdots,[x_{n-1},x_n],$$

记 $\Delta x_i = x_i - x_{i-1}(i=1,2,\cdots,n)$ 为第 i 个小区间的长度. 在第 i 个小区间 $[x_{i-1},x_i]$ 上任取一点 $\xi_i(i=1,2,\cdots,n)$，作乘积 $f(\xi_i)\Delta x_i$，并求和

$$\sum_{i=1}^{n} f(\xi_i)\Delta x_i,$$

记 $\lambda = \max\limits_{1 \leqslant i \leqslant n}\{\Delta x_i\}$，如果极限

$$\lim_{\lambda \to 0}\sum_{i=1}^{n} f(\xi_i)\Delta x_i$$

存在，并且极限值与 $[a,b]$ 的分法及点 ξ_i 的选取都无关，则称函数 $f(x)$ 在 $[a,b]$ 上可积，此极限称为函数 $f(x)$ 在 $[a,b]$ 上的定积分，记作 $\int_a^b f(x)\mathrm{d}x$，即

$$\int_a^b f(x)\mathrm{d}x = \lim_{\lambda \to 0}\sum_{i=1}^{n} f(\xi_i)\Delta x_i,$$

其中 $f(x)$ 称为被积函数，$f(x)\mathrm{d}x$ 称为被积表达式，x 称为积分变量，$[a,b]$ 称为积分区间，a 和 b 分别称为积分下限和积分上限，$\sum\limits_{i=1}^{n} f(\xi_i)\Delta x_i$ 称为积分和.

因为历史上是黎曼(Riemann)首先以一般形式给出这一定义，所以在上述意义下的定积分也叫黎曼积分. 如果 $f(x)$ 在 $[a,b]$ 上的定积分存在，我们就说 $f(x)$ 在 $[a,b]$ 上可积(黎曼可积).

根据定积分的定义，3.4.1 小节中曲边梯形的面积 A 可记作

$$A = \int_a^b f(x)\mathrm{d}x.$$

对于定积分，有这样一个重要问题：函数 $f(x)$ 在 $[a,b]$ 上满足怎样的条件时，$f(x)$ 在 $[a,b]$ 上一定可积？这个问题我们不做深入讨论，只给出以下两个充分条件.

定理 3.3 设 $f(x)$ 在 $[a,b]$ 上连续，则 $f(x)$ 在 $[a,b]$ 上可积.

定理 3.4 设 $f(x)$ 在 $[a,b]$ 上有界，且只有有限个间断点，则 $f(x)$ 在 $[a,b]$ 上可积.

注 (1) 定积分的值仅与被积函数 $f(x)$ 及积分区间 $[a,b]$ 有关，而与积分变量无关，即

$$\int_a^b f(x)\mathrm{d}x = \int_a^b f(t)\mathrm{d}t = \int_a^b f(u)\mathrm{d}u.$$

(2) 定义中区间 $[a,b]$ 的分法和 ξ_i 的选取是任意的.

(3) 规定 $\int_a^b f(x)\mathrm{d}x = -\int_b^a f(x)\mathrm{d}x, \int_a^a f(x)\mathrm{d}x = 0$.

(4) 定义中 $\lambda \to 0$ 不能用 $n \to \infty$ 代替，但在实际计算中，如果已知函数可积，可以采取某些特殊分割方式，如 n 等分，这时 $\lambda \to 0$ 与 $n \to \infty$ 等价.

最后，举一个用定义计算定积分的例子.

例 3.23 利用定义计算定积分$\int_0^1 x^2\mathrm{d}x$.

解 因为被积函数$f(x)=x^2$在$[0,1]$上连续，所以$f(x)$在$[0,1]$上可积，因而积分与区间$[0,1]$的分法及点ξ_i的选取无关. 因此，为了便于计算，把区间$[0,1]$分成n等份，分点为$x_i=\frac{i}{n}, i=1,2,\cdots,n-1$. 这样，每个小区间$[x_{i-1},x_i]$的长度$\Delta x_i=\frac{1}{n}, i=1,2,\cdots,n$. 取$\xi_i=x_i$(右端点)$,i=1,2,\cdots,n$. 于是，得和式

$$\sum_{i=1}^{n} f(\xi_i)\Delta x_i=\sum_{i=1}^{n}\xi_i^2\Delta x_i=\sum_{i=1}^{n}x_i^2\Delta x_i=\sum_{i=1}^{n}\left(\frac{i}{n}\right)^2\cdot\frac{1}{n}=\frac{1}{n^3}\sum_{i=1}^{n}i^2$$
$$=\frac{1}{n^3}\cdot\frac{1}{6}n(n+1)(2n+1)=\frac{1}{6}\left(1+\frac{1}{n}\right)\left(2+\frac{1}{n}\right).$$

当$\lambda\to 0$，即$n\to\infty$时，对上式取极限. 由定积分的定义，得

$$\int_0^1 x^2\mathrm{d}x=\lim_{\lambda\to 0}\sum_{i=1}^{n}\xi_i^2\Delta x_i=\lim_{n\to\infty}\frac{1}{6}\left(1+\frac{1}{n}\right)\left(2+\frac{1}{n}\right)=\frac{1}{3}.$$

3.4.3 定积分的几何意义

若$f(x)\geqslant 0$，由 3.4.1 小节知，$\int_a^b f(x)\mathrm{d}x$的几何意义是位于x轴上方的曲边梯形的面积；若$f(x)\leqslant 0$，则曲边梯形位于x轴下方，从而定积分$\int_a^b f(x)\mathrm{d}x$为曲边梯形的面积的相反数. $\int_a^b f(x)\mathrm{d}x$的几何意义：曲线$y=f(x)$与直线$x=a,x=b$及x轴所围成的图形的面积的代数和，x轴上方的图形面积赋以正号，x轴下方的图形面积赋以负号，如图 3.6 所示.

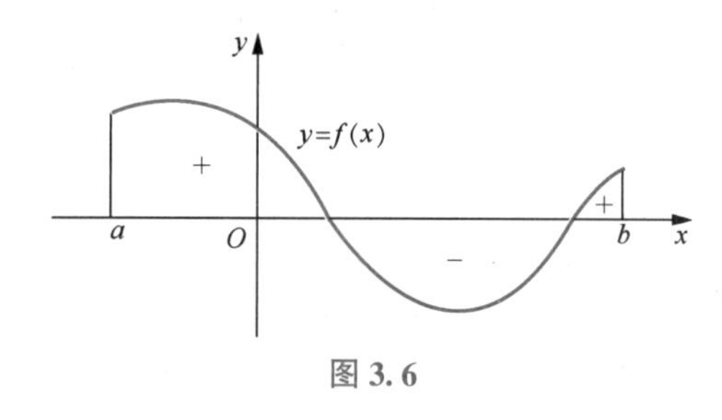

图 3.6

设$f(x)$在$[-a,a]$上连续，根据定积分的几何意义，下述两条性质是显然的.

(1) 如果$f(x)$是偶函数，则$\int_{-a}^{a}f(x)\mathrm{d}x=2\int_0^a f(x)\mathrm{d}x$.

(2) 如果$f(x)$是奇函数，则$\int_{-a}^{a}f(x)\mathrm{d}x=0$.

例 3.24 如图 3.7 所示，求曲线$y=x^2$与直线$y=x$所围成的图形的面积.

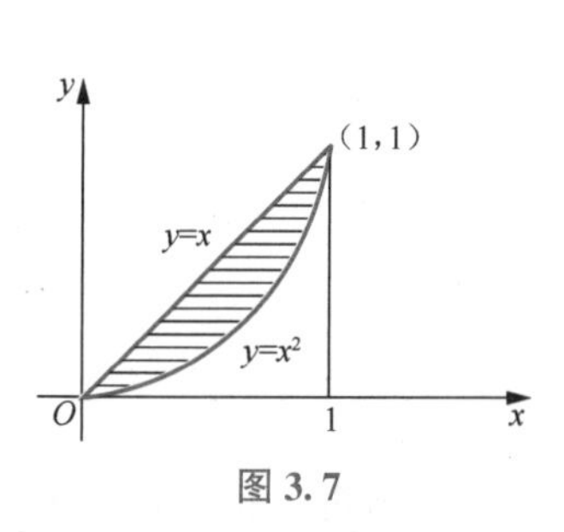

图 3.7

解 由例 3.23 可知$\int_0^1 x^2\mathrm{d}x=\frac{1}{3}$.

由于曲线 $y=x^2$ 与直线 $x=1$ 及 x 轴所围成的曲边梯形的面积等于 $\frac{1}{3}$，于是曲线 $y=x^2$ 与直线 $y=x$ 所围成的图形的面积等于 $\frac{1}{2}-\frac{1}{3}=\frac{1}{6}$.

3.4.4 定积分的基本性质

下面我们介绍定积分的性质，下列各性质中积分上、下限的大小，如不特别说明，均不加限制，并假定性质中所列出的定积分都是存在的.

性质 3.5 两个可积函数代数和的定积分等于它们各自定积分的代数和，即

$$\int_a^b [f(x)\pm g(x)]\mathrm{d}x=\int_a^b f(x)\mathrm{d}x\pm\int_a^b g(x)\mathrm{d}x.$$

证明
$$\begin{aligned}\int_a^b [f(x)\pm g(x)]\mathrm{d}x &=\lim_{\lambda\to 0}\sum_{i=1}^{n}[f(\xi_i)\pm g(\xi_i)]\Delta x_i\\ &=\lim_{\lambda\to 0}\left[\sum_{i=1}^{n}f(\xi_i)\Delta x_i\pm\sum_{i=1}^{n}g(\xi_i)\Delta x_i\right]\\ &=\lim_{\lambda\to 0}\sum_{i=1}^{n}f(\xi_i)\Delta x_i\pm\lim_{\lambda\to 0}\sum_{i=1}^{n}g(\xi_i)\Delta x_i\\ &=\int_a^b f(x)\mathrm{d}x\pm\int_a^b g(x)\mathrm{d}x.\end{aligned}$$

性质 3.5 表明函数代数和的积分等于各个函数积分的代数和. 这一性质可以推广至有限多个函数代数和的情形.

性质 3.6 若函数 $f(x)$ 在 $[a,b]$ 上可积，k 为常数，则 $kf(x)$ 在 $[a,b]$ 上也可积，且有

$$\int_a^b kf(x)\mathrm{d}x=k\int_a^b f(x)\mathrm{d}x\,(k\text{ 为常数}).$$

证明 由于 $\int_a^b f(x)\mathrm{d}x$ 存在，故有 $\lim\limits_{\lambda\to 0}\sum\limits_{i=1}^{n}f(\xi_i)\Delta x_i=\int_a^b f(x)\mathrm{d}x$.

于是

$$k\left[\int_a^b f(x)\mathrm{d}x\right]=k\left[\lim_{\lambda\to 0}\sum_{i=1}^{n}f(\xi_i)\Delta x_i\right]=\lim_{\lambda\to 0}\sum_{i=1}^{n}[kf(\xi_i)]\Delta x_i=\int_a^b kf(x)\mathrm{d}x.$$

性质 3.6 说明被积函数的常数因子可以提到积分号外面.

注 性质 3.5 和性质 3.6 称为线性性质.

性质 3.7 $\int_a^b \mathrm{d}x=b-a$.

证明 这里被积函数 $f(x)\equiv 1$，$f(\xi_i)=1$，所以

$$\int_a^b \mathrm{d}x=\lim_{\lambda\to 0}\sum_{i=1}^{n}\Delta x_i=\lim_{\lambda\to 0}(b-a)=b-a.$$

当 $a<b$ 时，$b-a$ 就是区间 $[a,b]$ 的长度；当 $a>b$ 时，$-(b-a)$ 是区间 $[b,a]$ 的长度.

性质 3.8 $\int_a^b f(x)\mathrm{d}x=\int_a^c f(x)\mathrm{d}x+\int_c^b f(x)\mathrm{d}x$，其中 c 可以在 $[a,b]$ 内，也可以在 $[a,b]$ 外.

证明 积分与区间 $[a,b]$ 的分法无关. 当 c 在 $[a,b]$ 内时，取 $c=x_k$ 作为一个分点，则

$$\int_a^b f(x)\,\mathrm{d}x = \lim_{\lambda\to 0}\sum_{i=1}^{n} f(\xi_i)\Delta x_i = \lim_{\lambda\to 0}\left[\sum_{i=1}^{k} f(\xi_i)\Delta x_i + \sum_{i=k+1}^{n} f(\xi_i)\Delta x_i\right]$$

$$= \lim_{\lambda\to 0}\sum_{i=1}^{k} f(\xi_i)\Delta x_i + \lim_{\lambda\to 0}\sum_{i=k+1}^{n} f(\xi_i)\Delta x_i = \int_a^c f(x)\,\mathrm{d}x + \int_c^b f(x)\,\mathrm{d}x.$$

当 c 在 $[a,b]$ 外时，比如 $a<b<c$，根据上述证明，有

$$\int_a^c f(x)\,\mathrm{d}x = \int_a^b f(x)\,\mathrm{d}x + \int_b^c f(x)\,\mathrm{d}x,$$

移项，得

$$\int_a^b f(x)\,\mathrm{d}x = \int_a^c f(x)\,\mathrm{d}x - \int_b^c f(x)\,\mathrm{d}x = \int_a^c f(x)\,\mathrm{d}x + \int_c^b f(x)\,\mathrm{d}x.$$

类似可证 $c<a<b$ 的情形.

性质 3.8 说明定积分关于积分区间具有可加性.

性质 3.9 如果在 $[a,b]$ 上，$f(x)\geqslant 0$，则 $\int_a^b f(x)\,\mathrm{d}x\geqslant 0\ (a<b)$.

证明 因为 $f(x)\geqslant 0, \Delta x_i\geqslant 0\ (i=1,2,\cdots,n)$，所以 $\sum_{i=1}^{n} f(\xi_i)\Delta x_i\geqslant 0$，从而

$$\int_a^b f(x)\,\mathrm{d}x = \lim_{\lambda\to 0}\sum_{i=1}^{n} f(\xi_i)\Delta x_i\geqslant 0.$$

推论 1 如果在 $[a,b]$ 上，$f(x)\leqslant g(x)$，则 $\int_a^b f(x)\,\mathrm{d}x\leqslant\int_a^b g(x)\,\mathrm{d}x\ (a<b)$.

证明 因为 $g(x)-f(x)\geqslant 0$，由性质 3.9，得

$$\int_a^b [g(x)-f(x)]\,\mathrm{d}x\geqslant 0,$$

再根据性质 3.5，有

$$\int_a^b [g(x)-f(x)]\,\mathrm{d}x = \int_a^b g(x)\,\mathrm{d}x - \int_a^b f(x)\,\mathrm{d}x,$$

所以

$$\int_a^b g(x)\,\mathrm{d}x - \int_a^b f(x)\,\mathrm{d}x\geqslant 0,$$

即

$$\int_a^b f(x)\,\mathrm{d}x\leqslant\int_a^b g(x)\,\mathrm{d}x.$$

推论 2 $\left|\int_a^b f(x)\,\mathrm{d}x\right|\leqslant\int_a^b |f(x)|\,\mathrm{d}x\ (a<b)$.

证明 因为 $-|f(x)|\leqslant f(x)\leqslant |f(x)|$，所以

$$-\int_a^b |f(x)|\,\mathrm{d}x\leqslant\int_a^b f(x)\,\mathrm{d}x\leqslant\int_a^b |f(x)|\,\mathrm{d}x,$$

即 $\left|\int_a^b f(x)\,\mathrm{d}x\right|\leqslant\int_a^b |f(x)|\,\mathrm{d}x$.

性质 3.10（估值定理） 设 M 和 m 分别是函数 $f(x)$ 在 $[a,b]$ 上的最大值与最小值，则

$$m(b-a)\leqslant\int_a^b f(x)\,\mathrm{d}x\leqslant M(b-a)\ (a<b).$$

证明 因为$m \leqslant f(x) \leqslant M$，根据性质3.9，有

$$\int_a^b m\mathrm{d}x \leqslant \int_a^b f(x)\mathrm{d}x \leqslant \int_a^b M\mathrm{d}x,$$

再根据性质3.6，得

$$m\int_a^b \mathrm{d}x \leqslant \int_a^b f(x)\mathrm{d}x \leqslant M\int_a^b \mathrm{d}x,$$

最后由性质3.7，得

$$m(b-a) \leqslant \int_a^b f(x)\mathrm{d}x \leqslant M(b-a).$$

估值定理的几何意义：以$y=f(x)\,(f(x)\geqslant 0)$为曲边的曲边梯形的面积介于以$m$和$M$为高的两个矩形的面积之间，如图3.8所示.

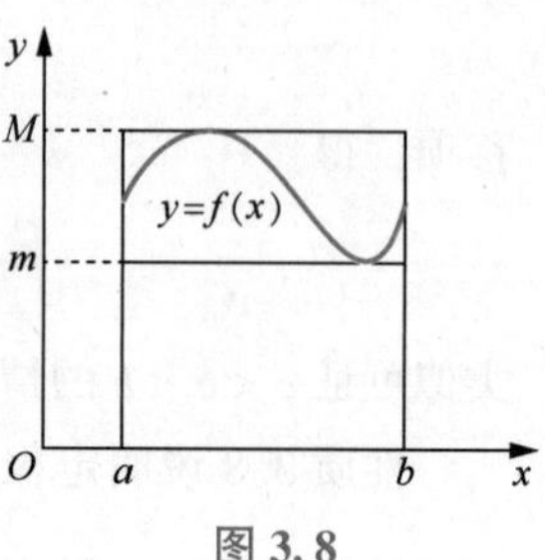
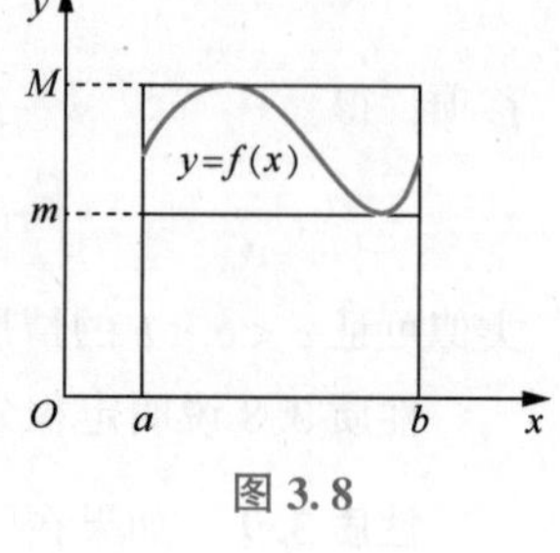

图3.8

性质3.11（定积分中值定理） 设函数$f(x)$在$[a,b]$上连续，则在$[a,b]$上至少存在一点ξ，使

$$\int_a^b f(x)\mathrm{d}x = f(\xi)(b-a)\ (a \leqslant \xi \leqslant b).$$

证明 因为$f(x)$在$[a,b]$上连续，所以存在最小值m和最大值M，根据性质3.10，有

$$m(b-a) \leqslant \int_a^b f(x)\mathrm{d}x \leqslant M(b-a),$$

各项同时除以$b-a$，得

$$m \leqslant \frac{1}{b-a}\int_a^b f(x)\mathrm{d}x \leqslant M.$$

微课：定积分中值定理

令$\mu = \frac{1}{b-a}\int_a^b f(x)\mathrm{d}x$，则$m \leqslant \mu \leqslant M$. 根据闭区间上连续函数的介值定理知，至少存在一点$\xi \in [a,b]$，使

$$f(\xi) = \mu = \frac{1}{b-a}\int_a^b f(x)\mathrm{d}x.$$

所以

$$\int_a^b f(x)\mathrm{d}x = f(\xi)(b-a).$$

定积分中值定理的几何解释：在$[a,b]$上至少存在一点ξ，使以$[a,b]$为底边、以曲线$y=f(x)\,(f(x)\geqslant 0)$为曲边的曲边梯形的面积等于同一底边而高为$f(\xi)$的矩形的面积（见图3.9）.

由积分中值公式，可得$f(\xi)=\frac{1}{b-a}\int_a^b f(x)\mathrm{d}x$，称为函数$f(x)$在$[a,b]$上的积分平均值，简称平均值. 例如按图3.9，可将$f(\xi)$看作图中曲边梯形的平均高度.

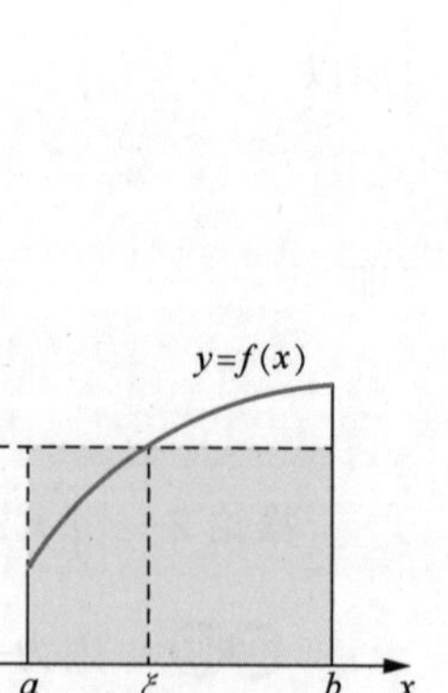

图3.9

例3.25 比较$\int_0^1 x\mathrm{d}x$与$\int_0^1 \ln(1+x)\mathrm{d}x$的大小.

解 由例2.54可知，当$0<x<1$时，有$\ln(1+x)<x$，所以

$$\int_0^1 \ln(1+x)\mathrm{d}x \leqslant \int_0^1 x\mathrm{d}x.$$

例 3.26 估计定积分$\int_{-1}^{2} e^{-x^2} dx$的值的范围.

解 先求出$f(x)=e^{-x^2}$在$[-1,2]$上的最大值与最小值.

$$f'(x)=-2xe^{-x^2},$$

令$f'(x)=0$，得驻点$x=0$. 由于

$$f(-1)=e^{-1}, f(0)=1, f(2)=e^{-4},$$

所以，最小值$m=f(2)=e^{-4}$，最大值$M=f(0)=1$.

由估值定理得

$$e^{-4}\cdot[2-(-1)]\leqslant\int_{-1}^{2} e^{-x^2} dx\leqslant 1\cdot[2-(-1)],$$

即$3e^{-4}\leqslant\int_{-1}^{2} e^{-x^2} dx\leqslant 3$.

同步习题 3.4

1. 利用定义计算下列定积分.

(1) $\int_{0}^{1} x dx$. (2) $\int_{0}^{1}(1+x^2) dx$.

2. 根据定积分的几何意义，写出下列定积分的值.

(1) $\int_{0}^{1} 2x dx$. (2) $\int_{0}^{a}\sqrt{a^2-x^2} dx (a>0)$.

(3) $\int_{a}^{b} 3 dx$. (4) $\int_{0}^{2\pi}\sin x dx$.

3. 设$a<b$，问：a,b取什么值时，积分$\int_{a}^{b}(x-x^2) dx$取最大值？

4. 比较下列定积分的大小.

(1) $\int_{0}^{1} x^2 dx$与$\int_{0}^{1} x^3 dx$. (2) $\int_{1}^{2} x^2 dx$与$\int_{1}^{2} x^3 dx$.

(3) $\int_{-2}^{-1} 3^{-x} dx$与$\int_{-2}^{-1} 3^{x} dx$.

提高题

1. 利用定积分的几何意义，证明下列等式.

(1) $\int_{-\pi}^{\pi}\sin x dx=0$. (2) $\int_{-\frac{\pi}{2}}^{\frac{\pi}{2}}\cos x dx=2\int_{0}^{\frac{\pi}{2}}\cos x dx$.

2. 利用定积分的几何意义，求下列定积分.

(1) $\int_{0}^{1} x dx$. (2) $\int_{-2}^{4}\left(\frac{x}{2}+3\right) dx$.

(3) $\int_{-1}^{2}|x|\mathrm{d}x$.　　(4) $\int_{-3}^{3}\sqrt{9-x^2}\,\mathrm{d}x$.

3. 设 $\int_{-1}^{1}3f(x)\mathrm{d}x=18$, $\int_{-1}^{3}f(x)\mathrm{d}x=4$, $\int_{-1}^{3}g(x)\mathrm{d}x=3$. 求下列定积分.

(1) $\int_{-1}^{1}f(x)\mathrm{d}x$.　　(2) $\int_{1}^{3}f(x)\mathrm{d}x$.

(3) $\int_{3}^{-1}g(x)\mathrm{d}x$.　　(4) $\int_{-1}^{3}\frac{1}{5}[4f(x)+3g(x)]\mathrm{d}x$.

4. 估计下列定积分的值.

(1) $\int_{1}^{2}x^{\frac{4}{3}}\mathrm{d}x$.　　(2) $\int_{-2}^{0}x\mathrm{e}^{x}\mathrm{d}x$.

(3) $\int_{\frac{\pi}{4}}^{\frac{3\pi}{4}}(1+\sin^2x)\mathrm{d}x$.　　(4) $\int_{2}^{0}\mathrm{e}^{x^2-x}\mathrm{d}x$.

微课：同步习题 3.4 提高题 6

5. 设 $I_1=\int_{0}^{\frac{\pi}{4}}x\mathrm{d}x$, $I_2=\int_{0}^{\frac{\pi}{4}}\sqrt{x}\,\mathrm{d}x$, $I_3=\int_{0}^{\frac{\pi}{4}}\sin x\mathrm{d}x$，比较 I_1,I_2,I_3 的大小.

6. 把极限 $\lim\limits_{n\to\infty}\ln\sqrt[n]{\left(1+\frac{1}{n}\right)^2\left(1+\frac{2}{n}\right)^2\cdots\left(1+\frac{n}{n}\right)^2}$ 用定积分表示出来.

3.5 定积分的计算

前面我们讲了定积分的定义及性质，以及利用定义计算很简单的定积分. 对于比较复杂的定积分，由于积分和很难用简单形式表示出来，因此只利用定义计算定积分，实际上是行不通的. 本节将从另一个途径来导出计算定积分的一般方法.

3.5.1 变上限定积分

设函数 $f(x)$ 在 $[a,b]$ 上连续，x 为 $[a,b]$ 上任一点，考虑定积分 $\int_a^x f(x)\mathrm{d}x$，其中变量 x 有两方面的含义：一方面表示定积分的上限；另一方面表示积分变量. 为明确起见，将积分变量换成 t，于是上面的定积分可写成 $\int_a^x f(t)\mathrm{d}t$. 让 x 在 $[a,b]$ 上任意变动，对于 x 的每一个值，定积分有唯一确定的值与之对应，这样在该区间上就定义了一个函数，记作 $\Phi(x)$，称 $\Phi(x)=\int_a^x f(t)\mathrm{d}t\,(a\leqslant x\leqslant b)$ 为积分上限函数.

函数 $\Phi(x)$ 具有下面定理 3.5 所指出的重要性质.

定理 3.5 如果函数 $f(x)$ 在 $[a,b]$ 上连续，那么积分上限函数 $\Phi(x)=\int_a^x f(t)\mathrm{d}t$ 在 $[a,b]$ 上可导，且

$$\Phi'(x)=\frac{\mathrm{d}}{\mathrm{d}x}\int_a^x f(t)\mathrm{d}t=f(x)\quad(a\leqslant x\leqslant b),$$

即 $\Phi(x)=\int_a^x f(t)\mathrm{d}t$ 是 $f(x)$ 的一个原函数.

证明 若 $x\in[a,b]$，设 x 有增量 Δx，使 $x+\Delta x\in[a,b]$，则

$$\Phi(x+\Delta x)=\int_a^{x+\Delta x}f(t)\,\mathrm{d}t.$$

微课：定理 3.5 的证明

由此得函数的增量

$$\begin{aligned}\Delta\Phi=\Phi(x+\Delta x)-\Phi(x)&=\int_a^{x+\Delta x}f(t)\,\mathrm{d}t-\int_a^{x}f(t)\,\mathrm{d}t\\&=\int_a^{x}f(t)\,\mathrm{d}t+\int_x^{x+\Delta x}f(t)\,\mathrm{d}t-\int_a^{x}f(t)\,\mathrm{d}t=\int_x^{x+\Delta x}f(t)\,\mathrm{d}t,\end{aligned}$$

再应用定积分中值定理，得 $\Delta\Phi=f(\xi)\Delta x$，其中 ξ 介于 x 与 $x+\Delta x$ 之间，如图 3.10 所示．等式两端各除以 Δx，得函数增量与自变量增量的比值 $\dfrac{\Delta\Phi}{\Delta x}=f(\xi)$.

图 3.10

由于 $f(x)$ 在 $[a,b]$ 上连续，而 $\Delta x\to 0$ 时，$\xi\to x$，因此 $\lim\limits_{\Delta x\to 0}f(\xi)=f(x)$．于是，$\lim\limits_{\Delta x\to 0}\dfrac{\Delta\Phi}{\Delta x}=f(x)$．这就是说，函数 $\Phi(x)$ 的导数存在，并且 $\Phi'(x)=f(x)$.

若 $x=a$，取 $\Delta x>0$，则同理可证 $\Phi'_+(a)=f(a)$；若 $x=b$，取 $\Delta x<0$，则同理可证 $\Phi'_-(b)=f(b)$.

定理 3.5 指出了一个重要结论：由原函数的定义，可知 $\Phi(x)$ 是连续函数 $f(x)$ 的一个原函数，也就是说连续函数必有原函数.

例 3.27 求 $\dfrac{\mathrm{d}}{\mathrm{d}x}\displaystyle\int_x^{x^2}\cos^2 t\,\mathrm{d}t$.

解

$$\begin{aligned}\frac{\mathrm{d}}{\mathrm{d}x}\int_x^{x^2}\cos^2 t\,\mathrm{d}t&=\frac{\mathrm{d}}{\mathrm{d}x}\left(\int_x^{0}\cos^2 t\,\mathrm{d}t+\int_0^{x^2}\cos^2 t\,\mathrm{d}t\right)\\&=\frac{\mathrm{d}}{\mathrm{d}x}\left(\int_0^{x^2}\cos^2 t\,\mathrm{d}t-\int_0^{x}\cos^2 t\,\mathrm{d}t\right)=2x\cos^2 x^2-\cos^2 x.\end{aligned}$$

例 3.28 求 $\lim\limits_{x\to 0}\dfrac{\int_0^x \sin 2t\,\mathrm{d}t}{x^2}$.

解 这是"$\dfrac{0}{0}$"型未定式，用洛必达法则，可得 $\lim\limits_{x\to 0}\dfrac{\int_0^x \sin 2t\,\mathrm{d}t}{x^2}=\lim\limits_{x\to 0}\dfrac{\sin 2x}{2x}=1$.

3.5.2 微积分基本定理

定理 3.5 一方面肯定了连续函数必有原函数；另一方面指出了定积分与原函数之间的关系．由此，我们很容易得到定理 3.6.

定理 3.6（微积分基本定理） 设函数 $f(x)$ 在 $[a,b]$ 上连续，$F(x)$ 是 $f(x)$ 的一个原函数，则

$$\int_a^b f(x)\,\mathrm{d}x=F(b)-F(a). \tag{3.3}$$

证明 因为$f(x)$在$[a,b]$上连续，由定理3.5可知，$\int_a^x f(t)\mathrm{d}t$是$f(x)$的一个原函数. 因此，$f(x)$的任意一个原函数$F(x)$都可以写成下面的形式：

微课：定理3.6的证明

$$F(x)=\int_a^x f(t)\mathrm{d}t+C \quad (C\text{为某一常数}).$$

故

$$F(b)-F(a)=\left[\int_a^b f(t)\mathrm{d}t+C\right]-\left[\int_a^a f(t)\mathrm{d}t+C\right]=\int_a^b f(t)\mathrm{d}t,$$

即$\int_a^b f(x)\mathrm{d}x=F(b)-F(a)$.

式(3.3)称为牛顿－莱布尼茨公式，也叫作微积分基本公式. 当$f(x)$的原函数为$F(x)$时，上限的原函数值减去下限的原函数值就是定积分值，定积分的计算转化为原函数的计算，十分快捷方便. 通常，将$F(b)-F(a)$简记为$F(x)\Big|_a^b$，即

$$\int_a^b f(x)\mathrm{d}x=F(x)\Big|_a^b=F(b)-F(a).$$

例3.29 求$\int_0^1 x^2\mathrm{d}x$.

解 由于$\frac{x^3}{3}$是x^2的一个原函数，所以由牛顿－莱布尼茨公式，有

$$\int_0^1 x^2\mathrm{d}x=\frac{x^3}{3}\Big|_0^1=\frac{1}{3}-0=\frac{1}{3}.$$

注 将本例与例3.23相比较，可知利用牛顿–莱布尼茨公式计算定积分更加简便.

例3.30 求$\int_{-1}^{\sqrt{3}}\frac{\mathrm{d}x}{1+x^2}$.

解 由于$\arctan x$是$\frac{1}{1+x^2}$的一个原函数，所以

$$\int_{-1}^{\sqrt{3}}\frac{\mathrm{d}x}{1+x^2}=\arctan x\Big|_{-1}^{\sqrt{3}}=\arctan\sqrt{3}-\arctan(-1)=\frac{\pi}{3}-\left(-\frac{\pi}{4}\right)=\frac{7}{12}\pi.$$

例3.31 计算正弦曲线$y=\sin x$在$[0,\pi]$上与x轴所围成的平面图形(见图3.11)的面积.

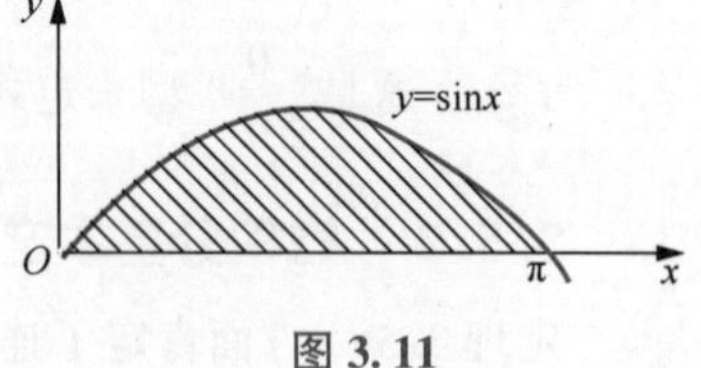

图3.11

解 所围成的平面图形是曲边梯形的一个特例，它的面积$A=\int_0^\pi \sin x\mathrm{d}x$. 由于$-\cos x$是$\sin x$的一个原函数，所以

$$A=\int_0^\pi \sin x\mathrm{d}x=(-\cos x)\Big|_0^\pi=-\cos\pi+\cos 0=1+1=2.$$

由以上例题可知，计算定积分$\int_a^b f(x)\mathrm{d}x$的简便方法是把它转化为求$f(x)$的原函数的增量. 由前面所学知识，我们知道用换元积分法和分部积分法可以求出一些函数的原函数. 因此，在一定条件下，可以用换元积分法和分部积分法来计算定积分. 下面介绍定积分的这两种计算方法.

3.5.3 换元公式

为了说明如何用换元法来计算定积分，先证明下面的定理.

定理 3.7 假设函数 $f(x)$ 在 $[a,b]$ 上连续，函数 $x=\varphi(t)$ 满足条件：

(1) $\varphi(\alpha)=a,\varphi(\beta)=b$；

(2) $\varphi(t)$ 在 $[\alpha,\beta]$（或 $[\beta,\alpha]$）上具有连续导数且 $\varphi'(t)\neq 0$，其值域 $R_\varphi=[a,b]$，

则有
$$\int_a^b f(x)\mathrm{d}x=\int_\alpha^\beta f[\varphi(t)]\varphi'(t)\mathrm{d}t.$$
该公式叫作定积分的换元公式.

证明 设 $F(x)$ 是 $f(x)$ 的原函数，由牛顿 - 莱布尼茨公式，有
$$\int_a^b f(x)\mathrm{d}x=F(b)-F(a).$$
又 $\{F[\varphi(t)]\}'=F'[\varphi(t)]\varphi'(t)=f[\varphi(t)]\varphi'(t)$，所以 $F[\varphi(t)]$ 是 $f[\varphi(t)]\varphi'(t)$ 的原函数. 从而有
$$\int_\alpha^\beta f[\varphi(t)]\varphi'(t)\mathrm{d}t=F[\varphi(\beta)]-F[\varphi(\alpha)]=F(b)-F(a),$$
所以 $\int_a^b f(x)\mathrm{d}x=\int_\alpha^\beta f[\varphi(t)]\varphi'(t)\mathrm{d}t$.

应用定积分换元法计算定积分时，定积分的上、下限要随着积分变量的替换做相应改变，这样就可以直接计算新的定积分，而不必换回原来的积分变量. 这就是定积分换元法与不定积分换元法的不同之处.

例 3.32 计算 $\int_0^a\sqrt{a^2-x^2}\mathrm{d}x\quad(a>0)$.

解 设 $x=a\sin t$，则 $\mathrm{d}x=a\cos t\mathrm{d}t$. 当 $x=0$ 时，$t=0$；当 $x=a$ 时，$t=\dfrac{\pi}{2}$.

于是
$$\int_0^a\sqrt{a^2-x^2}\mathrm{d}x=a^2\int_0^{\frac{\pi}{2}}\cos^2t\mathrm{d}t=\frac{a^2}{2}\int_0^{\frac{\pi}{2}}(1+\cos 2t)\mathrm{d}t=\frac{a^2}{2}\left(t+\frac{1}{2}\sin 2t\right)\Bigg|_0^{\frac{\pi}{2}}=\frac{\pi a^2}{4}.$$
换元公式也可反过来使用. 为使用方便起见，把换元公式中左右两边对调位置，同时把 t 改记为 x，把 x 改记为 t，得
$$\int_a^b f[\varphi(x)]\varphi'(x)\mathrm{d}x=\int_\alpha^\beta f(t)\mathrm{d}t.$$
这样，我们可用 $t=\varphi(x)$ 来引入新变量 t，而 $\alpha=\varphi(a),\beta=\varphi(b)$.

例 3.33 求 $\int_0^{\frac{\pi}{2}}\cos^5x\sin x\mathrm{d}x$.

解 设 $t=\cos x$，则 $\mathrm{d}t=-\sin x\mathrm{d}x$，且当 $x=0$ 时，$t=1$；当 $x=\dfrac{\pi}{2}$ 时，$t=0$.

于是
$$\int_0^{\frac{\pi}{2}}\cos^5x\sin x\mathrm{d}x=-\int_1^0t^5\mathrm{d}t=\int_0^1t^5\mathrm{d}t=\frac{t^6}{6}\Bigg|_0^1=\frac{1}{6}.$$
在例 3.33 中，如果我们不明显地写出新变量 t，那么定积分的上、下限就不要变更，即
$$\int_0^{\frac{\pi}{2}}\cos^5x\sin x\mathrm{d}x=-\int_0^{\frac{\pi}{2}}\cos^5x\mathrm{d}(\cos x)=-\frac{\cos^6x}{6}\Bigg|_0^{\frac{\pi}{2}}=-\left(0-\frac{1}{6}\right)=\frac{1}{6}.$$

3.5.4 分部积分公式

由不定积分的分部积分公式

$$\int u(x)v'(x)\mathrm{d}x = u(x)v(x) - \int v(x)u'(x)\mathrm{d}x$$

可得

$$\int_a^b u(x)v'(x)\mathrm{d}x = [u(x)v(x)]\Big|_a^b - \int_a^b v(x)u'(x)\mathrm{d}x,$$

简记作

$$\int_a^b uv'\mathrm{d}x = (uv)\Big|_a^b - \int_a^b vu'\mathrm{d}x,$$

或

$$\int_a^b u\mathrm{d}v = (uv)\Big|_a^b - \int_a^b v\mathrm{d}u. \tag{3.4}$$

式(3.4)叫作定积分的分部积分公式.

例 3.34 求$\int_0^1 x\mathrm{e}^x\mathrm{d}x$.

解 $\int_0^1 x\mathrm{e}^x\mathrm{d}x = (x\mathrm{e}^x)\Big|_0^1 - \int_0^1 \mathrm{e}^x\mathrm{d}x = \mathrm{e} - \mathrm{e}^x\Big|_0^1 = 1.$

例 3.35 求$\int_0^{\frac{\pi}{2}} x^2\sin x\mathrm{d}x$.

解 $\int_0^{\frac{\pi}{2}} x^2\sin x\mathrm{d}x = -\int_0^{\frac{\pi}{2}} x^2\mathrm{d}\cos x = -(x^2\cos x)\Big|_0^{\frac{\pi}{2}} + \int_0^{\frac{\pi}{2}} 2x\cos x\mathrm{d}x$

$$= 2\int_0^{\frac{\pi}{2}} x\mathrm{d}\sin x = 2\left[(x\sin x)\Big|_0^{\frac{\pi}{2}} - \int_0^{\frac{\pi}{2}}\sin x\mathrm{d}x\right] = 2\left(\frac{\pi}{2} + \cos x\Big|_0^{\frac{\pi}{2}}\right) = \pi - 2.$$

同步习题 3.5

1. 求下列定积分.

(1) $\int_4^{16}\sqrt{x}\mathrm{d}x$.

(2) $\int_2^3\left(\frac{1}{x^2}+\frac{1}{x^4}\right)\mathrm{d}x$.

(3) $\int_1^{\mathrm{e}}\frac{1}{x}\mathrm{d}x$.

(4) $\int_1^{\mathrm{e}} x\ln x\mathrm{d}x$.

(5) $\int_0^{\frac{\pi}{2}}(1+\sin x)\mathrm{d}x$.

(6) $\int_0^1\frac{1-x^2}{1+x^2}\mathrm{d}x$.

(7) $\int_1^4\frac{\mathrm{d}x}{1+\sqrt{x}}$.

(8) $\int_{-1}^1\frac{x\mathrm{d}x}{\sqrt{5-4x}}$.

(9) $\int_0^4\frac{x+2}{\sqrt{2x+1}}\mathrm{d}x$.

(10) $\int_{\frac{3}{4}}^1\frac{\mathrm{d}x}{\sqrt{1-x}-1}$.

(11) $\int_0^2 \frac{\mathrm{d}x}{\sqrt{1+x}+\sqrt{(1+x)^3}}$.

(12) $\int_0^{\sqrt{2}} \sqrt{2-x^2}\,\mathrm{d}x$.

(13) $\int_0^1 x\mathrm{e}^{-x}\mathrm{d}x$.

(14) $\int_0^{\frac{\pi}{2}} x^2\cos x\,\mathrm{d}x$.

(15) $\int_0^{\sqrt{3}} x\arctan x\,\mathrm{d}x$.

(16) $\int_1^{\mathrm{e}} x^2\ln x\,\mathrm{d}x$.

(17) $\int_0^{\frac{\pi}{2}} \mathrm{e}^{2x}\cos x\,\mathrm{d}x$.

(18) $\int_0^1 \sqrt{(1-x^2)^3}\,\mathrm{d}x$.

(19) $\int_0^1 \sqrt{4-x^2}\,\mathrm{d}x$.

(20) $\int_{-2}^{-1} \frac{\sqrt{(x^2-1)^3}}{x}\mathrm{d}x$.

(21) $\int_0^{\ln 2} \sqrt{\mathrm{e}^x-1}\,\mathrm{d}x$.

(22) $\int_0^{\pi} \mathrm{e}^{-x}\sin 2x\,\mathrm{d}x$.

(23) $\int_1^4 \frac{\ln x}{\sqrt{x}}\mathrm{d}x$.

(24) $\int_{\frac{\pi}{4}}^{\frac{\pi}{3}} \frac{x\mathrm{d}x}{\sin^2 x}$.

(25) $\int_{\frac{1}{\mathrm{e}}}^{\mathrm{e}} |\ln x|\,\mathrm{d}x$.

(26) $\int_0^2 \ln(x+\sqrt{1+x^2})\,\mathrm{d}x$.

微课：同步习题 3.5 基础题 1(25)

2. 求由下列曲线及直线所围成的区域的面积.

(1) $y=x^2+3x+5, x=1, x=3$, x 轴.

(2) $y=x^2, y=x^3$.

3. 设 $f(x)$ 在 $[0,1]$ 上连续，证明：$\int_0^{\frac{\pi}{2}} f(\sin x)\,\mathrm{d}x=\int_0^{\frac{\pi}{2}} f(\cos x)\,\mathrm{d}x$.

4. 设 $f(x)$ 连续，证明：$\int_0^a xf(x^2)\,\mathrm{d}x=\frac{1}{2}\int_0^{a^2} f(x)\,\mathrm{d}x$.

5. 设 n 为自然数，求 $I_n=\int_0^{\frac{\pi}{2}} \sin^n x\,\mathrm{d}x$.

6. 证明：$\int_0^{\pi} xf(\sin x)\,\mathrm{d}x=\frac{\pi}{2}\int_0^{\pi} f(\sin x)\,\mathrm{d}x$.

7. 求下列极限.

(1) $\lim\limits_{x\to 0}\frac{\int_0^x \cos t^2\,\mathrm{d}t}{x}$.

(2) $\lim\limits_{x\to 0}\frac{\left(\int_0^x \mathrm{e}^{t^2}\mathrm{d}t\right)^2}{\int_0^x t\mathrm{e}^{2t^2}\mathrm{d}t}$.

8. 设 $f(x)=\begin{cases} x+1, & 0\leqslant x\leqslant 1, \\ 2\mathrm{e}^x, & -1\leqslant x<0, \end{cases}$ 求 $\int_{-1}^1 f(x)\,\mathrm{d}x$.

9. 设 $f(x)$ 在 $[a,b]$ 上连续，证明：$\int_a^b f(x)\,\mathrm{d}x=\int_a^b f(a+b-x)\,\mathrm{d}x$.

10. 设 $f(x)$ 是以 T 为周期的连续函数，证明：$\int_a^{a+T} f(x)\,\mathrm{d}x$ 与 a 无关.

提高题

1. 求下列定积分.

(1) $\int_0^6 \sqrt{36-x^2}\,dx$.　　(2) $\int_2^3 \frac{1}{2x^2+3x-2}dx$.

(3) $\int_1^2 \frac{1}{x^2}e^{-\frac{1}{x}}dx$.　　(4) $\int_0^{2\sqrt{3}} \frac{1}{4+x^2}dx$.

2. 证明：若在$(0,+\infty)$上f为连续函数，且对任何$a>0$有

$$\int_x^{ax} f(t)\,dt \equiv 常数, x\in(0,+\infty),$$

则$f(x)=\frac{c}{x}, x\in(0,+\infty)$，$c$为常数.

3. 设$f(\sin^2 x)=\frac{x}{\sin^2 x}$，求$\int \frac{\sqrt{x}}{\sqrt{1-x}}f(x)\,dx$.

微课：同步习题 3.5 提高题 3

3.6 定积分的应用

应用一元函数的定积分可解决求平均值、求平面图形的面积等类型的问题.

3.6.1 用定积分求平均值

在实际问题中，常常需要计算某一组数的平均值. 例如，用游标卡尺测量小球的直径，共测n次，测得的数值为$D_1,D_2,\cdots,D_n$，我们取算术平均值

$$\bar{D}=\frac{D_1+D_2+\cdots+D_n}{n}$$

来描述直径的大小.

有时，不仅要求出n个数值的平均值，还常常需要求出某个函数$y=f(x)$在某一区间内连续变化时的平均值，如平均速度、平均压强、平均功率等. 怎样求连续函数$y=f(x)$在$[a,b]$上的平均值$\bar{y}$呢?

我们把$[a,b]$ n等分，分点是

$$a=x_0<x_1<x_2<\cdots<x_n=b,$$

每一个分点x_i对应的函数值是$y_i=f(x_i)\ (i=1,2,\cdots,n)$，分点$x_i$与$x_{i-1}$间的距离是$\Delta x_i=\frac{b-a}{n}$，我们可以取$y_i$的算术平均值

$$\frac{y_1+y_2+\cdots+y_n}{n}=\frac{1}{b-a}(y_1+y_2+\cdots+y_n)\Delta x_i=\frac{1}{b-a}\sum_{i=1}^{n}f(x_i)\Delta x_i$$

作为$\bar{y}$的近似值，随着分点增密，近似程度也越好. 当$\Delta x_i\to 0$时，上述平均值就逼近$\bar{y}$，即

$$\bar{y}=\lim_{n\to\infty}\frac{1}{b-a}(y_1+y_2+\cdots+y_n)\Delta x_i$$

$$=\frac{1}{b-a}\lim_{n\to\infty}\sum_{i=1}^{n}f(x_i)\Delta x_i=\frac{1}{b-a}\int_a^b f(x)\,\mathrm{d}x.$$

这正是积分平均值.

3.6.2 用定积分求平面图形的面积

(1) 直角坐标系中平面图形的面积.

我们考虑由连续曲线 $y=f(x)$ 和直线 $x=a,x=b,y=0$(即 x 轴) 所围区域的面积. 当 $f(x)>0$ 时，面积为 $\int_a^b f(x)\,\mathrm{d}x$；当 $f(x)<0$ 时，面积为 $\int_a^b [-f(x)]\,\mathrm{d}x$. 而当 $f(x)$ 在 $[a,b]$ 上变号时，如图 3.12 所示，所要求的面积应为

$$S=\int_a^b |f(x)|\,\mathrm{d}x.$$

我们把被积表达式 $f(x)\,\mathrm{d}x$ 叫作面积微元，它代表底为 $\mathrm{d}x$ 而高为 $f(x)$ 的一个微小的矩形条的面积. 积分 $\int_a^b f(x)\,\mathrm{d}x$ 实际上是这样的小矩形条面积之和的极限值.

进一步，如果函数 $f(x)$ 和 $g(x)$ 在 $[a,b]$ 上连续，并且满足条件

$$f(x)\geqslant g(x),\ \forall x\in[a,b],$$

即得到夹在连续曲线 $y=f(x)$ 和 $y=g(x)$ 之间，左右分别由直线 $x=a,x=b$ 界定的那部分区域的面积(见图 3.13)，为

$$S=\int_a^b [f(x)-g(x)]\,\mathrm{d}x.$$

这里的面积微元为 $[f(x)-g(x)]\,\mathrm{d}x$.

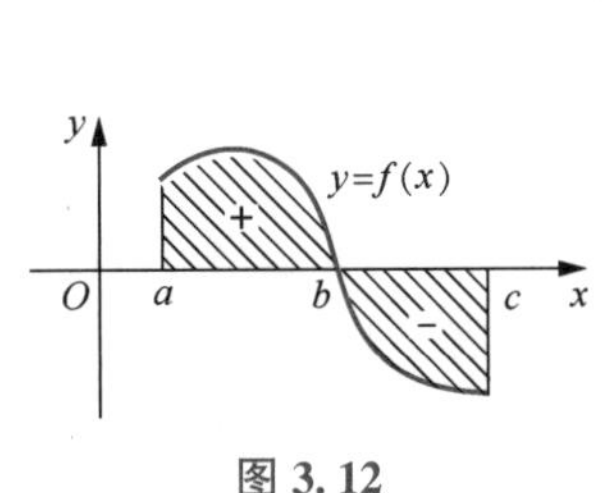

图 3.12

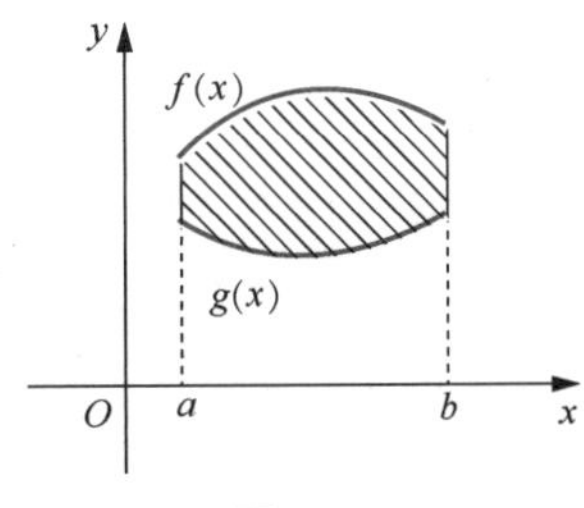

图 3.13

更一般的图形常常可以划分成几部分，每一部分属于以上所述的情形之一. 这时我们可以先分别求得各部分的面积，然后将结果相加以得到总面积.

例 3.36 求由直线 $y=-x+4,x=0,y=0$ 所围成的图形的面积.

解 因为当 $x\in[0,4]$ 时，$y=-x+4\geqslant 0$，所以所围成的图形的面积为

$$S=\int_0^4(-x+4)\,\mathrm{d}x=\left(-\frac{1}{2}x^2+4x\right)\Big|_0^4=8.$$

例 3.37 计算由曲线 $y=x^2$ 和 $x=y^2$ 所围成的图形的面积.

解 如图 3.14 所示，由方程组 $\begin{cases} y=x^2, \\ x=y^2 \end{cases}$ 解得两条抛物线的交点为(0,0) 与(1,1). 这里上边界为 $y=\sqrt{x}$，下边界为 $y=x^2, 0\leqslant x\leqslant 1$. 故所围图形的面积为

$$S=\int_0^1(\sqrt{x}-x^2)\,\mathrm{d}x=\left(\frac{2}{3}x^{\frac{3}{2}}-\frac{1}{3}x^3\right)\bigg|_0^1=\frac{1}{3}.$$

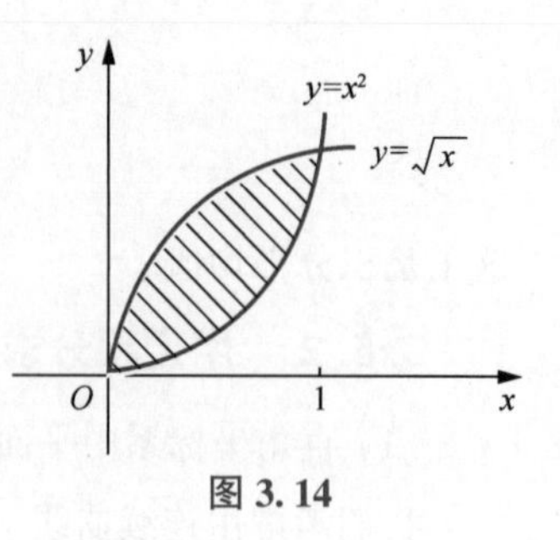

图 3.14

有时将图形的边界用参数方程表示，计算其面积也很方便. 这相当于用换元法计算定积分.

例 3.38 求椭圆 $\frac{x^2}{a^2}+\frac{y^2}{b^2}=1$ 的面积.

解 如图 3.15 所示，由对称性知，椭圆的面积 S 等于其在第一象限的面积 S_1 的 4 倍，即

$$S=4S_1=4\int_0^a y\,\mathrm{d}x.$$

微课：例 3.38

椭圆的参数方程为

$$\begin{cases} x=a\cos t, \\ y=b\sin t, \end{cases}$$

由于 $x=a\cos t$，所以 $\mathrm{d}x=-a\sin t\mathrm{d}t$，且当 $x=0$ 时，$t=\frac{\pi}{2}$，当 $x=a$ 时，$t=0$. 因此，

$$S=4\int_0^a y\,\mathrm{d}x=4\int_{\frac{\pi}{2}}^0 b\sin t\cdot(-a\sin t)\,\mathrm{d}t=4ab\int_0^{\frac{\pi}{2}}\sin^2 t\mathrm{d}t$$

$$=2ab\int_0^{\frac{\pi}{2}}(1-\cos 2t)\,\mathrm{d}t=2ab\left(t-\frac{1}{2}\sin 2t\right)\bigg|_0^{\frac{\pi}{2}}$$

$$=\pi ab.$$

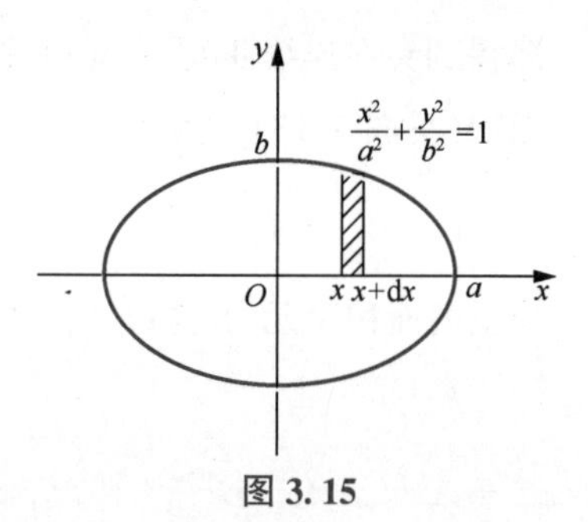

图 3.15

(2) 极坐标情形.

在直角坐标系中，选小矩形作为面积元素；在极坐标系中，则需要选小扇形作为面积元素.

设在极坐标系中，由曲线 $r=r(\theta)$ 与两射线 $\theta=\alpha, \theta=\beta$ 围成一平面图形 D，如图 3.16 所示. 将夹角 $\beta-\alpha$ 分为 n 份，这相当于将 $[\alpha,\beta]$ 分为 n 份. 相应地，在任一子区间 $[\theta,\theta+\Delta\theta]$ 上的面积元素 $\mathrm{d}S$ 等于以 r 为半径、以 $\mathrm{d}\theta$ 为夹角的小圆扇形面积. 由于 $\mathrm{d}\theta$ 所对的圆弧长为 $r\mathrm{d}\theta$，所以

$$\mathrm{d}S=\frac{1}{2}r\cdot r\mathrm{d}\theta=\frac{1}{2}r^2\mathrm{d}\theta,\quad S=\frac{1}{2}\int_\alpha^\beta r^2\mathrm{d}\theta.$$

例 3.39 求心形线 $r=a(1+\cos\theta)\,(a>0)$ 所围成的图形的面积.

解 如图 3.17 所示. 心形线所围图形的面积 S 等于极轴上半部分面积 S_1 的 2 倍，即

$$S=2S_1=2\cdot\frac{1}{2}\int_0^\pi r^2\mathrm{d}\theta=\int_0^\pi[a(1+\cos\theta)]^2\mathrm{d}\theta=4a^2\int_0^\pi\cos^4\frac{\theta}{2}\mathrm{d}\theta.$$

令 $t=\frac{\theta}{2}$，则 $\mathrm{d}\theta=2\mathrm{d}t$，且当 $\theta=0$ 时，$t=0$，当 $\theta=\pi$ 时，$t=\frac{\pi}{2}$，代入上式，得

$$S=4a^2\int_0^{\frac{\pi}{2}}\cos^4 t\cdot 2\mathrm{d}t=8a^2\int_0^{\frac{\pi}{2}}\left(\frac{1+\cos 2t}{2}\right)^2\mathrm{d}t$$

$$=2a^2\int_0^{\frac{\pi}{2}}\left(1+2\cos 2t+\frac{1+\cos 4t}{2}\right)\mathrm{d}t$$

$$=2a^2\left(t+\sin 2t+\frac{t}{2}+\frac{1}{8}\sin 4t\right)\Bigg|_0^{\frac{\pi}{2}}=\frac{3}{2}\pi a^2.$$

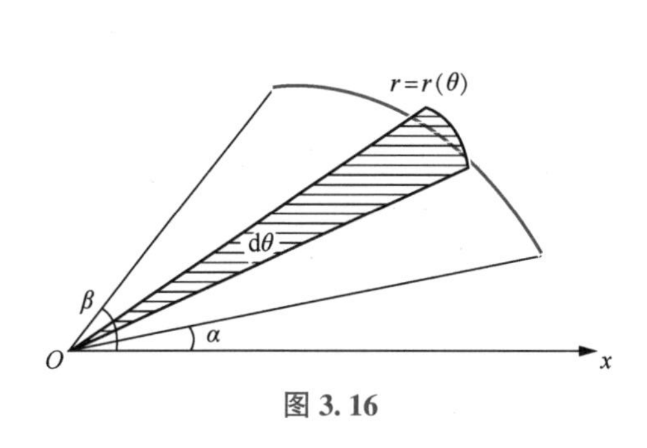

图 3.16

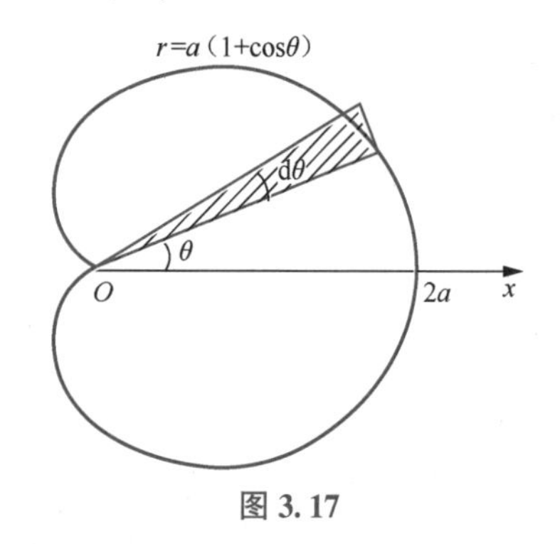

图 3.17

同步习题 3.6

1. 求由曲线 $y=x+\frac{1}{x}$ 和直线 $x=2, y=2$ 所围成的图形的面积 A.
2. 求 $f(x)=\sin x$ 在 $[0,\pi]$ 上的平均值.

提高题

1. 求由曲线 $y=|\ln x|$ 与直线 $x=\frac{1}{\mathrm{e}}, x=\mathrm{e}, y=0$ 所围成的图形的面积 A.
2. 求由阿基米德螺线 $r=\mathrm{e}^{\theta}$ 与射线 $\theta=0, \theta=2\pi$ 所围成的图形的面积 A.

3.7 微分方程

3.7.1 微分方程的定义

许多自然规律的描述，涉及量的变化率应满足的制约关系. 这种关系的数学表示就是含有导数的方程——微分方程.

例 3.40 放射性物质衰变的规律：在每一时刻 t，衰变的速率$-\frac{\mathrm{d}m(t)}{\mathrm{d}t}$正比于该放射性物质尚存的质量 $m(t)$，k 为衰变常数. 因此，质量 $m=m(t)$ 应满足微分方程

$$\frac{\mathrm{d}m}{\mathrm{d}t}=-km.$$

例 3.41 设质量为 m 的跳伞员下落时，所受到的空气阻力正比于下降的速度(阻力的方向与速度的方向相反)，比例系数为 k. 取 y 轴沿竖直方向指向地心，由牛顿第二定律 $F=ma$ 知跳伞员在时刻 t 的坐标 $y=y(t)$ 应满足以下微分方程：

$$m\frac{\mathrm{d}^2y}{\mathrm{d}t^2}=mg-k\frac{\mathrm{d}y}{\mathrm{d}t},$$

即

$$\frac{\mathrm{d}^2y}{\mathrm{d}t^2}+\frac{k}{m}\cdot\frac{\mathrm{d}y}{\mathrm{d}t}=g.$$

微分方程的阶数就是它所含未知函数的导数的最高阶数. 例 3.40 中的微分方程是一阶微分方程，例 3.41 中的微分方程是二阶微分方程.

对于一阶微分方程

$$\frac{\mathrm{d}y}{\mathrm{d}x}=f(x),$$

其中 x 是自变量，$f(x)$ 是已知函数，$y=y(x)$ 是未知函数. 求解这样的方程，等价于求函数 $f(x)$ 的原函数. 我们看到，上述方程的一般解应该是

$$y=\int f(x)\,\mathrm{d}x+C.$$

注意，在解微分方程的时候，习惯于用不定积分表示某一确定的原函数，所以在其后还应加上任意常数 C.

再来看 n 阶微分方程

$$\frac{\mathrm{d}^ny}{\mathrm{d}x^n}=f(x),$$

它等价于$\frac{\mathrm{d}^{n-1}y}{\mathrm{d}x^{n-1}}$是 $f(x)$ 的原函数，即

$$\frac{\mathrm{d}^{n-1}y}{\mathrm{d}x^{n-1}}=\int f(x)\,\mathrm{d}x+C_1,$$

这与原微分方程形式类似，但阶数降低了，逐次这样进行下去，最后就得到微分方程的一般解：

$$y=\underbrace{\int\cdots\int f(x)\,\mathrm{d}x\cdots\mathrm{d}x}_{n\text{个}}+C_1\frac{x^{n-1}}{(n-1)!}+\cdots+C_{n-1}x+C_n,$$

其中 $C_1,C_2,\cdots,C_n$ 是任意常数.

下面给出微分方程的相关概念.

(1) 含有自变量、自变量的未知函数以及未知函数的导数或微分的方程称为微分方程.

(2) 在微分方程中出现的未知函数的最高阶导数的阶数称为微分方程的阶.

(3) 若把某函数及其导数代入微分方程能使该方程成为恒等式，则称这个函数为该微分方程的一个解.

(4) 含有与微分方程的阶数同样个数的独立任意常数的解，称为微分方程的**通解**(或一般解)，不含任意常数的解，称为微分方程的**特解**.

(5) 给定微分方程中未知函数及其导数在指定点的函数值的条件，称为微分方程的初值条件. 初值条件的个数应与微分方程的阶数相同. 一般来说，以 x 为自变量，以 $y(x)$ 为未知函数的 n 阶微分方程的初值条件是

$$y(x_0)=y_0, y'(x_0)=y_1, \cdots, y^{(n-1)}(x_0)=y_{n-1},$$

其中 $y_0, y_1, \cdots, y_{n-1}$ 是给定的 n 个常数.

(6) 线性微分方程：微分方程中所含未知函数及其各阶导数均为一次幂时，则称该方程为线性微分方程.

(7) 高阶微分方程：二阶及二阶以上的微分方程称为高阶微分方程.

3.7.2 可分离变量的微分方程

形如

$$\frac{\mathrm{d}y}{\mathrm{d}x}=f(x)g(y) \tag{3.5}$$

的方程，称为可分离变量的微分方程. 这里 $f(x)$, $g(y)$ 分别是 x, y 的连续函数.

如果 $g(y)\neq 0$，我们可将式(3.5)改写成

$$\frac{\mathrm{d}y}{g(y)}=f(x)\mathrm{d}x.$$

这样，变量就“分离”开了. 两边积分，得到

$$\int\frac{\mathrm{d}y}{g(y)}=\int f(x)\mathrm{d}x+C. \tag{3.6}$$

这里我们把积分常数 C 明确写出来，而把 $\int\frac{\mathrm{d}y}{g(y)}$, $\int f(x)\mathrm{d}x$ 分别理解为 $\frac{1}{g(y)}$, $f(x)$ 的原函数. 常数 C 的取值必须保证式(3.6)有意义，如无特别声明，以后也这样理解.

把式(3.6)理解为 y, x, C 的关系式 $\varphi(y,x,C)=0$ 或 y 关于 x, C 的函数关系式 $y=f(x,C)$，对任意常数 C，由式(3.6)所确定的函数关系式 $y=f(x,C)$ 满足式(3.5)，因而式(3.6)是式(3.5)的通解.

式(3.6)不适合 $g(y)=0$ 的情形. 但如果存在 y_0 使 $g(y_0)=0$，则直接验证知 $y=y_0$ 也是式(3.5)的解. 因此，还必须寻求 $g(y)=0$ 的解 y_0，当 $y=y_0$ 不包括在微分方程的通解[式(3.6)]中时，必须补上特解 $y=y_0$.

例 3.42 求解微分方程 $\frac{\mathrm{d}y}{\mathrm{d}x}=-\frac{x}{y}$.

解 分离变量，可得

$$y\mathrm{d}y=-x\mathrm{d}x,$$

两边积分，即得

$$\frac{y^2}{2}=-\frac{x^2}{2}+\frac{C}{2}.$$

因而，通解为

$$x^2+y^2=C.$$

这里 C 是任意正常数. 或者解出 y，写出显函数形式的解.

3.7.3 一阶线性微分方程

一阶线性微分方程的标准形式为

$$y'+P(x)y=Q(x), \tag{3.7}$$

其中 $P(x),Q(x)$ 为已知的连续函数，$Q(x)$ 称为方程的自由项.

当 $Q(x)\neq 0$ 时，称 $y'+P(x)y=Q(x)$ 为一阶线性非齐次微分方程.

当 $Q(x)=0$ 时，称 $y'+P(x)y=0$ 为 $y'+P(x)y=Q(x)$ 所对应的一阶线性齐次微分方程.

求一阶线性微分方程 $y'+P(x)y=Q(x)$ 的通解，首先从一阶线性齐次微分方程的求解入手.

1. 一阶线性齐次微分方程

一阶线性齐次微分方程 $y'+P(x)y=0$ 是可分离变量的微分方程.

分离变量，得

$$\frac{\mathrm{d}y}{y}=-P(x)\,\mathrm{d}x,$$

两端积分，得

$$\int\frac{1}{y}\mathrm{d}y=-\int P(x)\,\mathrm{d}x,$$

得通解为

$$\ln|y|=-\int P(x)\,\mathrm{d}x+C_1,$$

进一步可得

$$|y|=\mathrm{e}^{-\int P(x)\,\mathrm{d}x+C_1}=\mathrm{e}^{-\int P(x)\,\mathrm{d}x}\cdot\mathrm{e}^{C_1},$$

取 $C=\pm\mathrm{e}^{C_1}$，注意到 $y=0$ 也是 $y'+P(x)y=0$ 的解，所以 $y'+P(x)y=0$ 的通解为

$$y=C\mathrm{e}^{-\int P(x)\,\mathrm{d}x}. \tag{3.8}$$

式(3.8)为一阶线性齐次微分方程 $y'+P(x)y=0$ 的通解公式.

例 3.43 求微分方程 $xy'=3y(x>0)$ 的通解.

解 将原微分方程写成标准形式，得

$$y'-\frac{3}{x}y=0,$$

其中 $P(x)=-\frac{3}{x}$. 将 $P(x)=-\frac{3}{x}$ 代入通解公式[式(3.8)]，得

$$y=C\mathrm{e}^{-\int P(x)\,\mathrm{d}x}=C\mathrm{e}^{-\int(-\frac{3}{x})\,\mathrm{d}x}=C\mathrm{e}^{\int\frac{3}{x}\mathrm{d}x}=C\mathrm{e}^{3\ln x}=Cx^3.$$

2. 一阶线性非齐次微分方程

下面讨论如何求一阶线性非齐次微分方程 $y'+P(x)y=Q(x)$ 的通解.

由于 $y'+P(x)y=Q(x)$ 不是可分离变量的微分方程，考虑到其与对应的一阶线性齐次微分方程 $y'+P(x)y=0$ 左端相同，因此，可设想将 $y'+P(x)y=0$ 的通解中的常数 C 换成待定函数 $\Phi(x)$，进而得到 $y'+P(x)y=Q(x)$ 的解.

假设

$$y=\Phi(x)\mathrm{e}^{-\int P(x)\mathrm{d}x}$$

是 $y'+P(x)y=Q(x)$ 的解，将其代入方程[式(3.7)]中，化简后得

$$\Phi'(x)\mathrm{e}^{-\int P(x)\mathrm{d}x}=Q(x),$$

即

$$\Phi'(x)=Q(x)\mathrm{e}^{\int P(x)\mathrm{d}x},$$

两端积分，得

$$\Phi(x)=\int Q(x)\mathrm{e}^{\int P(x)\mathrm{d}x}\mathrm{d}x+C,$$

故方程[式(3.7)]的通解为

$$y=\mathrm{e}^{-\int P(x)\mathrm{d}x}\left[\int Q(x)\mathrm{e}^{\int P(x)\mathrm{d}x}\mathrm{d}x+C\right]. \tag{3.9}$$

式(3.9)为一阶线性非齐次微分方程的通解公式. 上述一阶线性非齐次微分方程通解的求解方法称为常数变易法.

若记 $y_c=C\mathrm{e}^{-\int P(x)\mathrm{d}x}$，$y^*=\mathrm{e}^{-\int P(x)\mathrm{d}x}\int Q(x)\mathrm{e}^{\int P(x)\mathrm{d}x}\mathrm{d}x$，则上述通解公式[式(3.9)]可简记为

$$y=y_c+y^*.$$

易知 $y^*=\mathrm{e}^{-\int P(x)\mathrm{d}x}\int Q(x)\mathrm{e}^{\int P(x)\mathrm{d}x}\mathrm{d}x$ 为 $y'+P(x)y=Q(x)$ 的一个特解，$y'+P(x)y=Q(x)$ 的通解为其对应的一阶线性齐次微分方程 $y'+P(x)y=0$ 的通解 y_c 与其自身的一个特解 y^* 相加而成. 这一结论对于高阶线性微分方程也是适用的，我们称其为线性微分方程解的结构.

注 对于一阶线性非齐次微分方程 $y'+P(x)y=Q(x)$ 的求解，有以下两种常用方法.

(1) 先求出对应的齐次微分方程的通解，再利用常数变易法求其通解.

(2) 直接利用非齐次微分方程的通解公式求其通解. 将方程先化为标准形式[式(3.7)]，确定 $P(x)$，$Q(x)$，再代入通解公式[式(3.9)]求解.

例 3.44 求方程 $xy'=x^2+3y(x>0)$ 的通解.

解 将原方程改写为标准形式，得

$$y'-\frac{3}{x}y=x.$$

由例 3.43 得齐次方程 $y'-\frac{3}{x}y=0$ 的通解为

$$y=Cx^3,$$

将 $y=Cx^3$ 中的任意常数 C 换成待定函数 $\Phi(x)$，设 $y=\Phi(x)x^3$ 为 $xy'=x^2+3y$ 的解，将其代入原方程得

$$x[\Phi'(x)x^3+3x^2\Phi(x)]=x^2+3x^3\Phi(x),$$

即 $\Phi'(x)=\dfrac{1}{x^2}$，所以

$$\Phi(x)=\int\frac{1}{x^2}\mathrm{d}x=-\frac{1}{x}+C,$$

从而得到原方程的通解为 $y=Cx^3-x^2$.

本例题还可用公式法求解. 将原方程改写为标准形式以确定 $P(x),Q(x)$，得

$$y'-\frac{3}{x}y=x,$$

从而有 $P(x)=-\dfrac{3}{x},Q(x)=x$，代入通解公式[式(3.9)]，得

$$y=\mathrm{e}^{\int\frac{3}{x}\mathrm{d}x}\left(\int x\mathrm{e}^{-\int\frac{3}{x}\mathrm{d}x}\mathrm{d}x+C\right)=x^3\left(\int\frac{1}{x^2}\mathrm{d}x+C\right)$$

$$=x^3\left(-\frac{1}{x}+C\right)=Cx^3-x^2.$$

例 3.45 求一阶线性微分方程 $xy'=x^2+3y(x>0)$ 满足初值条件 $y|_{x=1}=2$ 的特解.

解 由例 3.44 知方程 $xy'=x^2+3y$ 的通解为

$$y=Cx^3-x^2,$$

将初值条件 $y|_{x=1}=2$ 代入通解中，得 $C=3$，所以，原方程满足初值条件的特解为

$$y=3x^3-x^2.$$

同步习题 3.7

求下列微分方程的通解.

(1) $\dfrac{\mathrm{d}y}{\mathrm{d}x}=2xy$.

(2) $(1+x)y\mathrm{d}x=(1-y)x\mathrm{d}y$.

(3) $y^2\mathrm{d}x+(x+1)\mathrm{d}y=0$.

提高题

求下列微分方程的通解或特解.

(1) $y'=3x^2y,y(0)=2$.

(2) $y'=\mathrm{e}^{x^2}+2xy$.

3.8 反常积分

定积分要求积分区间$[a,b]$是有限的且被积函数是有界的，但在很多实际问题中，这些限制条件有时候是不满足的，往往需要突破这些限制，考虑无穷区间上的积分，或者无界函数的积分. 这样的积分通常称为反常积分或广义积分. 本节将介绍无穷区间上的反常积分和无界函数的反常积分.

3.8.1 无穷区间上的反常积分

例 3.46 求由x轴和y轴及曲线$y=e^{-x}$所围成的延伸到无穷远处的图形(见图 3.18)的面积A.

分析 要求此面积A，我们可以分两步来完成.

(1) 先求出由x轴、y轴、曲线$y=e^{-x}$和直线$x=b$所围成的曲边梯形的面积$A_b=\int_0^b e^{-x}dx$，如图 3.19 所示.

(2) 对$\int_0^b e^{-x}dx$取$b\to+\infty$时的极限，如果极限存在，则极限值便是我们要求的面积A，即$A=\lim\limits_{b\to+\infty}\int_0^b e^{-x}dx$.

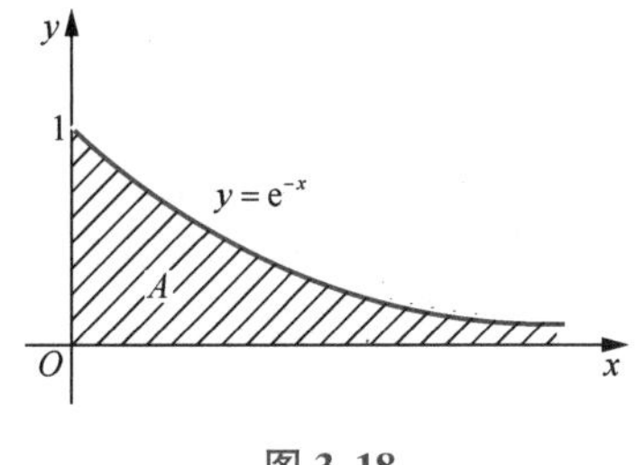

图 3.18

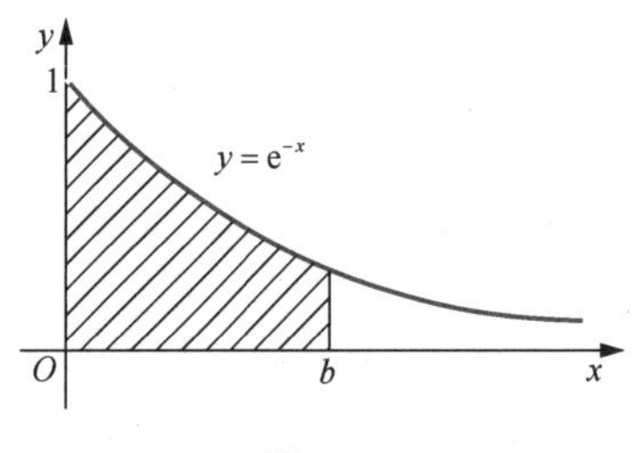

图 3.19

这一例子说明有必要考虑积分区间为无穷区间的积分，此类积分称为无穷限的反常积分，它的计算可以通过积分限趋于无穷大时的极限来得到.

定义 3.4 设函数$f(x)$在$[a,+\infty)$上连续，任取$b>a$，如果$\lim\limits_{b\to+\infty}\int_a^b f(x)dx$存在，则称该极限值为函数$f(x)$在无穷区间$[a,+\infty)$上的反常积分，记作$\int_a^{+\infty}f(x)dx$，即

$$\int_a^{+\infty}f(x)dx=\lim_{b\to+\infty}\int_a^b f(x)dx.$$

此时，也称反常积分$\int_a^{+\infty}f(x)dx$收敛；若右端极限不存在，则称反常积分$\int_a^{+\infty}f(x)dx$发散.

类似地，我们可以定义函数$f(x)$在无穷区间$(-\infty,b]$上的反常积分$\int_{-\infty}^b f(x)dx$，即

$$\int_{-\infty}^b f(x)dx=\lim_{a\to-\infty}\int_a^b f(x)dx.$$

若右端极限存在，则称反常积分$\int_{-\infty}^{b} f(x)\,\mathrm{d}x$收敛；若右端极限不存在，则称反常积分$\int_{-\infty}^{b} f(x)\,\mathrm{d}x$发散.

最后，我们还可以定义函数$f(x)$在无穷区间$(-\infty,+\infty)$上的反常积分$\int_{-\infty}^{+\infty} f(x)\,\mathrm{d}x$，即

$$\int_{-\infty}^{+\infty} f(x)\,\mathrm{d}x=\int_{-\infty}^{c} f(x)\,\mathrm{d}x+\int_{c}^{+\infty} f(x)\,\mathrm{d}x=\lim_{a\to-\infty}\int_{a}^{c} f(x)\,\mathrm{d}x+\lim_{b\to+\infty}\int_{c}^{b} f(x)\,\mathrm{d}x,$$

其中c是任意常数，a是小于c的任意数，b是大于c的任意数. 反常积分$\int_{-\infty}^{+\infty} f(x)\,\mathrm{d}x$只有当$\int_{-\infty}^{c} f(x)\,\mathrm{d}x$与$\int_{c}^{+\infty} f(x)\,\mathrm{d}x$都收敛时才收敛，如果有一个发散，则反常积分$\int_{-\infty}^{+\infty} f(x)\,\mathrm{d}x$发散.

上述积分统称为无穷限的反常积分.

注 在计算无穷限的反常积分时，为了书写方便，实际运算中常常略去极限符号，形式上类似于牛顿－莱布尼茨公式. 例如，设$F(x)$是$f(x)$的一个原函数，记$F(+\infty)=\lim\limits_{x\to+\infty}F(x)$，$F(-\infty)=\lim\limits_{x\to-\infty}F(x)$，则上述无穷限反常积分就可以表示成如下的形式：

$$\int_{a}^{+\infty} f(x)\,\mathrm{d}x=F(x)\Big|_{a}^{+\infty}=F(+\infty)-F(a),$$

$$\int_{-\infty}^{b} f(x)\,\mathrm{d}x=F(x)\Big|_{-\infty}^{b}=F(b)-F(-\infty),$$

$$\int_{-\infty}^{+\infty} f(x)\,\mathrm{d}x=F(x)\Big|_{-\infty}^{+\infty}=F(+\infty)-F(-\infty).$$

这时无穷限反常积分的收敛与发散就取决于$F(+\infty)$,$F(-\infty)$是否存在.

例 3.47 讨论反常积分$\int_{-\infty}^{+\infty}\frac{x}{1+x^2}\mathrm{d}x$的敛散性.

解 因为$\int_{0}^{+\infty}\frac{x}{1+x^2}\mathrm{d}x=\lim\limits_{b\to+\infty}\int_{0}^{b}\frac{x}{1+x^2}\mathrm{d}x=\frac{1}{2}\ln(1+x^2)\Big|_{0}^{b}=+\infty$，所以$\int_{0}^{+\infty}\frac{x}{1+x^2}\mathrm{d}x$发散. 因而$\int_{-\infty}^{+\infty}\frac{x}{1+x^2}\mathrm{d}x$发散.

例 3.48 讨论反常积分$\int_{1}^{+\infty}\frac{1}{x}\mathrm{d}x$的敛散性.

解 由于$\lim\limits_{b\to+\infty}\int_{1}^{b}\frac{1}{x}\mathrm{d}x=\lim\limits_{b\to+\infty}\ln x\Big|_{1}^{b}=\lim\limits_{b\to+\infty}(\ln b-0)=+\infty$，所以反常积分$\int_{1}^{+\infty}\frac{1}{x}\mathrm{d}x$发散.

例 3.49 计算$\int_{-\infty}^{+\infty}\frac{\mathrm{d}x}{1+x^2}$.

解 $\int_{-\infty}^{+\infty}\frac{1}{1+x^2}\mathrm{d}x=\arctan x\Big|_{-\infty}^{+\infty}=\lim\limits_{x\to+\infty}\arctan x-\lim\limits_{x\to-\infty}\arctan x=\frac{\pi}{2}-\left(-\frac{\pi}{2}\right)=\pi.$

注 反常积分$\int_{-\infty}^{+\infty}\frac{\mathrm{d}x}{1+x^2}$的几何意义：当$a\to-\infty$,$b\to+\infty$时，虽然图3.20中阴影部分向

左、右无限延伸，但其面积却为有限值 π. 简单地说，它是位于曲线 $y=\dfrac{1}{1+x^2}$ 下方、x 轴上方的区域的面积.

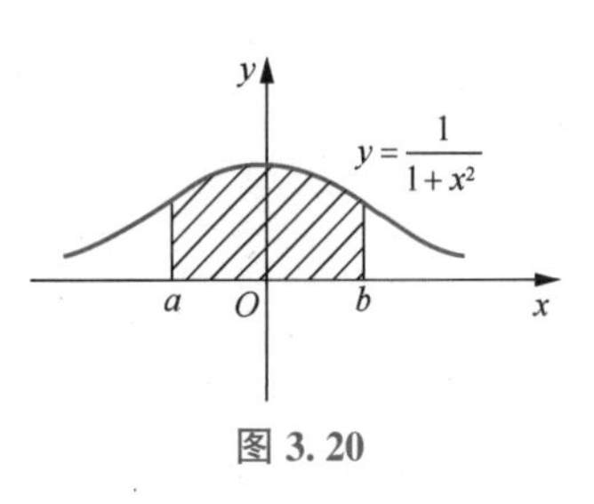

图 3.20

3.8.2 无界函数的反常积分

定义 3.5 如果函数 $f(x)$ 在点 a 的任一去心邻域内都无界，则称点 a 为函数 $f(x)$ 的瑕点.

定义 3.6 (1) 设函数 $f(x)$ 在 $(a,b]$ 上连续，点 a 为 $f(x)$ 的瑕点. 取 $a<t<b$，如果 $\lim\limits_{t\to a^+}\int_t^b f(x)\,\mathrm{d}x$ 存在，则称此极限值为函数 $f(x)$ 在 $(a,b]$ 上的反常积分，记作

$$\int_a^b f(x)\,\mathrm{d}x=\lim_{t\to a^+}\int_t^b f(x)\,\mathrm{d}x.$$

此时称反常积分 $\int_a^b f(x)\,\mathrm{d}x$ 收敛；如果右端极限不存在，称反常积分 $\int_a^b f(x)\,\mathrm{d}x$ 发散.

(2) 设函数 $f(x)$ 在 $[a,b)$ 上连续，点 b 为 $f(x)$ 的瑕点，取 $a<t<b$，如果 $\lim\limits_{t\to b^-}\int_a^t f(x)\,\mathrm{d}x$ 存在，则称此极限值为函数 $f(x)$ 在 $[a,b)$ 上的反常积分，记作

$$\int_a^b f(x)\,\mathrm{d}x=\lim_{t\to b^-}\int_a^t f(x)\,\mathrm{d}x.$$

此时称反常积分 $\int_a^b f(x)\,\mathrm{d}x$ 收敛；如果右端极限不存在，称反常积分 $\int_a^b f(x)\,\mathrm{d}x$ 发散.

(3) 设函数 $f(x)$ 在 $[a,b]$ 上除点 $c(a<c<b)$ 外连续，点 c 为 $f(x)$ 的瑕点. 如果反常积分 $\int_a^c f(x)\,\mathrm{d}x$ 和 $\int_c^b f(x)\,\mathrm{d}x$ 都收敛，则称反常积分 $\int_a^b f(x)\,\mathrm{d}x$ 收敛，即

$$\int_a^b f(x)\,\mathrm{d}x=\int_a^c f(x)\,\mathrm{d}x+\int_c^b f(x)\,\mathrm{d}x=\lim_{t\to c^-}\int_a^t f(x)\,\mathrm{d}x+\lim_{t\to c^+}\int_t^b f(x)\,\mathrm{d}x.$$

否则，称反常积分 $\int_a^b f(x)\,\mathrm{d}x$ 发散.

无界函数的反常积分又称为瑕积分.

根据定义 3.6 和牛顿–莱布尼茨公式，我们可以得到以下简记形式.

如果 $F(x)$ 是 $f(x)$ 在 $(a,b]$ 上的原函数，点 a 是 $f(x)$ 的瑕点，则有

$$\begin{aligned}\int_a^b f(x)\,\mathrm{d}x&=\lim_{t\to a^+}\int_t^b f(x)\,\mathrm{d}x=\lim_{t\to a^+}[F(b)-F(t)]=F(b)-\lim_{t\to a^+}F(t)\\&=F(b)-F(a+0)=F(x)\Big|_a^b.\end{aligned}$$

类似地，若点 b 是 $f(x)$ 的瑕点，则有

$$\begin{aligned}\int_a^b f(x)\,\mathrm{d}x&=\lim_{t\to b^-}\int_a^t f(x)\,\mathrm{d}x=\lim_{t\to b^-}[F(t)-F(a)]=\lim_{t\to b^-}F(t)-F(a)\\&=F(b-0)-F(a)=F(x)\Big|_a^b.\end{aligned}$$

例 3.50 讨论反常积分 $\int_{-1}^1\frac{1}{x^2}\,\mathrm{d}x$ 的敛散性.

解 显然 $x=0$ 是被积函数的瑕点，因此把积分分为两部分，即

$$\int_{-1}^{1}\frac{1}{x^2}dx=\int_{-1}^{0}\frac{1}{x^2}dx+\int_{0}^{1}\frac{1}{x^2}dx.$$

由于

$$\int_{-1}^{0}\frac{1}{x^2}dx=\left(-\frac{1}{x}\right)\Bigg|_{-1}^{0}=\lim_{x\to0^-}\left(-\frac{1}{x}\right)-1=+\infty,$$

所以反常积分$\int_{-1}^{1}\frac{1}{x^2}dx$发散.

例 3.51 讨论反常积分$\int_{0}^{1}\ln x dx$的敛散性.

解 由于$x=0$是被积函数的瑕点，所以

$$\int_{0}^{1}\ln x dx=\lim_{\varepsilon\to0^+}\int_{\varepsilon}^{1}\ln x dx=\lim_{\varepsilon\to0^+}\left(x\ln x\Big|_{\varepsilon}^{1}-\int_{0}^{1}x\cdot\frac{1}{x}dx\right)$$
$$=\lim_{\varepsilon\to0^+}(-\varepsilon\ln\varepsilon-1)=-1.$$

因此，反常积分$\int_{0}^{1}\ln x dx$收敛.

同步习题 3.8

1. 计算下列反常积分.

(1) $\int_{1}^{+\infty}\frac{1}{x^3}dx$.　　(2) $\int_{0}^{-\infty}e^{3x}dx$.

(3) $\int_{0}^{+\infty}xe^{-x^2}dx$.　　(4) $\int_{1}^{+\infty}\frac{\ln x}{x^2}dx$.

2. 计算由曲线$y=\frac{1}{x^2+2x+2}(x\geqslant0)$和$x$轴所夹无界区域的面积.

微课：同步习题 3.8 基础题 2

提高题

判断下列反常积分的敛散性，收敛的求出值.

(1) $\int_{-\infty}^{0}\frac{dx}{2-x}$.　　(2) $\int_{0}^{2}\frac{1}{x^2}dx$.

(3) $\int_{0}^{+\infty}\sin x dx$.　　(4) $\int_{-1}^{1}\frac{1}{\sqrt{1-x^2}}dx$.

第 3 章思维导图

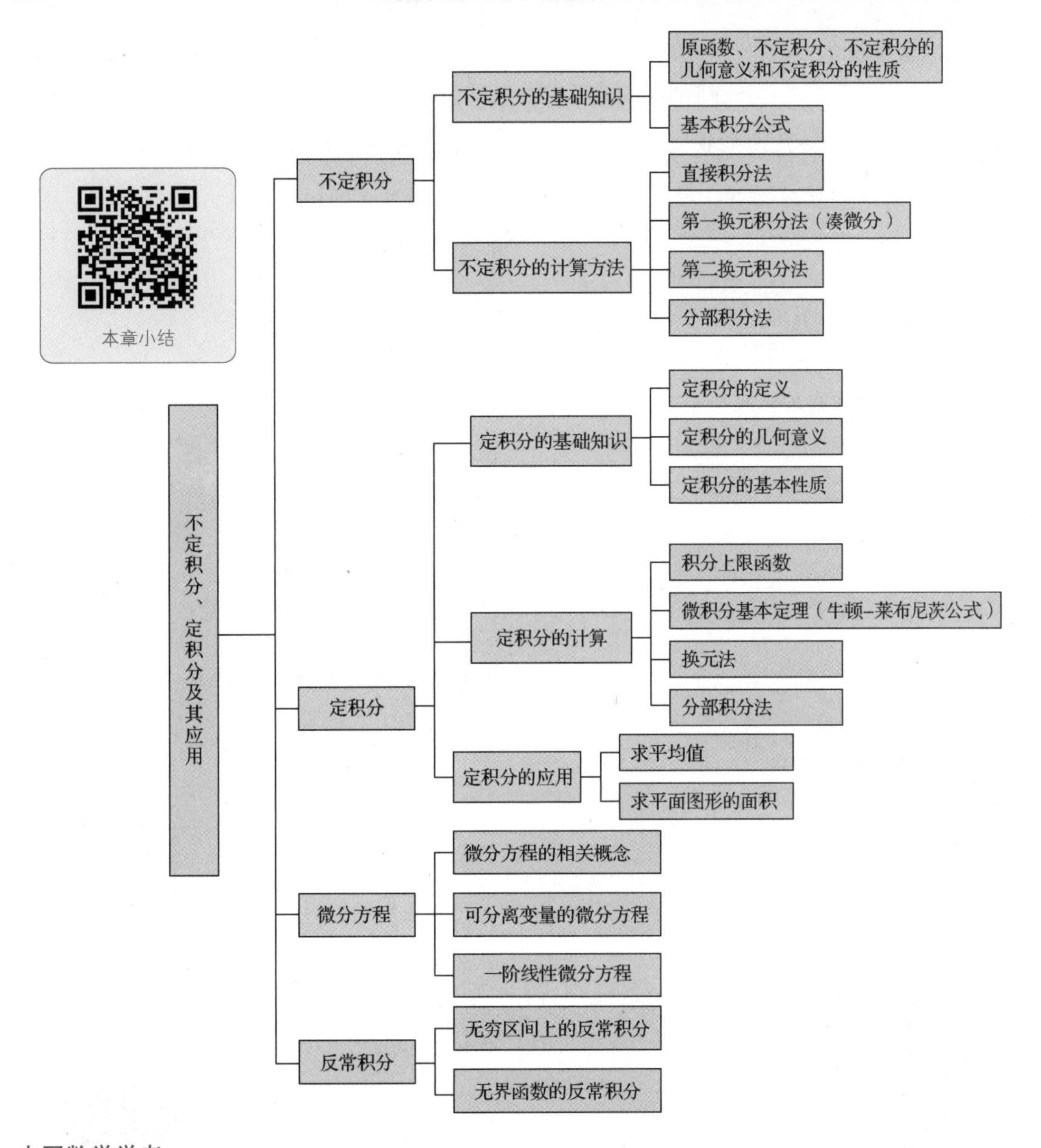

中国数学学者

个人成就

数学家，中国科学院院士，山东大学数学与交叉科学研究中心主任，“未来科学大奖”获得者. 彭实戈在控制论和概率论方面做出了突出贡献. 他将 Feynman - Kac 路径积分理论推广到非线性情况并建立了动态非线性数学期望理论.

课程思政小微课

彭实戈

第3章总复习题

1. 选择题.

(1) 下列选项中，正确的是(　　).

A. $\int f'(x)\mathrm{d}x = f(x)$　B. $\int \mathrm{d}f(x) = f(x)$　C. $\frac{\mathrm{d}}{\mathrm{d}x}\int f(x)\mathrm{d}x = f(x)$　D. $\mathrm{d}\int f(x)\mathrm{d}x = f(x)$

(2) 设函数 $f(x)$ 连续，则下列函数中，必为偶函数的是(　　).

A. $\int_0^x f(t^2)\mathrm{d}t$　　B. $\int_0^x f^2(t)\mathrm{d}t$

C. $\int_0^x t[f(t)-f(-t)]\mathrm{d}t$　　D. $\int_0^x t[f(t)+f(-t)]\mathrm{d}t$

2. 解答题.

(3) 计算下列不定积分.

① $\int \frac{\mathrm{d}x}{x^2\sqrt{x}}$.　　② $\int \sqrt[m]{x^n}\,\mathrm{d}x$.

③ $\int (\sqrt{x}+1)(\sqrt{x^3}-1)\mathrm{d}x$.　　④ $\int \left(\frac{3}{1+x^2}-\frac{2}{\sqrt{1-x^2}}\right)\mathrm{d}x$.

⑤ $\int \cos^3 x\mathrm{d}x$.　　⑥ $\int \cos\theta(\tan\theta+\sec\theta)\mathrm{d}\theta$.

⑦ $\int (\sin ax-\mathrm{e}^{\frac{x}{b}})\mathrm{d}x$.　　⑧ $\int \cos^2(\omega t+\varphi)\sin(\omega t+\varphi)\mathrm{d}t$.

⑨ $\int \frac{1}{x\cdot\ln x\cdot\ln\ln x}\mathrm{d}x$.

(4) 计算下列定积分的值.

① $\int_0^{\sqrt{3}a}\frac{1}{a^2+x^2}\mathrm{d}x$.　　② $\int_0^1\frac{1}{\sqrt{4-x^2}}\mathrm{d}x$.

③ $\int_{-1}^0\frac{3x^4+3x^2+1}{x^2+1}\mathrm{d}x$.　　④ $\int_0^{\pi} x\,|\cos x|\,\mathrm{d}x$.

微课：第3章总复习题(4)④

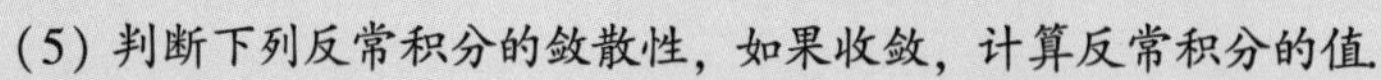

(5) 判断下列反常积分的敛散性，如果收敛，计算反常积分的值.

① $\int_1^{+\infty}\frac{1}{x^4}\mathrm{d}x$.　　② $\int_1^{+\infty}\frac{1}{\sqrt{x}}\mathrm{d}x$.

③ $\int_0^1\frac{x}{\sqrt{1-x^2}}\mathrm{d}x$.　　④ $\int_1^{\mathrm{e}}\frac{\mathrm{d}x}{x\sqrt{1-\ln^2 x}}$.

微课：第3章总复习题(6)

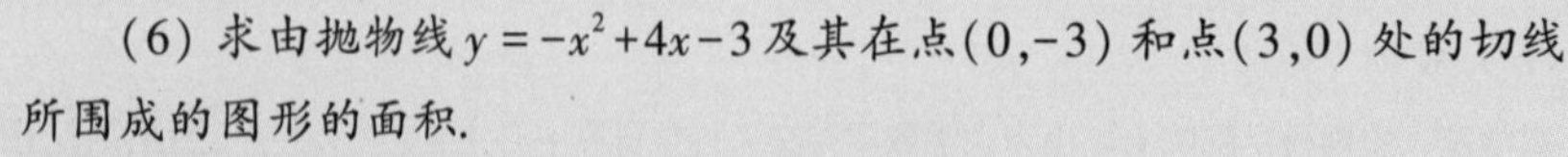

(6) 求由抛物线 $y=-x^2+4x-3$ 及其在点 $(0,-3)$ 和点 $(3,0)$ 处的切线所围成的图形的面积.

(7) 求由双纽线 $r^2=\cos 2\theta$ 所围成的图形的面积.

(8) 求解下列微分方程.

① $(x-a)\frac{\mathrm{d}y}{\mathrm{d}x}=y-b$.　　② $x\frac{\mathrm{d}y}{\mathrm{d}x}-y-1=0$.

04

第4章 线性代数初步

线性代数是大学数学课程的重要组成部分，本章介绍线性代数中最基础的内容，主要包括线性方程组、行列式和矩阵. 在预备知识一节将介绍向量、矩阵的基本概念以及连加号“∑”. 在线性方程组一节，首先将介绍线性方程组的基本概念，然后自然过渡到用矩阵表示线性方程组、用矩阵的初等行变换求解线性方程组，最后重点介绍非齐次线性方程组和齐次线性方程组的解法. 4.3 节讲的是行列式，从二阶、三阶行列式讲起，并给出 n 阶行列式的定义，接下来介绍行列式的性质、行列式按一行（列）展开的方法，最后介绍克莱姆法则. 在矩阵一节，主要介绍矩阵的基本运算和可逆矩阵，并介绍矩阵的简单应用.

本章导学

4.1 预备知识

向量和矩阵是线性代数中两个基本的概念，也是两个很常用的重要数学工具. 为此，本节先介绍向量和矩阵的初步知识. 为了方便学习后面的内容，本节也将介绍一些关于连加号“Σ”的基础知识.

4.1.1 向量

在中小学数学课程中，我们从最简单的数开始，能运用简单的算术知识解决生活中的一些问题，后来学会了用字母表示数及方程的知识，能用形如

$$ax = b$$

的简单一元一次方程解决一些仅涉及一个变量的实际问题. 再后来我们学习了二元一次方程组、三元一次方程组，能解决一些涉及2个、3个变量的实际问题. 人类探索自然奥秘的脚步永不停歇，遇到的问题也越来越复杂，很多问题可能涉及十几个甚至成百上千个因素，这些复杂的问题往往需要求解如下的方程组：

$$\begin{cases} a_{11}x_1 + a_{12}x_2 + \cdots + a_{1n}x_n = b_1, \\ a_{21}x_1 + a_{22}x_2 + \cdots + a_{2n}x_n = b_2, \\ \cdots\cdots\cdots \\ a_{s1}x_1 + a_{s2}x_2 + \cdots + a_{sn}x_n = b_s. \end{cases}$$

这个方程组包含 s 个方程 n 个未知量. 因此，有必要把以前学过的形如 (a,b)，(x_1,x_2,x_3) 的向量

的分量个数进行推广.

定义4.1 由n个数$a_1,a_2,\cdots,a_n$组成的有序数组$(a_1,a_2,\cdots,a_n)$称为一个n维向量，a_i称为向量的第i个分量.

称$(a_1,a_2,\cdots,a_n)$为n维行向量，有时也把n维向量竖着写成

$$\begin{pmatrix} a_1 \\ a_2 \\ \vdots \\ a_n \end{pmatrix}$$

的形式，称为n维列向量.

本书用小写的希腊字母$\boldsymbol{\alpha},\boldsymbol{\beta},\boldsymbol{\gamma},\boldsymbol{\xi}$等表示列向量，而用$\boldsymbol{\alpha}^{\mathrm{T}},\boldsymbol{\beta}^{\mathrm{T}},\boldsymbol{\gamma}^{\mathrm{T}},\boldsymbol{\xi}^{\mathrm{T}}$等表示行向量. 这里符号“T”代表转置的意思. 顾名思义，“转置”就是转换位置，列向量转置后变成行向量，行向量转置后变成列向量.

定义4.2 对于两个n维列向量$\boldsymbol{\alpha}=(a_1,a_2,\cdots,a_n)^{\mathrm{T}},\boldsymbol{\beta}=(b_1,b_2,\cdots,b_n)^{\mathrm{T}}$，以及数$k$，我们定义向量的相等及运算，按其分量规定

$$\boldsymbol{\alpha}=\boldsymbol{\beta} \text{ 当且仅当 } a_i=b_i,\ i=1,2,\cdots,n,$$

$$\boldsymbol{\alpha}+\boldsymbol{\beta}=(a_1+b_1,a_2+b_2,\cdots,a_n+b_n)^{\mathrm{T}},$$

$$k\boldsymbol{\alpha}=(ka_1,ka_2,\cdots,ka_n)^{\mathrm{T}},$$

其中$\boldsymbol{\alpha}+\boldsymbol{\beta}$称为$\boldsymbol{\alpha}$与$\boldsymbol{\beta}$的和，$k\boldsymbol{\alpha}$称为数$k$与$\boldsymbol{\alpha}$的数量乘积(简称数乘).

负向量及减法运算定义如下：

$$-\boldsymbol{\alpha}=(-1)\boldsymbol{\alpha},\boldsymbol{\alpha}-\boldsymbol{\beta}=\boldsymbol{\alpha}+(-\boldsymbol{\beta}).$$

向量的加法与数乘，统称为向量的线性运算.

多个向量之间往往存在某种关系. 例如，3个3维向量$\boldsymbol{\alpha}_1=(1,2,3),\boldsymbol{\alpha}_2=(2,3,-5),\boldsymbol{\alpha}_3=(4,7,1)$，直接通过观察不难发现$\boldsymbol{\alpha}_3=2\boldsymbol{\alpha}_1+\boldsymbol{\alpha}_2$. 这时，我们说$\boldsymbol{\alpha}_3$可用向量组$\boldsymbol{\alpha}_1,\boldsymbol{\alpha}_2$线性表示. 一般地，我们有如下定义.

定义4.3 设$\boldsymbol{\alpha}_1,\boldsymbol{\alpha}_2,\cdots,\boldsymbol{\alpha}_s$均为$n$维向量，$k_1,k_2,\cdots,k_s$是$s$个数，称向量

$$k_1\boldsymbol{\alpha}_1+k_2\boldsymbol{\alpha}_2+\cdots+k_s\boldsymbol{\alpha}_s$$

为向量组$\boldsymbol{\alpha}_1,\boldsymbol{\alpha}_2,\cdots,\boldsymbol{\alpha}_s$的一个线性组合，$k_1,k_2,\cdots,k_s$称为这个线性组合的系数.

对于某个n维向量$\boldsymbol{\beta}$，若存在数$k_1,k_2,\cdots,k_s$，使

$$\boldsymbol{\beta}=k_1\boldsymbol{\alpha}_1+k_2\boldsymbol{\alpha}_2+\cdots+k_s\boldsymbol{\alpha}_s,$$

则称向量$\boldsymbol{\beta}$可用向量组$\boldsymbol{\alpha}_1,\boldsymbol{\alpha}_2,\cdots,\boldsymbol{\alpha}_s$线性表示，其中$k_1,k_2,\cdots,k_s$称为表示系数.

4.1.2 矩阵

考虑线性方程组

$$\begin{cases} 2x_1-x_2+3x_3=1, \\ 4x_1-2x_2+5x_3=4, \\ 2x_1-x_2+4x_3=-1, \end{cases} \tag{4.1}$$

能反映这个方程组本质的是未知量的系数和方程组的常数项，如果把这些数据从方程组中分离出来，按原来的行列次序排列，写成如下矩形数表：

$$\begin{matrix} 2 & -1 & 3 & 1 \\ 4 & -2 & 5 & 4 \\ 2 & -1 & 4 & -1 \end{matrix}$$

它包含了方程组[式(4.1)]的全部信息.

有时，我们可能需要把多个这样的矩形数表并排写在一起，为了避免混淆，我们在每个矩形数表两侧加上括号，这就是线性代数中非常重要的工具——矩阵，它在自然科学、工程技术、经济学、管理学等领域都有广泛而重要的应用.

定义 4.4 由 $s\times n$ 个数 $a_{ij}(i=1,2,\cdots,s;j=1,2,\cdots,n)$ 排成的 s 行 n 列矩形数表，在左右两侧加上括号，即

$$\begin{pmatrix} a_{11} & a_{12} & \cdots & a_{1n} \\ a_{21} & a_{22} & \cdots & a_{2n} \\ \vdots & \vdots & & \vdots \\ a_{s1} & a_{s2} & \cdots & a_{sn} \end{pmatrix}, \tag{4.2}$$

称为一个 $s\times n$ 矩阵. 数 a_{ij} 称为矩阵的元素，i 为行标，j 为列标，也称元素 a_{ij} 为矩阵的 (i,j) 元.

通常用大写英文字母 $\boldsymbol{A},\boldsymbol{B},\boldsymbol{C}$ 等来表示矩阵，如矩阵[式(4.2)]可记作 $\boldsymbol{A}$，为了指明矩阵的元素，也可将其记作 (a_{ij})，有时为了指明矩阵的行数和列数，也记作 $\boldsymbol{A}_{s\times n}$ 或 $(a_{ij})_{s\times n}$.

定义 4.5 设 $\boldsymbol{A}=(a_{ij}),\boldsymbol{B}=(b_{ij})$ 都是 $s\times n$ 矩阵，且它们对应元素相等，即

$$a_{ij}=b_{ij},i=1,2,\cdots,s,j=1,2,\cdots,n,$$

则称矩阵 $\boldsymbol{A}$ 与 $\boldsymbol{B}$ 相等，记作 $\boldsymbol{A}=\boldsymbol{B}$.

元素全为零的 $s\times n$ 矩阵称为零矩阵，记作 $\boldsymbol{O}_{s\times n}$ 或 $\boldsymbol{O}$. 当 $s=1$ 时，$1\times n$ 矩阵 $\boldsymbol{A}=(a_{11},a_{12},\cdots,a_{1n})$ 称为一个行矩阵(或行向量)；当 $n=1$ 时，$s\times 1$ 矩阵

$$\boldsymbol{A}=\begin{pmatrix} a_{11} \\ a_{21} \\ \vdots \\ a_{s1} \end{pmatrix}$$

称为一个列矩阵(或列向量)；当 $s=n$ 时，$n\times n$ 矩阵

$$\begin{pmatrix} a_{11} & a_{12} & \cdots & a_{1n} \\ a_{21} & a_{22} & \cdots & a_{2n} \\ \vdots & \vdots & & \vdots \\ a_{n1} & a_{n2} & \cdots & a_{nn} \end{pmatrix}$$

称为 n 阶方阵. 我们约定，如果不分别指明矩阵的行数和列数，只说 n 阶矩阵，指的就是 n 阶方阵，n 阶方阵 $\boldsymbol{A}$ 也可记作 $\boldsymbol{A}_n$. 在 n 阶方阵 $\boldsymbol{A}$ 中，我们称从左上角到右下角的对角线为主对角线，从右上角到左下角的对角线为副对角线，并称主对角线的元素 $a_{11},a_{22},\cdots,a_{nn}$ 为方阵 $\boldsymbol{A}$ 的主对角线元素，简称主对角元.

下面介绍几种特殊的 n 阶方阵.

主对角线以外的元素全为零的 n 阶方阵

$$\begin{pmatrix} a_{11} & 0 & \cdots & 0 \\ 0 & a_{22} & \cdots & 0 \\ \vdots & \vdots & & \vdots \\ 0 & 0 & \cdots & a_{nn} \end{pmatrix}$$

称为对角矩阵，记作 $\mathrm{diag}(a_{11},a_{22},\cdots,a_{nn})$.

主对角线元素均相同的 n 阶对角矩阵

$$\begin{pmatrix} a & 0 & \cdots & 0 \\ 0 & a & \cdots & 0 \\ \vdots & \vdots & & \vdots \\ 0 & 0 & \cdots & a \end{pmatrix}$$

称为数量矩阵. 特别地，主对角线元素全为 1 的 n 阶对角矩阵

$$\begin{pmatrix} 1 & 0 & \cdots & 0 \\ 0 & 1 & \cdots & 0 \\ \vdots & \vdots & & \vdots \\ 0 & 0 & \cdots & 1 \end{pmatrix}$$

称为 n 阶单位矩阵，记作 $\boldsymbol{E}_n$ 或 $\boldsymbol{E}$.

主对角线以下的元素全为零的 n 阶方阵

$$\begin{pmatrix} a_{11} & a_{12} & \cdots & a_{1n} \\ 0 & a_{22} & \cdots & a_{2n} \\ \vdots & \vdots & & \vdots \\ 0 & 0 & \cdots & a_{nn} \end{pmatrix}$$

称为上三角矩阵. 类似地，主对角线以上的元素全为零的 n 阶方阵称为下三角矩阵.

定义 4.6 对矩阵施行以下 3 种变换称为矩阵的初等行变换.

(1) 互换第 i 行和第 j 行的位置，记作 $r_i \leftrightarrow r_j$.

(2) 用非零数 k 乘第 i 行中的所有元素，记作 $r_i \times k$.

(3) 把第 j 行所有元素的 k 倍加到第 i 行对应元素上去，记为 $r_i + kr_j$.

注意到“行”的英文单词是“row”，不难理解其中 r_i 代表矩阵的第 i 行. 类似地，可以定义矩阵的初等列变换. 联想到“列”的英文单词是“column”，相应的表示法中自然用 c_i 代表第 i 列.

矩阵的初等行变换与矩阵的初等列变换统称为矩阵的初等变换.

称矩阵中元素全为零的行为零行，不全为零的行为非零行，非零行的第一个非零元素称为主元. 例如，在矩阵

$$\begin{pmatrix} 1 & 2 & 3 & 4 & 5 \\ 0 & 0 & 7 & 8 & 0 \\ 0 & 0 & 0 & 0 & 0 \end{pmatrix}$$

中，第 1 行和第 2 行是两个非零行，1 和 7 分别是这两行的主元.

定义 4.7 若非零矩阵 $\boldsymbol{J}$，满足

(1) $\boldsymbol{J}$ 的下一行的主元在上一行主元的右边；

(2) 若 $\boldsymbol{J}$ 中有零行，则所有的零行均位于非零行的下方，

则称该矩阵为行阶梯形矩阵.

例如，以下 3 个矩阵均是行阶梯形矩阵.

$$\begin{pmatrix}5&7&0&12&3\\0&1&2&2&1\\0&0&0&8&9\\0&0&0&0&1\end{pmatrix},\begin{pmatrix}1&2&3&4&5\\0&0&7&8&0\\0&0&0&0&0\end{pmatrix},\begin{pmatrix}1&0&0&1\\0&1&0&1\\0&0&1&4\end{pmatrix}.$$

行阶梯形矩阵有一个共同的特点，就是可画一条阶梯线，如下所示，线的下方全为零；每个台阶只有一行，台阶数就是非零行的行数；每一个非零行的主元位于上一行主元的右侧.

$$\begin{pmatrix}5&7&0&12&3\\0&1&2&2&1\\0&0&0&8&9\\0&0&0&0&1\end{pmatrix},\begin{pmatrix}1&2&3&4&5\\0&0&7&8&0\\0&0&0&0&0\end{pmatrix},\begin{pmatrix}1&0&0&1\\0&1&0&1\\0&0&1&4\end{pmatrix}.$$

对于上面的最后一个矩阵，它的每个非零行的主元全为1，并且这些“1”所在的列的其余元素全为零，这样的行阶梯形矩阵称为行最简形矩阵. 显然，单位矩阵 $\boldsymbol{E}_n$ 就是行最简形矩阵.

例 4.1 利用初等行变换把矩阵

$$\boldsymbol{A}=\begin{pmatrix}2&-3&8&2\\2&12&-2&12\\1&3&1&4\end{pmatrix}$$

微课：例 4.1

先化为行阶梯形矩阵，再进一步化为行最简形矩阵.

解 $$\boldsymbol{A}=\begin{pmatrix}2&-3&8&2\\2&12&-2&12\\1&3&1&4\end{pmatrix}\xrightarrow{r_1\leftrightarrow r_3}\begin{pmatrix}1&3&1&4\\2&12&-2&12\\2&-3&8&2\end{pmatrix}\xrightarrow[r_3-2r_1]{r_2-2r_1}\begin{pmatrix}1&3&1&4\\0&6&-4&4\\0&-9&6&-6\end{pmatrix}$$

$$\xrightarrow[r_3\times\frac{1}{3}]{r_2\times\frac{1}{2}}\begin{pmatrix}1&3&1&4\\0&3&-2&2\\0&-3&2&-2\end{pmatrix}\xrightarrow{r_3+r_2}\begin{pmatrix}1&3&1&4\\0&3&-2&2\\0&0&0&0\end{pmatrix}\ \text{（行阶梯形矩阵）}$$

$$\xrightarrow{r_2\times\frac{1}{3}}\begin{pmatrix}1&3&1&4\\0&1&-\frac{2}{3}&\frac{2}{3}\\0&0&0&0\end{pmatrix}\xrightarrow{r_1-3r_2}\begin{pmatrix}1&0&3&2\\0&1&-\frac{2}{3}&\frac{2}{3}\\0&0&0&0\end{pmatrix}.\ \text{（行最简形矩阵）}$$

对于一般的矩阵，我们有以下结论：任一非零矩阵 $\boldsymbol{A}_{s\times n}$ 总可以经过若干次初等行变换化为行阶梯形矩阵，进一步化为行最简形矩阵.

注意到在例 4.1 的一系列初等行变换过程中，最后 3 个矩阵都是行阶梯形矩阵，这说明经过一系列初等行变换将矩阵化成行阶梯形矩阵时，所得到的行阶梯形矩阵不是唯一的，但可以

证明化成的行最简形矩阵是唯一的. 也就是说，虽然行阶梯形矩阵不唯一，但其非零行的个数是唯一确定的.

定义 4.8 设非零矩阵 $\boldsymbol{A}$ 经过初等行变换化为行阶梯形矩阵 $\boldsymbol{J}$，称 $\boldsymbol{J}$ 中非零行的个数为矩阵 $\boldsymbol{A}$ 的秩，记作 $r(\boldsymbol{A})$.

例 4.1 中 $r(\boldsymbol{A})=2$. 规定零矩阵的秩为 0，即 $r(\boldsymbol{O})=0$.

后面我们还会给出矩阵秩的其他等价定义.

4.1.3 连加号“Σ”

在数学中经常遇到若干个数连加的式子，比如

$$a_1+a_2+\cdots+a_n. \tag{4.3}$$

为了简便起见，我们把上式记成

$$\sum_{i=1}^{n} a_i, \tag{4.4}$$

$\sum$ 称为连加号，a_i 称为一般项，而 $\sum$ 上下的 $i=1$ 及 n 表示 i 的取值由 1 到 n. 例如

$$1^2+2^2+\cdots+100^2=\sum_{i=1}^{100} i^2.$$

在式(4.4)中，i 称为求和指标，它只起辅助作用，用什么字母作为求和指标是任意的，比如式(4.3)也可以写成 $\sum\limits_{k=1}^{n} a_k$.

有时，连加的数是用两个指标来编号的，比如矩阵

$$\boldsymbol{A}=\begin{pmatrix} a_{11} & a_{12} & \cdots & a_{1n} \\ a_{21} & a_{22} & \cdots & a_{2n} \\ \vdots & \vdots & & \vdots \\ a_{s1} & a_{s2} & \cdots & a_{sn} \end{pmatrix}$$

中第 1 行所有元素的和可表示为 $\sum\limits_{j=1}^{n} a_{1j}$，第 2 行所有元素的和可表示为 $\sum\limits_{j=1}^{n} a_{2j}$，…，第 s 行所有元素的和可表示为 $\sum\limits_{j=1}^{n} a_{sj}$，再把这 s 个行的和全部加起来，就是矩阵全部元素的和，可以用双重连加号表示为

$$\sum_{i=1}^{s}\sum_{j=1}^{n} a_{ij}, \tag{4.5}$$

其中 $\sum\limits_{j=1}^{n} a_{ij}$ 是第 i 行所有元素的和(第 i 个行和)，也可将其看作式(4.5)中关于指标 i 的求和通项，也就是说式(4.5)可以写成 $\sum\limits_{i=1}^{s}\left(\sum\limits_{j=1}^{n} a_{ij}\right)$，通常将括号省略不写.

同样，第 j 列所有元素的和可表示为 $\sum\limits_{i=1}^{s} a_{ij}$，再将这 n 个列和全部加起来，即

$$\sum_{j=1}^{n}\sum_{i=1}^{s} a_{ij},$$

它也表示矩阵全部元素的和，所以

$$\sum_{i=1}^{s}\sum_{j=1}^{n}a_{ij}=\sum_{j=1}^{n}\sum_{i=1}^{s}a_{ij}.$$

这就是说，在双重连加号中，可以交换求和的次序.

熟悉关于连加号的分配律，对于学习后面的内容是很有帮助的. 先看一个简单的情形：

$$k\sum_{i=1}^{n}a_i=\sum_{i=1}^{n}ka_i.$$

再来验证双重连加号的情况：$\sum_{i=1}^{3}a_i\sum_{j=1}^{4}b_j=\sum_{i=1}^{3}\sum_{j=1}^{4}a_ib_j$. 事实上，

$$\begin{aligned}\sum_{i=1}^{3}a_i\sum_{j=1}^{4}b_j&=(a_1+a_2+a_3)\sum_{j=1}^{4}b_j=a_1\sum_{j=1}^{4}b_j+a_2\sum_{j=1}^{4}b_j+a_3\sum_{j=1}^{4}b_j\\&=\sum_{i=1}^{3}\left(a_i\sum_{j=1}^{4}b_j\right)=\sum_{i=1}^{3}\sum_{j=1}^{4}a_ib_j.\end{aligned}$$

一般地，有 $\sum_{i=1}^{m}a_i\sum_{j=1}^{n}b_j=\sum_{i=1}^{m}\sum_{j=1}^{n}a_ib_j$.

同步习题 4.1

1. 设 $\boldsymbol{\alpha}=(-3,1,3,4)$，$\boldsymbol{\beta}=(1,2,-1,-2)$，计算向量 $\boldsymbol{\alpha}+\boldsymbol{\beta}$，$2\boldsymbol{\alpha}$，$2\boldsymbol{\alpha}-\boldsymbol{\beta}$.
2. 设 $\boldsymbol{\alpha}=(1,0,-1,2)$，$\boldsymbol{\beta}=(3,2,-4,-1)$，计算向量 $-\boldsymbol{\alpha}$，$3\boldsymbol{\alpha}$，$\boldsymbol{\alpha}-\boldsymbol{\beta}$，$3\boldsymbol{\alpha}+4\boldsymbol{\beta}$.
3. 设 $\boldsymbol{\alpha}=\begin{pmatrix}1\\-2\\2\end{pmatrix}$，$\boldsymbol{\beta}=\begin{pmatrix}a\\4\\b\end{pmatrix}$，若 $2\boldsymbol{\alpha}+\boldsymbol{\beta}=\mathbf{0}$，则 $a=$ ________，$b=$ ________.
4. 矩阵 $\begin{pmatrix}6&1&9&2\\0&0&3&7\\0&0&0&0\end{pmatrix}$ 有 ________ 个主元，它们分别是 ________.
5. 矩阵 $\begin{pmatrix}1&2\\2&5\end{pmatrix}$ 的秩等于 ________.
6. 矩阵 $\begin{pmatrix}1&2\\2&4\end{pmatrix}$ 的秩等于 ________.
7. 下列矩阵中，哪些是行阶梯形矩阵？哪些是行最简形矩阵？

(1) $\begin{pmatrix}1&2&3&4\\0&0&1&2\end{pmatrix}$.　　(2) $\begin{pmatrix}1&0&0\\0&0&0\\0&0&1\end{pmatrix}$.

(3) $\begin{pmatrix}1&2&0\\0&0&1\\0&0&0\end{pmatrix}$.　　(4) $\begin{pmatrix}0&1\\0&0\\0&0\end{pmatrix}$.

(5) $\begin{pmatrix}1&1&1\\0&1&2\\0&0&3\end{pmatrix}$.　　　(6) $\begin{pmatrix}1&4&5\\0&0&1\\0&1&7\end{pmatrix}$.

(7) $\begin{pmatrix}0&1&3&6\\0&0&1&3\\0&0&0&0\end{pmatrix}$.　　　(8) $\begin{pmatrix}1&0&0&2&1\\0&1&0&4&2\\0&0&1&6&3\end{pmatrix}$.

8. 下列不是行阶梯形矩阵的是(　　).

A. $\begin{pmatrix}1&2&0&1\\0&0&1&3\end{pmatrix}$　　　B. $\begin{pmatrix}0&1&0&2\\0&0&1&-1\\0&0&0&0\end{pmatrix}$

C. $\begin{pmatrix}0&1&0&2\\0&2&1&3\\0&0&0&0\end{pmatrix}$　　　D. $\begin{pmatrix}1&1&0&2\\0&0&1&-4\\0&0&0&0\end{pmatrix}$

9. 下列不是行最简形矩阵的是(　　).

A. $\begin{pmatrix}0&1&0&6\\0&0&1&-1\\0&0&0&0\end{pmatrix}$　　　B. $\begin{pmatrix}0&1&0&2\\0&0&2&3\\0&0&0&0\end{pmatrix}$

C. $\begin{pmatrix}1&0&4&2\\0&1&-2&3\\0&0&0&0\end{pmatrix}$　　　D. $\begin{pmatrix}1&1&0&7\\0&0&1&4\\0&0&0&0\end{pmatrix}$

10. 用初等行变换把下列矩阵化成行阶梯形矩阵.

(1) $\begin{pmatrix}3&1&4\\-2&4&-4\\1&-2&2\end{pmatrix}$.　　　(2) $\begin{pmatrix}-1&1&-1&3\\3&1&-1&-1\\2&-1&-2&-1\end{pmatrix}$.

11. 具体写出以下用连加号表示的公式，能求值的求出其值.

(1) $\sum\limits_{k=1}^{n-1} k$.　　(2) $\sum\limits_{j=1}^{2}\sum\limits_{i=1}^{3} a_i b_j$.　　(3) $\sum\limits_{i+j=3} x_i y_j$(其中 i,j 为非负整数).

提高题

1. 设四阶方阵 $\boldsymbol{A}=(a_{ij})$，其中 $a_{ij}=i+j$，计算 $\sum\limits_{i=1}^{4} a_{ii}$.

2. 设一个方程组的第 i 个方程为 $\sum\limits_{j=1}^{4} a_{ij}x_j=d_i(i=1,2,3)$，具体写出这个方程组.

4.2 线性方程组

4.2.1 线性方程组及消元法

许多问题的数学模型都可归结为线性方程组的问题，初中教材中介绍过二元线性方程组、三元线性方程组等. 线性方程组中未知量的个数与方程的个数不一定相等，本节将介绍具有 s 个方程 n 个未知量的线性方程组，它的一般形式为

$$\begin{cases} a_{11}x_1 + a_{12}x_2 + \cdots + a_{1n}x_n = b_1, \\ a_{21}x_1 + a_{22}x_2 + \cdots + a_{2n}x_n = b_2, \\ \cdots\cdots\cdots \\ a_{s1}x_1 + a_{s2}x_2 + \cdots + a_{sn}x_n = b_s, \end{cases} \tag{4.6}$$

称为 $s\times n$ 线性方程组，其中 $x_1,x_2,\cdots,x_n$ 代表 n 个未知量，s 是方程的个数，$a_{ij}(i=1,2,\cdots,s,j=1,2,\cdots,n)$ 是第 i 个方程中未知量 x_j 的系数，$b_i(i=1,2,\cdots,s)$ 称为常数项. 若 $b_1,b_2,\cdots,b_s$ 不全为零，则称方程组[式(4.6)]为非齐次线性方程组. 若 $b_1,b_2,\cdots,b_s$ 全为零，即

$$\begin{cases} a_{11}x_1 + a_{12}x_2 + \cdots + a_{1n}x_n = 0, \\ a_{21}x_1 + a_{22}x_2 + \cdots + a_{2n}x_n = 0, \\ \cdots\cdots\cdots \\ a_{s1}x_1 + a_{s2}x_2 + \cdots + a_{sn}x_n = 0, \end{cases} \tag{4.7}$$

则称方程组[式(4.7)]为齐次线性方程组.

设 $c_1,c_2,\cdots,c_n$ 是 n 个数，如果 $x_1,x_2,\cdots,x_n$ 分别用 $c_1,c_2,\cdots,c_n$ 代入后，方程组[式(4.6)]中每一个式子都变成恒等式，则称 n 维向量 $(c_1,c_2,\cdots,c_n)$ 是方程组[式(4.6)]的一个解. 方程组的解也称为解向量. 解方程组就是求出方程组的所有解，方程组的所有解的集合(解集合)称为这个方程组的通解(或全部解). 解集合是空集时就称方程组无解. 若线性方程组无解，则称该方程组是不相容的. 如果线性方程组至少存在一个解，则称该方程组是相容的.

如果两个线性方程组有相同个数的未知量，并且它们的解集合也相同，那么称这两个方程组是同解的.

方程组[式(4.6)]的系数按原来的位置排成的矩阵

$$\boldsymbol{A} = \begin{pmatrix} a_{11} & a_{12} & \cdots & a_{1n} \\ a_{21} & a_{22} & \cdots & a_{2n} \\ \vdots & \vdots & & \vdots \\ a_{s1} & a_{s2} & \cdots & a_{sn} \end{pmatrix}$$

称为方程组[式(4.6)]的系数矩阵. 列矩阵

$$\begin{pmatrix} b_1 \\ b_2 \\ \vdots \\ b_s \end{pmatrix}$$

称为方程组[式(4.6)]的常数项向量. 在系数矩阵的最后加上一列常数项，得到一个 $s\times(n+1)$ 矩阵

$$\bar{A}=\begin{pmatrix} a_{11} & a_{12} & \cdots & a_{1n} & b_1 \\ a_{21} & a_{22} & \cdots & a_{2n} & b_2 \\ \vdots & \vdots & & \vdots & \vdots \\ a_{s1} & a_{s2} & \cdots & a_{sn} & b_s \end{pmatrix},$$

称为方程组[式(4.6)]的增广矩阵.

显然，如果知道了一个线性方程组的全部系数和常数项，那么这个线性方程组就完全确定了，即线性方程组可以用它的增广矩阵$\bar{A}$来表示.

消元法是求解线性方程组最简洁、最有效的方法. 其基本思想是通过对方程组进行一系列的变换，消去方程组中的若干未知量，把方程组化为易于求解的同解方程组. 下面先用一个具体例子来介绍如何用消元法求解一般线性方程组.

例 4.2 解线性方程组

$$\begin{cases} 2x_1 - x_2 - 3x_3 = 1, \\ \frac{1}{2}x_1 - \frac{1}{2}x_2 - \frac{1}{2}x_3 = 1, \\ 3x_1 + 2x_2 - 5x_3 = 0. \end{cases}$$

解 将方程组中第二个方程乘以2，再与第一个方程互换次序，得

$$\begin{cases} x_1 - x_2 - x_3 = 2, \\ 2x_1 - x_2 - 3x_3 = 1, \\ 3x_1 + 2x_2 - 5x_3 = 0, \end{cases}$$

将方程组中第二个方程减去第一个方程的2倍，第三个方程减去第一个方程的3倍，得

$$\begin{cases} x_1 - x_2 - x_3 = 2, \\ x_2 - x_3 = -3, \\ 5x_2 - 2x_3 = -6, \end{cases}$$

第三个方程减去第二个方程的5倍，得

$$\begin{cases} x_1 - x_2 - x_3 = 2, \\ x_2 - x_3 = -3, \\ 3x_3 = 9, \end{cases} \tag{4.8}$$

第三个方程乘以$\frac{1}{3}$，得

$$\begin{cases} x_1 - x_2 - x_3 = 2, \\ x_2 - x_3 = -3, \\ x_3 = 3, \end{cases} \tag{4.9}$$

把第三个方程分别加到第二个方程和第一个方程，得

$$\begin{cases} x_1 - x_2 = 5, \\ x_2 = 0, \\ x_3 = 3, \end{cases} \tag{4.10}$$

把第二个方程加到第一个方程，得

$$\begin{cases} x_1 \qquad\quad = 5, \\ \qquad x_2 \qquad = 0, \\ \qquad\qquad x_3 = 3, \end{cases} \tag{4.11}$$

解得 $x_1 = 5, x_2 = 0, x_3 = 3$，所以方程组的解为(5,0,3).

上述过程中，形如式(4.8) 至式(4.11) 的方程组均称为阶梯形方程组，它们相应的增广矩阵都是行阶梯形矩阵. 特别地，方程组[式(4.11)]的增广矩阵是行最简形矩阵

$$\begin{pmatrix} 1 & 0 & 0 & 5 \\ 0 & 1 & 0 & 0 \\ 0 & 0 & 1 & 3 \end{pmatrix}.$$

显然，如果将一个方程组化成形如式(4.11) 的形式，那么最后求解时是非常方便的.

回顾解方程组的过程，易见用消元法解方程组就是对方程组反复施行以下 3 种变换：

(1) 交换两个方程的位置；

(2) 用非零数乘某个方程；

(3) 将某个方程的若干倍加到另一个方程.

以上 3 种变换称为线性方程组的初等变换，显然，线性方程组经初等变换后，得到的线性方程组与原线性方程组同解.

观察例 4.2 解方程组的过程，容易看出所有运算只是在方程组的系数和常数项中进行，未知量并未参与运算. 因此，我们可以对方程组的增广矩阵施行初等行变换，化成行最简形矩阵解线性方程组. 例 4.2 解方程组的过程可以用矩阵的初等行变换表示为

$$\bar{\boldsymbol{A}} = \left(\begin{array}{ccc:c} 2 & -1 & -3 & 1 \\ \frac{1}{2} & -\frac{1}{2} & -\frac{1}{2} & 1 \\ 3 & 2 & -5 & 0 \end{array}\right) \to \left(\begin{array}{ccc:c} 1 & -1 & -1 & 2 \\ 2 & -1 & -3 & 1 \\ 3 & 2 & -5 & 0 \end{array}\right) \to \left(\begin{array}{ccc:c} 1 & -1 & -1 & 2 \\ 0 & 1 & -1 & -3 \\ 0 & 5 & -2 & -6 \end{array}\right)$$

$$\to \left(\begin{array}{ccc:c} 1 & -1 & -1 & 2 \\ 0 & 1 & -1 & -3 \\ 0 & 0 & 3 & 9 \end{array}\right) \to \left(\begin{array}{ccc:c} 1 & -1 & -1 & 2 \\ 0 & 1 & -1 & -3 \\ 0 & 0 & 1 & 3 \end{array}\right) \to \left(\begin{array}{ccc:c} 1 & -1 & 0 & 5 \\ 0 & 1 & 0 & 0 \\ 0 & 0 & 1 & 3 \end{array}\right)$$

$$\to \left(\begin{array}{ccc:c} 1 & 0 & 0 & 5 \\ 0 & 1 & 0 & 0 \\ 0 & 0 & 1 & 3 \end{array}\right),$$

最后的行最简形矩阵对应的方程组为

$$\begin{cases} x_1 = 5, \\ x_2 = 0, \\ x_3 = 3, \end{cases}$$

即为原方程组的解.

4.2.2 非齐次线性方程组

如前所述，对于非齐次线性方程组[式(4.6)]，我们可以对方程组的增广矩阵施行初等行

变换，化成行最简形矩阵来解线性方程组. 我们再来看几个例子.

例 4.3 解线性方程组

$$\begin{cases}2x_1 - x_2 + x_3 - x_4 = 1, \\ x_1 - x_2 - 3x_4 = 2, \\ 4x_1 - 3x_2 + x_3 - 7x_4 = 5.\end{cases} \tag{4.12}$$

解 对方程组的增广矩阵施行初等行变换，将其化成行最简形矩阵

$$\bar{A} = \left(\begin{array}{cccc:c} 2 & -1 & 1 & -1 & 1 \\ 1 & -1 & 0 & -3 & 2 \\ 4 & -3 & 1 & -7 & 5 \end{array}\right) \to \left(\begin{array}{cccc:c} 1 & -1 & 0 & -3 & 2 \\ 2 & -1 & 1 & -1 & 1 \\ 4 & -3 & 1 & -7 & 5 \end{array}\right)$$

$$\to \left(\begin{array}{cccc:c} 1 & -1 & 0 & -3 & 2 \\ 0 & 1 & 1 & 5 & -3 \\ 0 & 1 & 1 & 5 & -3 \end{array}\right) \to \left(\begin{array}{cccc:c} 1 & -1 & 0 & -3 & 2 \\ 0 & 1 & 1 & 5 & -3 \\ 0 & 0 & 0 & 0 & 0 \end{array}\right)$$

$$\to \left(\begin{array}{cccc:c} 1 & 0 & 1 & 2 & -1 \\ 0 & 1 & 1 & 5 & -3 \\ 0 & 0 & 0 & 0 & 0 \end{array}\right),$$

原方程组的同解方程组为

$$\begin{cases}x_1 = -1 - x_3 - 2x_4, \\ x_2 = -3 - x_3 - 5x_4,\end{cases}$$

这里 x_3, x_4 可取任意值(称为自由未知量)，令 $x_3 = k_1, x_4 = k_2$，得到原方程组的通解为

$$\begin{pmatrix} x_1 \\ x_2 \\ x_3 \\ x_4 \end{pmatrix} = \begin{pmatrix} -1 - k_1 - 2k_2 \\ -3 - k_1 - 5k_2 \\ k_1 \\ k_2 \end{pmatrix} = \begin{pmatrix} -1 \\ -3 \\ 0 \\ 0 \end{pmatrix} + k_1 \begin{pmatrix} -1 \\ -1 \\ 1 \\ 0 \end{pmatrix} + k_2 \begin{pmatrix} -2 \\ -5 \\ 0 \\ 1 \end{pmatrix}, \tag{4.13}$$

其中 k_1, k_2 为任意常数.

例 4.4 解线性方程组

$$\begin{cases}2x_1 - x_2 + 3x_3 = 1, \\ 4x_1 - 2x_2 + 5x_3 = 4, \\ 2x_1 - x_2 + 4x_3 = 0.\end{cases}$$

解 对方程组的增广矩阵施行初等行变换

$$\bar{A} = \left(\begin{array}{ccc:c} 2 & -1 & 3 & 1 \\ 4 & -2 & 5 & 4 \\ 2 & -1 & 4 & 0 \end{array}\right) \to \left(\begin{array}{ccc:c} 2 & -1 & 3 & 1 \\ 0 & 0 & -1 & 2 \\ 0 & 0 & 1 & -1 \end{array}\right) \to \left(\begin{array}{ccc:c} 2 & -1 & 3 & 1 \\ 0 & 0 & -1 & 2 \\ 0 & 0 & 0 & 1 \end{array}\right),$$

从最后一行可以看出，同解方程组中含有 $0 = 1$，这是不可能的，故原方程组无解.

总结上面3个例题，例4.2的系数矩阵的秩与增广矩阵的秩相等，且等于未知量的个数，方程组有唯一解；例4.3的系数矩阵的秩与增广矩阵的秩相等，且小于未知量的个数，方程组有无穷多解；例4.4的系数矩阵的秩小于增广矩阵的秩，方程组无解. 一般地，有如下定理.

定理 4.1 设 $s\times n$ 线性方程组[式(4.6)]的系数矩阵为 $\boldsymbol{A}$，增广矩阵为 $\bar{\boldsymbol{A}}$.

(1) 若 $r(\boldsymbol{A})=r(\bar{\boldsymbol{A}})=n$，则方程组有唯一解.

(2) 若 $r(\boldsymbol{A})=r(\bar{\boldsymbol{A}})<n$，则方程组有无穷多解.

(3) 若 $r(\boldsymbol{A})\neq r(\bar{\boldsymbol{A}})$，则方程组无解.

4.2.3 齐次线性方程组

齐次线性方程组的一般形式为

$$\begin{cases}a_{11}x_1+a_{12}x_2+\cdots+a_{1n}x_n=0,\\ a_{21}x_1+a_{22}x_2+\cdots+a_{2n}x_n=0,\\ \cdots\cdots\cdots\\ a_{s1}x_1+a_{s2}x_2+\cdots+a_{sn}x_n=0,\end{cases}\tag{4.14}$$

显然这个方程组有一个解 $(0,0,\cdots,0)$，称这个解为零解或平凡解；如果除零解之外，还有其他的解，那么显然这些解都是非零解(或非平凡解). 由定理 4.1，有如下结论.

推论 1 若齐次线性方程组[式(4.14)]的系数矩阵 $\boldsymbol{A}$ 的秩 $r(\boldsymbol{A})=n$，则方程组[式(4.14)]只有零解；若 $r(\boldsymbol{A})<n$，则方程组[式(4.14)]有无穷多解，从而有非零解.

推论 2 若齐次线性方程组方程的个数 s 小于未知量的个数 n，则方程组必有非零解.

证明 因为 $r(\boldsymbol{A})\leqslant s$，而 $s<n$，所以 $r(\boldsymbol{A})<n$，由推论 1 可知齐次线性方程组有非零解.

例 4.5 判断下面的齐次线性方程组是否有非零解，如果有非零解，请写出方程组的通解.

$$\begin{cases}2x_1-x_2+x_3-x_4=0,\\ x_1-x_2-3x_4=0,\\ 4x_1-3x_2+x_3-7x_4=0.\end{cases}\tag{4.15}$$

解 该齐次线性方程组方程的个数小于未知量的个数，由推论 2 知它有非零解. 对方程组的系数矩阵施行初等行变换，将其化成行最简形矩阵

$$\boldsymbol{A}=\begin{pmatrix}2&-1&1&-1\\1&-1&0&-3\\4&-3&1&-7\end{pmatrix}\to\begin{pmatrix}1&-1&0&-3\\2&-1&1&-1\\4&-3&1&-7\end{pmatrix}\to\begin{pmatrix}1&-1&0&-3\\0&1&1&5\\0&1&1&5\end{pmatrix}\to\begin{pmatrix}1&0&1&2\\0&1&1&5\\0&0&0&0\end{pmatrix},$$

原方程组的同解方程组为

$$\begin{cases}x_1=-x_3-2x_4,\\ x_2=-x_3-5x_4,\end{cases}$$

方程组的通解为

$$\begin{pmatrix}x_1\\x_2\\x_3\\x_4\end{pmatrix}=\begin{pmatrix}-k_1-2k_2\\-k_1-5k_2\\k_1\\k_2\end{pmatrix}=k_1\begin{pmatrix}-1\\-1\\1\\0\end{pmatrix}+k_2\begin{pmatrix}-2\\-5\\0\\1\end{pmatrix},\tag{4.16}$$

其中 k_1,k_2 为任意常数.

将本例中的方程组[式(4.15)]与例4.3中的方程组[式(4.12)]进行比较，不难发现这两个方程组除了常数项不一样外，方程的个数、未知量的个数及系数矩阵完全一样，我们称齐次线性方程组[式(4.15)]为方程组[式(4.12)]的导出组.

我们再来观察方程组[式(4.12)]的通解[式(4.13)].

$$\begin{pmatrix} x_1 \\ x_2 \\ x_3 \\ x_4 \end{pmatrix} = \begin{pmatrix} -1-k_1-2k_2 \\ -3-k_1-5k_2 \\ k_1 \\ k_2 \end{pmatrix} = \begin{pmatrix} -1 \\ -3 \\ 0 \\ 0 \end{pmatrix} + k_1 \begin{pmatrix} -1 \\ -1 \\ 1 \\ 0 \end{pmatrix} + k_2 \begin{pmatrix} -2 \\ -5 \\ 0 \\ 1 \end{pmatrix},$$

容易验证$(-1,-3,0,0)^{\mathrm{T}}$为方程组[式(4.12)]的一个解，称为方程组[式(4.12)]的一个特解；而

$$k_1 \begin{pmatrix} -1 \\ -1 \\ 1 \\ 0 \end{pmatrix} + k_2 \begin{pmatrix} -2 \\ -5 \\ 0 \\ 1 \end{pmatrix},$$

恰是导出组的通解. 事实上，这个结论对一般的非齐次线性方程组也是成立的，我们有如下线性方程组解的结构定理.

定理4.2 非齐次线性方程组的通解可以表示成它的一个特解与其导出组通解之和的形式，即

$$\boldsymbol{\gamma} = \boldsymbol{\gamma}_0 + k_1\boldsymbol{\eta}_1 + k_2\boldsymbol{\eta}_2 + \cdots + k_t\boldsymbol{\eta}_t,$$

其中$\boldsymbol{\gamma}_0$是非齐次线性方程组的一个特解，$k_1\boldsymbol{\eta}_1 + k_2\boldsymbol{\eta}_2 + \cdots + k_t\boldsymbol{\eta}_t$是导出组的通解.

同步习题4.2

1. 写出下列非齐次线性方程组对应的增广矩阵.

(1) $\begin{cases} x_1+2x_2+x_3=1, \\ 2x_1+4x_2+2x_3=3. \end{cases}$　　(2) $\begin{cases} x_1+2x_2-x_3=1, \\ 2x_1-x_2+x_3=3, \\ -x_1+2x_2+3x_3=7. \end{cases}$

(3) $\begin{cases} x_1+x_2=1, \\ x_1-x_2=1, \\ -x_1+3x_2=3. \end{cases}$　　(4) $\begin{cases} 2x_1+x_2-x_3+x_4=1, \\ 4x_1+2x_2-2x_3+x_4=2, \\ 2x_1+x_2-x_3-x_4=1. \end{cases}$

2. 写出下列每一增广矩阵对应的方程组.

(1) $\left(\begin{array}{cc:c} 3 & 2 & 7 \\ 1 & 5 & 8 \end{array}\right)$.　　(2) $\left(\begin{array}{ccc:c} 3 & -2 & 1 & 3 \\ 2 & 4 & -3 & 0 \end{array}\right)$.

(3) $\left(\begin{array}{ccc|c} 2 & 1 & 4 & -1 \\ 4 & -2 & 3 & 4 \\ 5 & 2 & 6 & -1 \end{array}\right)$.　　(4) $\left(\begin{array}{cccc|c} 4 & -3 & 1 & 2 & 4 \\ 3 & 1 & -5 & 6 & 5 \\ 1 & 1 & 2 & 4 & 8 \\ 5 & 1 & 3 & -2 & 7 \end{array}\right)$.

3. 下列增广矩阵均为行阶梯形的，对每一种情形，确定它对应的线性方程组是否有解，如果方程组有唯一解，求之.

(1) $\left(\begin{array}{cc|c} 1 & 3 & 1 \\ 0 & 1 & -1 \\ 0 & 0 & 0 \end{array}\right)$.　　(2) $\left(\begin{array}{cc|c} 1 & 2 & 4 \\ 0 & 1 & 3 \\ 0 & 0 & 1 \end{array}\right)$.

(3) $\left(\begin{array}{ccc|c} 1 & -2 & 4 & 1 \\ 0 & 0 & 1 & 3 \\ 0 & 0 & 0 & 0 \end{array}\right)$.　　(4) $\left(\begin{array}{ccc|c} 1 & -2 & 2 & -2 \\ 0 & 1 & -1 & 3 \\ 0 & 0 & 1 & 2 \end{array}\right)$.

4. 下列增广矩阵均为行最简形矩阵，对每一种情形，求出其对应的线性方程组的解.

(1) $\left(\begin{array}{ccc|c} 1 & 0 & 0 & -2 \\ 0 & 1 & 0 & 5 \\ 0 & 0 & 1 & 3 \end{array}\right)$.　　(2) $\left(\begin{array}{ccc|c} 1 & 4 & 0 & 2 \\ 0 & 0 & 1 & 3 \\ 0 & 0 & 0 & 1 \end{array}\right)$.　　(3) $\left(\begin{array}{ccc|c} 1 & -3 & 0 & 2 \\ 0 & 0 & 1 & -2 \\ 0 & 0 & 0 & 0 \end{array}\right)$

5. 对第 1 题中各方程组的增广矩阵进行初等行变换，进而求解方程组.

6. 解下列齐次线性方程组.

(1) $\begin{cases} -x_1+x_2-x_3+3x_4=0, \\ 3x_1+x_2-x_3-x_4=0, \\ 2x_1-x_2-2x_3-x_4=0. \end{cases}$　　(2) $\begin{cases} x_1+x_2+x_3+x_4=0, \\ 2x_1+x_2-x_3+3x_4=0, \\ x_1-2x_2-8x_3+4x_4=0. \end{cases}$

(3) $\begin{cases} x_1+x_2+x_3+x_4+x_5=0, \\ 3x_1+2x_2+x_3+x_4-x_5=0, \\ x_2+2x_3+2x_4+6x_5=0, \\ 5x_1+4x_2+3x_3+3x_4-x_5=0. \end{cases}$

微课：同步习题 4.2 基础题 6(3)

提高题

1. 证明：线性方程组的初等行变换把线性方程组变成同解线性方程组.

2. 写出非齐次线性方程组

$$\begin{cases} x_1-x_2-x_3+x_4=0, \\ x_1-x_2+x_3-3x_4=1, \\ 2x_1-2x_2-4x_3+6x_4=-1 \end{cases} \tag{4.17}$$

的导出组，求出导出组的通解，用方程组[式(4.17)]的一个特解及其导出组的通解表示方程组[式(4.17)]的通解.

3. 如图 4.1 所示，某城市市区的交叉路口由两条单向车道组成，图中给出了在交通高峰时段每小时进入和离开路口的车辆数，请计算图中的交通流量 x_1,x_2,x_3,x_4.

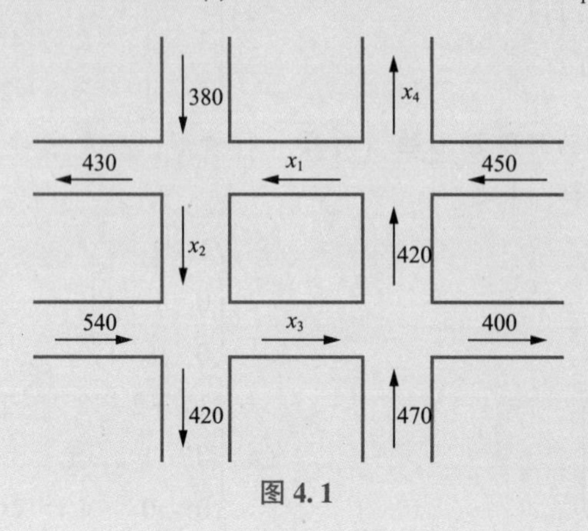

图 4.1

4.3 行列式

4.3.1 n 阶行列式的定义

作为定义 n 阶行列式的准备，下面先介绍一些关于 n 阶排列与逆序的知识.

定义 4.9 由 $1,2,\cdots,n$ 组成的一个有序数组称为一个 n 阶排列. 常用 $j_1j_2\cdots j_n$ 表示任意一个 n 阶排列.

例如，312 是一个 3 阶排列，2431 是一个 4 阶排列，45213 是一个 5 阶排列. 按数字的自然顺序由小到大的 n 阶排列 $12\cdots n$ 称为自然排列.

显然，所有不同的 n 阶排列共有 $n!$ 个. 例如，所有的 3 阶排列有 123,132,213,231,312,321 共 $6(=3!)$ 个.

定义 4.10 在一个排列中，如果一个较大的数排在一个较小的数之前，则称这两个数构成一个逆序.

一个排列中逆序的总数称为这个排列的逆序数. 排列 $j_1j_2\cdots j_n$ 的逆序数记为 $\tau(j_1j_2\cdots j_n)$. 例如，在排列 312 中，31,32 是逆序，$\tau(312)=2$；在排列 31542 中，31,32,52,54,42 是逆序，排列的逆序数为 5.

定义 4.11 逆序数为奇数的排列称为奇排列，逆序数为偶数的排列称为偶排列.

例如，312 是偶排列，31542 是奇排列. 显然，自然排列 $12\cdots n$ 的逆序数是零，因而是偶排列.

把一个排列中某两个数的位置互换，而其余的数不动，就得到一个新的排列，这种变换称为一个对换.

例如，将排列 31542 中的 3 与 4 对换，得到一个新排列 41532；将排列 31542 中相邻的两个数字(比如 5 与 4) 对换，得到另一个排列 31452. 这种将相邻两个元素对换，叫作相邻对换.

前面已经计算过 $\tau(31542)=5$，31542 是一个奇排列. 而 $\tau(41532)=6$，41532 是一个偶排列；$\tau(31452)=4$，31452 也是一个偶排列. 这说明，无论经过一次相邻对换，还是经过一次不相邻的对换，排列的奇偶性都发生了改变.

不难发现，不相邻的对换可以经过若干次相邻对换来实现，比如

$$31542 \xrightarrow[\text{两次相邻对换}]{3\text{ 依次与 }1,5\text{ 进行}} 15342 \xrightarrow[3\text{ 次相邻对换}]{4\text{ 依次与 }3,5,1\text{ 进行}} 41532.$$

下面给出关于排列与对换的一些性质，有兴趣的读者可以从前面几个具体例子中受到启发，完成这些结论的证明.

定理 4.3 对换改变排列的奇偶性. 即经过一次对换，奇排列变成偶排列，偶排列变成奇排列.

推论 全部 n 阶排列中，奇、偶排列各半，均为$\frac{n!}{2}$个.

定理 4.4 任意一个 n 阶排列与自然排列 $123\cdots n$ 都可经过一系列对换互换，并且所做对换的次数与这个排列有相同的奇偶性.

行列式起源于二元和三元线性方程组的求解问题，用消元法解二元一次线性方程组

$$\begin{cases} a_{11}x_1 + a_{12}x_2 = b_1, \\ a_{21}x_1 + a_{22}x_2 = b_2, \end{cases}$$

当 $a_{11}a_{22} - a_{12}a_{21} \neq 0$ 时，可得唯一解

$$x_1 = \frac{b_1a_{22} - a_{12}b_2}{a_{11}a_{22} - a_{12}a_{21}}, x_2 = \frac{a_{11}b_2 - b_1a_{21}}{a_{11}a_{22} - a_{12}a_{21}}. \tag{4.18}$$

为简化公式，引入记号

$$\begin{vmatrix} a_{11} & a_{12} \\ a_{21} & a_{22} \end{vmatrix} = a_{11}a_{22} - a_{12}a_{21},$$

称为二阶行列式. 显然，二阶行列式的值为主对角线两元素之积减去副对角线两元素之积，我们称之为对角线法则. 依此法则，式(4.18) 中的两个分子也可以写成

$$b_1a_{22} - a_{12}b_2 = \begin{vmatrix} b_1 & a_{12} \\ b_2 & a_{22} \end{vmatrix}, a_{11}b_2 - b_1a_{21} = \begin{vmatrix} a_{11} & b_1 \\ a_{21} & b_2 \end{vmatrix}.$$

记

$$D = \begin{vmatrix} a_{11} & a_{12} \\ a_{21} & a_{22} \end{vmatrix}, D_1 = \begin{vmatrix} b_1 & a_{12} \\ b_2 & a_{22} \end{vmatrix}, D_2 = \begin{vmatrix} a_{11} & b_1 \\ a_{21} & b_2 \end{vmatrix},$$

则方程组的唯一解可以表示成

$$x_1 = \frac{D_1}{D}, x_2 = \frac{D_2}{D}.$$

对于三元一次线性方程组

$$\begin{cases} a_{11}x_1 + a_{12}x_2 + a_{13}x_3 = b_1, \\ a_{21}x_1 + a_{22}x_2 + a_{23}x_3 = b_2, \\ a_{31}x_1 + a_{32}x_2 + a_{33}x_3 = b_3, \end{cases}$$

也有类似结果，即当 $D = \begin{vmatrix} a_{11} & a_{12} & a_{13} \\ a_{21} & a_{22} & a_{23} \\ a_{31} & a_{32} & a_{33} \end{vmatrix} \neq 0$ 时，方程组有唯一解

$$x_1=\frac{D_1}{D},x_2=\frac{D_2}{D},x_3=\frac{D_3}{D},$$

其中

$$D_1=\begin{vmatrix}b_1 & a_{12} & a_{13}\\ b_2 & a_{21} & a_{22}\\ b_3 & a_{32} & a_{33}\end{vmatrix},D_2=\begin{vmatrix}a_{11} & b_1 & a_{31}\\ a_{21} & b_2 & a_{32}\\ a_{31} & b_3 & a_{33}\end{vmatrix},D_3=\begin{vmatrix}a_{11} & a_{12} & b_1\\ a_{21} & a_{22} & b_2\\ a_{31} & a_{32} & b_3\end{vmatrix}.$$

三阶行列式的定义为

$$\begin{vmatrix}a_{11} & a_{12} & a_{13}\\ a_{21} & a_{22} & a_{23}\\ a_{31} & a_{32} & a_{33}\end{vmatrix}=a_{11}a_{22}a_{33}+a_{12}a_{23}a_{31}+a_{13}a_{21}a_{32} \tag{4.19}$$
$$-a_{13}a_{22}a_{31}-a_{12}a_{21}a_{33}-a_{11}a_{23}a_{32}.$$

可见，三阶行列式的展开式为6项的代数和，其规律遵循图4.2所示的对角线法则，每一项均为位于不同行不同列的3个元素之积，实线相连的3个元素之积带“+”号，虚线相连的3个元素之积带“-”号.

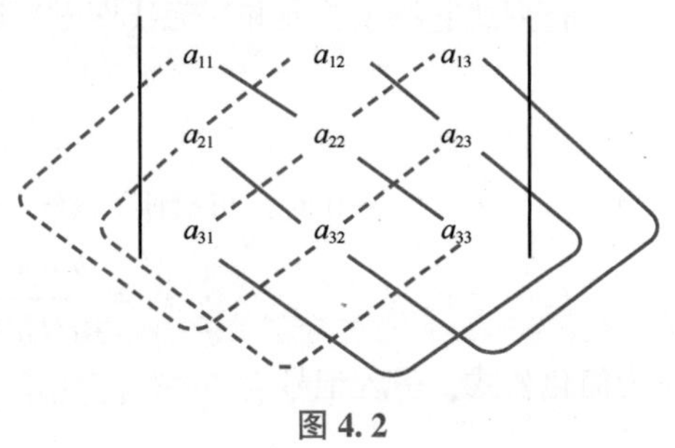

图4.2

在自然科学与工程技术中，我们会碰到未知量的个数很多的线性方程组，如含有n个方程n个未知量的n元线性方程组

$$\begin{cases}a_{11}x_1+a_{12}x_2+\cdots+a_{1n}x_n=b_1,\\ a_{21}x_1+a_{22}x_2+\cdots+a_{2n}x_n=b_2,\\ \cdots\cdots\cdots\\ a_{n1}x_1+a_{n2}x_2+\cdots+a_{nn}x_n=b_n,\end{cases}$$

如果有解的话，它的解是否也有类似的形式呢？其实，早在1750年瑞士数学家克莱姆在他的《线性代数分析导论》一书中就给出了肯定的答案，这就是后面要学习的克莱姆法则. 在介绍克莱姆法则之前，我们首先应该知道怎样定义n阶行列式.

从二阶和三阶行列式的定义可出看出，它们都是一些乘积的代数和，而每一项乘积都是由行列式中位于不同行和不同列的元素构成的. 对于二阶行列式，由不同行不同列的元素构成的乘积只有$a_{11}a_{22}$和$a_{12}a_{21}$这两项. 对于三阶行列式，它的一般项可以写成$a_{1j_1}a_{2j_2}a_{3j_3}$，即乘积中3个元素的行标从小到大按自然顺序排列，列标所成的排列$j_1j_2j_3$是任意一个三阶排列，这样就保证了这3个元素来自不同的行和不同的列，全部三阶排列共有123,231,312,321,213,132这6个. 因此，展开式中就有以下6项：

$$a_{11}a_{22}a_{33},a_{12}a_{23}a_{31},a_{13}a_{21}a_{32},a_{13}a_{22}a_{31},a_{12}a_{21}a_{33},a_{11}a_{23}a_{32}.$$

为简便起见，我们用连加号将这6项的和表示为

$$\sum_{j_1j_2j_3}a_{1j_1}a_{2j_2}a_{3j_3},$$

这里$\sum\limits_{j_1j_2j_3}$表示对1,2,3这3个数构成的所有排列求和.

另一方面，每一项乘积都是带有正号或负号的，仔细观察不难发现，当$j_1j_2j_3$是偶排列时，

对应的项带正号，当$j_1j_2j_3$是奇排列时，对应的项带负号. 于是，在每一项乘积前冠以$(-1)^{\tau(j_1j_2j_3)}$就可以确定该项是应该带正号还是应该带负号了. 所以，可以将式(4.19) 中三阶行列式的定义改写为

$$\begin{vmatrix} a_{11} & a_{12} & a_{13} \\ a_{21} & a_{22} & a_{23} \\ a_{31} & a_{32} & a_{33} \end{vmatrix} = \sum_{j_1j_2j_3} (-1)^{\tau(j_1j_2j_3)} a_{1j_1}a_{2j_2}a_{3j_3}.$$

将这些规律进行推广，就可以定义n阶行列式.

定义 4.12 n阶行列式

$$\begin{vmatrix} a_{11} & a_{12} & \cdots & a_{1n} \\ a_{21} & a_{22} & \cdots & a_{2n} \\ \vdots & \vdots & & \vdots \\ a_{n1} & a_{n2} & \cdots & a_{nn} \end{vmatrix}$$

表示一个数，它等于所有取自不同行不同列的n个元素的乘积

$$a_{1j_1}a_{2j_2}\cdots a_{nj_n} \tag{4.20}$$

的代数和，其中$j_1j_2\cdots j_n$是$1,2,\cdots,n$的一个排列. 每一项[式(4.20)]都按下述规则带有符号：当$j_1j_2\cdots j_n$是偶排列时，式(4.20) 带正号，当$j_1j_2\cdots j_n$是奇排列时，式(4.20) 带负号，即

$$\begin{vmatrix} a_{11} & a_{12} & \cdots & a_{1n} \\ a_{21} & a_{22} & \cdots & a_{2n} \\ \vdots & \vdots & & \vdots \\ a_{n1} & a_{n2} & \cdots & a_{nn} \end{vmatrix} = \sum_{j_1j_2\cdots j_n} (-1)^{\tau(j_1j_2\cdots j_n)} a_{1j_1}a_{2j_2}\cdots a_{nj_n},$$

这里$\sum\limits_{j_1j_2\cdots j_n}$表示对$1,2,\cdots,n$这$n$个数构成的所有排列求和. n阶行列式中的数$a_{ij}(i,j=1,2,\cdots,n)$称为行列式的元素，它的第一个下标i表示该元素所在的行，称为行标，第二个下标j表示该元素所在的列，称为列标，也称a_{ij}为行列式的(i,j)元.

由定义可以看出，n阶行列式是$n!$个乘积项的代数和. 当$n=1$时，对于一阶行列式，规定$|a|=a$，这里不要与取绝对值相混淆. 常用大写英文字母D表示一个行列式，有时为了表明行列式的阶数，n阶行列式也可记为$D_n=|a_{ij}|_n$.

由n阶方阵

$$\boldsymbol{A} = \begin{pmatrix} a_{11} & a_{12} & \cdots & a_{1n} \\ a_{21} & a_{22} & \cdots & a_{2n} \\ \vdots & \vdots & & \vdots \\ a_{n1} & a_{n2} & \cdots & a_{nn} \end{pmatrix}$$

的元素(各元素的位置不变) 构成的行列式为方阵$\boldsymbol{A}$的行列式，记作$|\boldsymbol{A}|$或$\det\boldsymbol{A}$，即

$$|\boldsymbol{A}| = \det\boldsymbol{A} = \begin{vmatrix} a_{11} & a_{12} & \cdots & a_{1n} \\ a_{21} & a_{22} & \cdots & a_{2n} \\ \vdots & \vdots & & \vdots \\ a_{n1} & a_{n2} & \cdots & a_{nn} \end{vmatrix}.$$

n 阶方阵与 n 阶行列式是两个不同的概念：

① 二者的形式不同，方阵用圆括弧把 n^2 个数括起来，而行列式则是在 n^2 个数左右两侧各加一条竖线；

② n 阶方阵是 n^2 个数按一定顺序排成的数表，而 n 阶行列式则是这些数按一定的运算法则所确定的一个数.

例 4.6 计算 n 阶下三角形行列式.

$$D=\begin{vmatrix} a_{11} & 0 & 0 & \cdots & 0 \\ a_{21} & a_{22} & 0 & \cdots & 0 \\ a_{31} & a_{32} & a_{33} & \cdots & 0 \\ \vdots & \vdots & \vdots & & \vdots \\ a_{n1} & a_{n2} & a_{n3} & \cdots & a_{nn} \end{vmatrix}.$$

解 由 n 阶行列式的定义，D 应有 $n!$ 项代数和，其一般项为

$$(-1)^{\tau(j_1j_2\cdots j_n)}a_{1j_1}a_{2j_2}a_{3j_3}\cdots a_{nj_n}.$$

由于 D 中有许多元素为0，因此只需求出上述一般项中不为0的项即可. 在 D 中，第1行元素除 a_{11} 外，其余均为0，所以只能取 $j_1=1$. 在第2行中，除 a_{21},a_{22} 外，其余元素都为0，因而 j_2 只有 1,2 两个可能，但由于 $j_1=1$，所以只能取 $j_2=2$. 这样逐步下去，在第 n 行只能取 $j_n=n$. 因此，该行列式展开式中只有 $a_{11}a_{22}a_{33}\cdots a_{nn}$ 一项不等于0. 而这一项的列标所组成的排列是自然排列，其逆序数是0，所以取正号. 因此，

$$D=\begin{vmatrix} a_{11} & 0 & 0 & \cdots & 0 \\ a_{21} & a_{22} & 0 & \cdots & 0 \\ a_{31} & a_{32} & a_{33} & \cdots & 0 \\ \vdots & \vdots & \vdots & & \vdots \\ a_{n1} & a_{n2} & a_{n3} & \cdots & a_{nn} \end{vmatrix}=a_{11}a_{22}\cdots a_{nn}.$$

作为下三角形行列式的特殊情况，对于 n 阶对角行列式，显然有

$$D=\begin{vmatrix} a_{11} & 0 & 0 & \cdots & 0 \\ 0 & a_{22} & 0 & \cdots & 0 \\ 0 & 0 & a_{33} & \cdots & 0 \\ \vdots & \vdots & \vdots & & \vdots \\ 0 & 0 & 0 & \cdots & a_{nn} \end{vmatrix}=a_{11}a_{22}a_{33}\cdots a_{nn}.$$

回顾前面 n 阶行列式的定义，展开式中每一项的 n 个元素都是按其行标从小到大的自然顺序排列的，而以其列标所成排列的奇偶性来决定该项的正负. 但是，数的乘法满足交换律，通过有限次元素的交换，可将一般项

$$a_{1j_1}a_{2j_2}\cdots a_{nj_n} \tag{4.21}$$

写成

$$a_{i_11}a_{i_22}\cdots a_{i_nn}, \tag{4.22}$$

很明显，式(4.21)中自然排列 $12\cdots n$ 变成了式(4.22)中的排列 $i_1i_2\cdots i_n$，与此同时式(4.21)中

的排列 $j_1j_2\cdots j_n$ 变成了式(4.22)中的自然排列 $12\cdots n$. 设自然排列 $12\cdots n$ 变成 n 阶排列 $i_1i_2\cdots i_n$ 所经历的对换次数为 t_1，设排列 $j_1j_2\cdots j_n$ 变成自然排列 $12\cdots n$ 所经历的对换次数为 t_2，则显然 $t_1=t_2$. 由定理 4.4，t_1 的奇偶性与排列 $i_1i_2\cdots i_n$ 的奇偶性相同，t_2 的奇偶性与排列 $j_1j_2\cdots j_n$ 的奇偶性相同，所以排列 $j_1j_2\cdots j_n$ 与排列 $i_1i_2\cdots i_n$ 有相同的奇偶性，即

$$(-1)^{\tau(j_1j_2\cdots j_n)}=(-1)^{\tau(i_1i_2\cdots i_n)},$$

于是有

$$(-1)^{\tau(j_1j_2\cdots j_n)}a_{1j_1}a_{2j_2}\cdots a_{nj_n}=(-1)^{\tau(i_1i_2\cdots i_n)}a_{i_11}a_{i_22}\cdots a_{i_nn}.$$

因此，n 阶行列式也可以采用如下定义：

$$\begin{vmatrix} a_{11} & a_{12} & \cdots & a_{1n} \\ a_{21} & a_{22} & \cdots & a_{2n} \\ \vdots & \vdots & & \vdots \\ a_{n1} & a_{n2} & \cdots & a_{nn} \end{vmatrix}=\sum_{i_1i_2\cdots i_n}(-1)^{\tau(i_1i_2\cdots i_n)}a_{i_11}a_{i_22}\cdots a_{i_nn},$$

这里 $\sum\limits_{i_1i_2\cdots i_n}$ 表示对所有 n 阶排列求和，$i_1i_2\cdots i_n$ 表示 $1,2,\cdots,n$ 的一个排列. 容易看出，这里的一般项 $a_{i_11}a_{i_22}\cdots a_{i_nn}$ 就是取自不同行不同列的 n 个元素的乘积.

4.3.2 行列式的性质

直接利用定义计算行列式往往是很困难的，n 阶行列式的展开式中每一项都是 n 个元素相乘，需要 $n-1$ 次乘法，而 n 阶行列式的展开式中共有 $n!$ 个这样的项，所以利用定义计算 n 阶行列式就需要做 $n!\,(n-1)$ 次乘法. 当 n 较大时，$n!$ 是一个相当大的数字，行列式的阶数越高，困难越大. 为了简化行列式的计算，我们有必要掌握行列式的一些性质.

定义 4.13 将行列式 D 的行与列互换得到的行列式称为行列式 D 的转置行列式，记为 D^{T}，即如果 $D=\begin{vmatrix} a_{11} & a_{12} & a_{13} & \cdots & a_{1n} \\ a_{21} & a_{22} & a_{23} & \cdots & a_{2n} \\ a_{31} & a_{32} & a_{33} & \cdots & a_{3n} \\ \vdots & \vdots & \vdots & & \vdots \\ a_{n1} & a_{n2} & a_{n3} & \cdots & a_{nn} \end{vmatrix}$，则 $D^{\mathrm{T}}=\begin{vmatrix} a_{11} & a_{21} & a_{31} & \cdots & a_{n1} \\ a_{12} & a_{22} & a_{32} & \cdots & a_{n2} \\ a_{13} & a_{23} & a_{33} & \cdots & a_{n3} \\ \vdots & \vdots & \vdots & & \vdots \\ a_{1n} & a_{2n} & a_{3n} & \cdots & a_{nn} \end{vmatrix}$.

例如，行列式 $D=\begin{vmatrix} 1 & 2 & 3 \\ 4 & 5 & 6 \\ 7 & 8 & 9 \end{vmatrix}$ 的转置行列式 $D^{\mathrm{T}}=\begin{vmatrix} 1 & 4 & 7 \\ 2 & 5 & 8 \\ 3 & 6 & 9 \end{vmatrix}$.

性质 4.1 行列式与其转置行列式的值相等，即 $D=D^{\mathrm{T}}$.

例如，设 $D=\begin{vmatrix} 3 & 5 \\ 2 & 4 \end{vmatrix}$，则 $D^{\mathrm{T}}=\begin{vmatrix} 3 & 2 \\ 5 & 4 \end{vmatrix}$，容易验证 $D=D^{\mathrm{T}}=2$.

再如，

$$\begin{vmatrix} a_{11} & 0 & 0 & \cdots & 0 \\ a_{21} & a_{22} & 0 & \cdots & 0 \\ a_{31} & a_{32} & a_{33} & \cdots & 0 \\ \vdots & \vdots & \vdots & & \vdots \\ a_{n1} & a_{n2} & a_{n3} & \cdots & a_{nn} \end{vmatrix}=\begin{vmatrix} a_{11} & a_{21} & a_{31} & \cdots & a_{n1} \\ 0 & a_{22} & a_{32} & \cdots & a_{n2} \\ 0 & 0 & a_{33} & \cdots & a_{n3} \\ \vdots & \vdots & \vdots & & \vdots \\ 0 & 0 & 0 & \cdots & a_{nn} \end{vmatrix}=a_{11}a_{22}\cdots a_{nn}.$$

性质4.1说明行列式中行和列具有同样的地位，因此，行列式中的有关性质凡是对行成立的，对列也成立. 下面我们介绍的行列式的性质大多是对行来说的，对于列也有相同的性质，就不重复了.

性质4.2 若行列式的某一行的元素含有公因数k，则可以把k提到行列式符号的外面，即

$$\begin{vmatrix} a_{11} & a_{12} & \cdots & a_{1n} \\ \vdots & \vdots & & \vdots \\ ka_{i1} & ka_{i2} & \cdots & ka_{in} \\ \vdots & \vdots & & \vdots \\ a_{n1} & a_{n2} & \cdots & a_{nn} \end{vmatrix} = k \begin{vmatrix} a_{11} & a_{12} & \cdots & a_{1n} \\ \vdots & \vdots & & \vdots \\ a_{i1} & a_{i2} & \cdots & a_{in} \\ \vdots & \vdots & & \vdots \\ a_{n1} & a_{n2} & \cdots & a_{nn} \end{vmatrix}.$$

推论 若行列式中某一行的元素全为零，则行列式的值为零.

性质4.3 若行列式的某一行元素均是两数之和，则该行列式可拆成两个行列式之和，即

$$\begin{vmatrix} a_{11} & a_{12} & \cdots & a_{1n} \\ \vdots & \vdots & & \vdots \\ b_{i1}+c_{i1} & b_{i2}+c_{i2} & \cdots & b_{in}+c_{in} \\ \vdots & \vdots & & \vdots \\ a_{n1} & a_{n2} & \cdots & a_{nn} \end{vmatrix} = \begin{vmatrix} a_{11} & a_{12} & \cdots & a_{1n} \\ \vdots & \vdots & & \vdots \\ b_{i1} & b_{i2} & \cdots & b_{in} \\ \vdots & \vdots & & \vdots \\ a_{n1} & a_{n2} & \cdots & a_{nn} \end{vmatrix} + \begin{vmatrix} a_{11} & a_{12} & \cdots & a_{1n} \\ \vdots & \vdots & & \vdots \\ c_{i1} & c_{i2} & \cdots & c_{in} \\ \vdots & \vdots & & \vdots \\ a_{n1} & a_{n2} & \cdots & a_{nn} \end{vmatrix}.$$

性质4.4 交换行列式的两行，行列式变号，即

$$\begin{vmatrix} a_{11} & a_{12} & \cdots & a_{1n} \\ \vdots & \vdots & & \vdots \\ a_{i1} & a_{i2} & \cdots & a_{in} \\ \vdots & \vdots & & \vdots \\ a_{k1} & a_{k2} & \cdots & a_{kn} \\ \vdots & \vdots & & \vdots \\ a_{n1} & a_{n2} & \cdots & a_{nn} \end{vmatrix} = - \begin{vmatrix} a_{11} & a_{12} & \cdots & a_{1n} \\ \vdots & \vdots & & \vdots \\ a_{k1} & a_{k2} & \cdots & a_{kn} \\ \vdots & \vdots & & \vdots \\ a_{i1} & a_{i2} & \cdots & a_{in} \\ \vdots & \vdots & & \vdots \\ a_{n1} & a_{n2} & \cdots & a_{nn} \end{vmatrix}.$$

例如，$\begin{vmatrix} 1 & 2 & 3 \\ 2 & 2 & 5 \\ 3 & 5 & 1 \end{vmatrix} = 15$，而$\begin{vmatrix} 1 & 2 & 3 \\ 3 & 5 & 1 \\ 2 & 2 & 5 \end{vmatrix} = -15$.

推论1 若行列式中有两行相同，则行列式的值为零.

证明 设行列式D的第i行与第j行相同，将这两行互换位置，显然行列式不改变，但由性质4.4知，它们应当反号，即$D=-D$，所以$D=0$.

推论2 若行列式中有两行对应元素成比例，则行列式的值为零.

证明 根据行列式的定义，由性质4.2及性质4.4的推论知，结论成立.

性质4.5 把行列式的某一行的每个元素都乘以数k，加到另一行的对应元素上，行列式的值不变，即

$$\begin{vmatrix} a_{11} & a_{12} & \cdots & a_{1n} \\ \vdots & \vdots & & \vdots \\ a_{i1} & a_{i2} & \cdots & a_{in} \\ \vdots & \vdots & & \vdots \\ a_{j1}+ka_{i1} & a_{j2}+ka_{i2} & \cdots & a_{jn}+ka_{in} \\ \vdots & \vdots & & \vdots \\ a_{n1} & a_{n2} & \cdots & a_{nn} \end{vmatrix} = \begin{vmatrix} a_{11} & a_{12} & \cdots & a_{1n} \\ \vdots & \vdots & & \vdots \\ a_{i1} & a_{i2} & \cdots & a_{in} \\ \vdots & \vdots & & \vdots \\ a_{j1} & a_{j2} & \cdots & a_{jn} \\ \vdots & \vdots & & \vdots \\ a_{n1} & a_{n2} & \cdots & a_{nn} \end{vmatrix}.$$

例如，$D = \begin{vmatrix} 1 & 2 & 3 \\ 2 & 2 & 5 \\ 3 & 5 & 1 \end{vmatrix} = 15$，将行列式 D 第一行元素的-2倍加到第二行，得到

$$D_1 = \begin{vmatrix} 1 & 2 & 3 \\ 0 & -2 & -1 \\ 3 & 5 & 1 \end{vmatrix},$$

容易计算出 $D_1 = 15$.

现在讨论如何利用行列式的性质简化行列式的计算. 设 n 阶方阵 $\boldsymbol{A}$ 经过有限次初等行变换得到行阶梯形矩阵 $\boldsymbol{J}$，则根据性质 4.2、性质 4.4 和性质 4.5 可知

$$|\boldsymbol{J}| = k|\boldsymbol{A}|，其中 k 是一个非零常数.$$

而行阶梯形矩阵都是上三角形的，因此，$|\boldsymbol{J}|$是上三角形行列式，它是很容易计算的. 所以简化行列式计算的一个重要方法就是利用行列式的性质把所给的行列式化为上三角形行列式.

例 4.7 计算 $D = \begin{vmatrix} 3 & 1 & 1 & 1 \\ 1 & 3 & 1 & 1 \\ 1 & 1 & 3 & 1 \\ 1 & 1 & 1 & 3 \end{vmatrix}$.

解 这个行列式的特点是各行 4 个数的和都是 6，把第 2、第 3、第 4 列都加到第 1 列，提出公因数 6，然后把第 1 行乘以-1加到第 2、第 3、第 4 行上，行列式 D 就成为上三角形行列式. 具体计算过程如下.

$$D = \begin{vmatrix} 6 & 1 & 1 & 1 \\ 6 & 3 & 1 & 1 \\ 6 & 1 & 3 & 1 \\ 6 & 1 & 1 & 3 \end{vmatrix} = 6\begin{vmatrix} 1 & 1 & 1 & 1 \\ 1 & 3 & 1 & 1 \\ 1 & 1 & 3 & 1 \\ 1 & 1 & 1 & 3 \end{vmatrix} = 6\begin{vmatrix} 1 & 1 & 1 & 1 \\ 0 & 2 & 0 & 0 \\ 0 & 0 & 2 & 0 \\ 0 & 0 & 0 & 2 \end{vmatrix} = 6 \times 8 = 48.$$

4.3.3 行列式按一行（列）展开

观察三阶行列式的展开式

$$\begin{vmatrix} a_{11} & a_{12} & a_{13} \\ a_{21} & a_{22} & a_{23} \\ a_{31} & a_{32} & a_{33} \end{vmatrix} = a_{11}a_{22}a_{33} + a_{12}a_{23}a_{31} + a_{13}a_{21}a_{32} - a_{13}a_{22}a_{31} - a_{12}a_{21}a_{33} - a_{11}a_{23}a_{32}$$

$$= a_{11}(a_{22}a_{33} - a_{23}a_{32}) + a_{12}(a_{23}a_{31} - a_{21}a_{33}) + a_{13}(a_{21}a_{32} - a_{22}a_{31})$$

$$= a_{11}\begin{vmatrix} a_{22} & a_{23} \\ a_{32} & a_{33} \end{vmatrix} - a_{12}\begin{vmatrix} a_{21} & a_{23} \\ a_{31} & a_{33} \end{vmatrix} + a_{13}\begin{vmatrix} a_{21} & a_{22} \\ a_{31} & a_{32} \end{vmatrix},$$

可见，三阶行列式可以通过二阶行列式表示. 一般来说，低阶行列式的计算比高阶行列式的计算要简单. 本小节将介绍行列式按一行或按一列展开，将高阶行列式化为低阶行列式.

定义4.14 在n阶行列式$|a_{ij}|$中划去(i,j)元a_{ij}所在的第i行与第j列，剩下的$(n-1)^2$个元素按原来的排法构成的$n-1$阶行列式

$$\begin{vmatrix} a_{11} & \cdots & a_{1,j-1} & a_{1,j+1} & \cdots & a_{1n} \\ \vdots & & \vdots & \vdots & & \vdots \\ a_{i-1,1} & \cdots & a_{i-1,j-1} & a_{i-1,j+1} & \cdots & a_{i-1,n} \\ a_{i+1,1} & \cdots & a_{i+1,j-1} & a_{i+1,j+1} & \cdots & a_{i+1,n} \\ \vdots & & \vdots & \vdots & & \vdots \\ a_{n1} & \cdots & a_{n,j-1} & a_{n,j+1} & \cdots & a_{nn} \end{vmatrix}$$

称为(i,j)元a_{ij}的余子式，记为M_{ij}. 称

$$A_{ij} = (-1)^{i+j}M_{ij}$$

为(i,j)元a_{ij}的代数余子式.

例如，四阶行列式

$$D_4 = \begin{vmatrix} a_{11} & a_{12} & a_{13} & a_{14} \\ a_{21} & a_{22} & a_{23} & a_{24} \\ a_{31} & a_{32} & a_{33} & a_{34} \\ a_{41} & a_{42} & a_{43} & a_{44} \end{vmatrix}$$

的$(2,1)$元a_{21}的余子式是

$$M_{21} = \begin{vmatrix} a_{12} & a_{13} & a_{14} \\ a_{32} & a_{33} & a_{34} \\ a_{42} & a_{43} & a_{44} \end{vmatrix},$$

$(2,1)$元a_{21}的代数余子式是$A_{21} = (-1)^{2+1}M_{21} = -M_{21}$.

需要注意的是，元素a_{ij}的余子式和代数余子式只与元素a_{ij}所在的位置有关，而与a_{ij}本身数值的大小没有关系.

例如，在上面的例子中，将$(2,1)$元换成任意数，不妨用“$*$”代替，从四阶行列式

$$\begin{vmatrix} a_{11} & a_{12} & a_{13} & a_{14} \\ * & a_{22} & a_{23} & a_{24} \\ a_{31} & a_{32} & a_{33} & a_{34} \\ a_{41} & a_{42} & a_{43} & a_{44} \end{vmatrix}$$

中划掉“$*$”所在的行和列，它的余子式仍是

$$M_{21} = \begin{vmatrix} a_{12} & a_{13} & a_{14} \\ a_{32} & a_{33} & a_{34} \\ a_{42} & a_{43} & a_{44} \end{vmatrix},$$

代数余子式还是$A_{21} = (-1)^{2+1}M_{21} = -M_{21}$.

下面，我们给出关于行列式按某一行(列)展开的两个重要定理，读者可以通过具体的行列式加以验证.

定理4.5 行列式$D=|a_{ij}|_n$等于它的任意一行(列)的各元素与其对应的代数余子式的乘积之和，即

$$D=a_{i1}A_{i1}+a_{i2}A_{i2}+\cdots+a_{in}A_{in}\quad(i=1,2,\cdots,n),$$

或

$$D=a_{1j}A_{1j}+a_{2j}A_{2j}+\cdots+a_{nj}A_{nj}\quad(j=1,2,\cdots,n).$$

定理4.6 行列式$D=|a_{ij}|_n$中某一行(列)的各元素与另一行(列)对应元素的代数余子式的乘积之和等于0，即

$$a_{k1}A_{i1}+a_{k2}A_{i2}+\cdots+a_{kn}A_{in}=0\quad(k\neq i),$$

或

$$a_{1j}A_{1k}+a_{2j}A_{2k}+\cdots+a_{nj}A_{nk}=0\quad(j\neq k).$$

4.3.4 克莱姆法则

本小节将利用行列式的理论讨论方程的个数与未知量个数相等的方程组的求解问题. 设含有n个方程n个未知量的线性方程组

$$\begin{cases}a_{11}x_1+a_{12}x_2+\cdots+a_{1n}x_n=b_1,\\ a_{21}x_1+a_{22}x_2+\cdots+a_{2n}x_n=b_2,\\ \cdots\cdots\cdots\\ a_{n1}x_1+a_{n2}x_2+\cdots+a_{nn}x_n=b_n,\end{cases}\tag{4.23}$$

方程组的系数构成的n阶行列式

$$\begin{vmatrix}a_{11}&a_{12}&\cdots&a_{1n}\\ a_{21}&a_{22}&\cdots&a_{2n}\\ \vdots&\vdots&&\vdots\\ a_{n1}&a_{n2}&\cdots&a_{nn}\end{vmatrix}$$

称为方程组[式(4.23)]的系数行列式.

下面的克莱姆法则给出了与前述二元和三元线性方程组类似的结果.

定理4.7(克莱姆法则) 若线性方程组[式(4.23)]的系数行列式$D\neq0$，则该方程组有唯一解，且

$$x_1=\frac{D_1}{D},x_2=\frac{D_2}{D},\cdots,x_n=\frac{D_n}{D}.$$

其中，$D_j(j=1,2,\cdots,n)$是把行列式D中第j列的元素用方程组[式(4.23)]的常数项$b_1,b_2,\cdots,b_n$代换所得的一个n阶行列式，即

$$D_j=\begin{vmatrix}a_{11}&\cdots&a_{1,j-1}&b_1&a_{1,j+1}&\cdots&a_{1n}\\ a_{21}&\cdots&a_{2,j-1}&b_2&a_{2,j+1}&\cdots&a_{2n}\\ \vdots&&\vdots&\vdots&\vdots&&\vdots\\ a_{n1}&\cdots&a_{n,j-1}&b_n&a_{n,j+1}&\cdots&a_{nn}\end{vmatrix}.$$

需要注意的是，方程组[式(4.23)]在系数行列式$D\neq0$时有唯一解，当系数行列式$D=0$时方程组[式(4.23)]可能有解(此时有无穷多解)也可能无解. 例如，方程组

$$\begin{cases}2x_1-x_2+3x_3=1,\\4x_1-2x_2+5x_3=4,\\2x_1-x_2+4x_3=-1\end{cases}$$

和

$$\begin{cases}2x_1-x_2+3x_3=1,\\4x_1-2x_2+5x_3=4,\\2x_1-x_2+4x_3=0\end{cases}$$

的系数行列式

$$\begin{vmatrix}2&-1&3\\4&-2&5\\2&-1&4\end{vmatrix}=0,$$

通过求解，可知第一个方程组有无穷多解，第二个方程组无解.

同步习题 4.3

1. 求下列排列的逆序数，并判断它们的奇偶性.

(1) 35412. (2) 987654321. (3) 192837465.

2. 求9阶排列254138796的逆序数$\tau(254138796)$，确定它的奇偶性，并将其变成自然排列，记录下所做对换的次数t，比较t的奇偶性与$\tau(254138796)$的奇偶性.

3. 用观察法计算下列行列式的值.

(1) $\begin{vmatrix}3&0&0\\2&4&0\\-1&7&5\end{vmatrix}$. (2) $\begin{vmatrix}0&0&1\\1&0&0\\0&1&0\end{vmatrix}$. (3) $\begin{vmatrix}7&9&1\\0&0&0\\-6&1&5\end{vmatrix}$.

4. 计算下列行列式.

(1) $\begin{vmatrix}-3&5\\2&-4\end{vmatrix}$. (2) $\begin{vmatrix}3&1&2\\2&4&5\\2&4&5\end{vmatrix}$. (3) $\begin{vmatrix}3&0&0\\2&1&1\\1&2&2\end{vmatrix}$.

(4) $\begin{vmatrix}1&-1&2\\3&2&1\\0&1&4\end{vmatrix}$. (5) $\begin{vmatrix}1&1&1&1\\2&1&1&-3\\1&2&2&5\\4&3&2&1\end{vmatrix}$. (6) $\begin{vmatrix}1&2&3&4\\2&3&4&1\\3&4&1&2\\4&1&2&3\end{vmatrix}$.

5. 用克莱姆法则解下列方程组.

(1) $\begin{cases}x_1+2x_2+x_3=5,\\2x_1+2x_2+x_3=6,\\x_1+2x_2+3x_3=9.\end{cases}$ (2) $\begin{cases}2x_1+x_2-3x_3=0,\\4x_1+5x_2+x_3=8,\\-2x_1-x_2+4x_3=2.\end{cases}$

提高题

1. 计算下列行列式.

(1) $\begin{vmatrix} 1 & 2 & 3 & \cdots & n-1 & n \\ 1 & -1 & 0 & \cdots & 0 & 0 \\ 0 & 2 & -2 & \cdots & 0 & 0 \\ \vdots & \vdots & \vdots & & \vdots & \vdots \\ 0 & 0 & 0 & \cdots & 2-n & 0 \\ 0 & 0 & 0 & \cdots & n-1 & 1-n \end{vmatrix}$.　(2) $\begin{vmatrix} 1 & 2 & 0 & 0 \\ 2 & 5 & 0 & 0 \\ 9 & 4 & 2 & 2 \\ 7 & 6 & 2 & 3 \end{vmatrix}$.

(3) $\begin{vmatrix} x_1-m & x_2 & \cdots & x_n \\ x_1 & x_2-m & \cdots & x_n \\ \vdots & \vdots & & \vdots \\ x_1 & x_2 & \cdots & x_n-m \end{vmatrix}$.　(4) $\begin{vmatrix} x & y & 0 & \cdots & 0 & 0 \\ 0 & x & y & \cdots & 0 & 0 \\ 0 & 0 & x & \cdots & 0 & 0 \\ \vdots & \vdots & \vdots & & \vdots & \vdots \\ 0 & 0 & 0 & \cdots & x & y \\ y & 0 & 0 & \cdots & 0 & x \end{vmatrix}$.

2. (1) 计算行列式 $D = \begin{vmatrix} 0 & 1 & 2 & 3 \\ 1 & 1 & 1 & 1 \\ -2 & -2 & 3 & 3 \\ 1 & 2 & -2 & -3 \end{vmatrix}$.

(2) 利用 D 的值计算 $\begin{vmatrix} 0 & 1 & 2 & 3 \\ -2 & -2 & 3 & 3 \\ 1 & 2 & -2 & -3 \\ 1 & 1 & 1 & 1 \end{vmatrix} + \begin{vmatrix} 0 & 1 & 2 & 3 \\ 1 & 1 & 1 & 1 \\ -1 & -1 & 4 & 4 \\ 2 & 3 & -1 & -2 \end{vmatrix}$.

4.4 矩阵

矩阵是线性代数中一个重要的概念和研究对象，也是数学研究及应用中一个十分重要的工具，它在数学的各个分支及其他学科中都有广泛的应用. 本节主要介绍矩阵的基本运算、可逆矩阵及矩阵的简单应用.

4.4.1 矩阵的运算

对于矩阵 $\boldsymbol{A}=(a_{ij})_{m\times n}$ 和矩阵 $\boldsymbol{B}=(b_{ij})_{s\times t}$，若它们的行数和列数分别相等，即 $m=s, n=t$，则称它们为同型矩阵. 对于同型矩阵，可以定义它们的加法.

定义 4.15 设矩阵 $\boldsymbol{A}=(a_{ij})_{s\times n}$ 和 $\boldsymbol{B}=(b_{ij})_{s\times n}$ 是同型矩阵，称 $\boldsymbol{C}=(c_{ij})_{s\times n}=(a_{ij}+b_{ij})_{s\times n}$ 为矩阵 $\boldsymbol{A}$ 与 $\boldsymbol{B}$ 的和，记作 $\boldsymbol{C}=\boldsymbol{A}+\boldsymbol{B}$，即

$$\boldsymbol{C}=\boldsymbol{A}+\boldsymbol{B}=\begin{pmatrix} a_{11}+b_{11} & a_{12}+b_{12} & \cdots & a_{1n}+b_{1n} \\ a_{21}+b_{21} & a_{22}+b_{22} & \cdots & a_{2n}+b_{2n} \\ \vdots & \vdots & & \vdots \\ a_{s1}+b_{s1} & a_{s2}+b_{s2} & \cdots & a_{sn}+b_{sn} \end{pmatrix}.$$

可见，矩阵的加法就是把两个矩阵中的对应元素相加. 只有两个矩阵是同型矩阵时，才能做加法运算.

若矩阵 $\boldsymbol{A}=(a_{ij})_{s\times n}$，记 $-\boldsymbol{A}=(-a_{ij})_{s\times n}$，则称 $-\boldsymbol{A}$ 为 $\boldsymbol{A}$ 的负矩阵. 由此规定矩阵的减法为

$$\boldsymbol{A}-\boldsymbol{B}=\boldsymbol{A}+(-\boldsymbol{B}),$$

称 $\boldsymbol{A}-\boldsymbol{B}$ 为矩阵 $\boldsymbol{A}$ 与 $\boldsymbol{B}$ 的差.

定义 4.16 将数 λ 与矩阵 $\boldsymbol{A}=(a_{ij})_{s\times n}$ 的乘积记作 $\lambda\boldsymbol{A}$，规定 $\lambda\boldsymbol{A}=(\lambda a_{ij})_{s\times n}$，即

$$\lambda\boldsymbol{A}=\begin{pmatrix}\lambda a_{11} & \lambda a_{12} & \cdots & \lambda a_{1n}\\ \lambda a_{21} & \lambda a_{22} & \cdots & \lambda a_{2n}\\ \vdots & \vdots & & \vdots\\ \lambda a_{s1} & \lambda a_{s2} & \cdots & \lambda a_{sn}\end{pmatrix}.$$

由此可见，数乘矩阵就是用数去乘矩阵中的每个元素.

矩阵的加法和数与矩阵的乘法统称为矩阵的线性运算. 矩阵的线性运算满足以下运算法则.

性质 4.6 设 $\boldsymbol{A},\boldsymbol{B},\boldsymbol{C}$ 均为 $s\times n$ 矩阵，λ 与 μ 是数.

(1) 交换律：$\boldsymbol{A}+\boldsymbol{B}=\boldsymbol{B}+\boldsymbol{A}$.

(2) 结合律：$(\boldsymbol{A}+\boldsymbol{B})+\boldsymbol{C}=\boldsymbol{A}+(\boldsymbol{B}+\boldsymbol{C})$.

(3) $\boldsymbol{A}+\boldsymbol{O}=\boldsymbol{A}$.

(4) $\boldsymbol{A}+(-\boldsymbol{A})=\boldsymbol{O}$.

(5) $(\lambda\mu)\boldsymbol{A}=\lambda(\mu\boldsymbol{A})$.

(6) $(\lambda+\mu)\boldsymbol{A}=\lambda\boldsymbol{A}+\mu\boldsymbol{A}$.

(7) $\lambda(\boldsymbol{A}+\boldsymbol{B})=\lambda\boldsymbol{A}+\lambda\boldsymbol{B}$.

(8) $1\boldsymbol{A}=\boldsymbol{A}$.

例 4.8 设 $\boldsymbol{A}=\begin{pmatrix}-1 & 4 & 5\\ 2 & 0 & 1\end{pmatrix},\boldsymbol{B}=\begin{pmatrix}3 & 0 & -7\\ -1 & 1 & -2\end{pmatrix}$，求 $2\boldsymbol{A}-3\boldsymbol{B}$.

解 根据矩阵的加法运算法则和数乘运算法则，容易求得

$$\begin{aligned}2\boldsymbol{A}-3\boldsymbol{B}&=2\begin{pmatrix}-1 & 4 & 5\\ 2 & 0 & 1\end{pmatrix}-3\begin{pmatrix}3 & 0 & -7\\ -1 & 1 & -2\end{pmatrix}\\ &=\begin{pmatrix}-2 & 8 & 10\\ 4 & 0 & 2\end{pmatrix}-\begin{pmatrix}9 & 0 & -21\\ -3 & 3 & -6\end{pmatrix}=\begin{pmatrix}-11 & 8 & 31\\ 7 & -3 & 8\end{pmatrix}.\end{aligned}$$

如果能将方程组

$$\begin{cases}a_{11}x_1+a_{12}x_2+\cdots+a_{1n}x_n=b_1,\\ a_{21}x_1+a_{22}x_2+\cdots+a_{2n}x_n=b_2,\\ \qquad\cdots\cdots\cdots\\ a_{s1}x_1+a_{s2}x_2+\cdots+a_{sn}x_n=b_s\end{cases}\tag{4.24}$$

写成类似一元线性方程 $ax=b$ 的形式，将是非常理想的. 在4.1节中，我们介绍了向量和矩阵的概念. 设

$$A=\begin{pmatrix}a_{11}&a_{12}&\cdots&a_{1n}\\a_{21}&a_{22}&\cdots&a_{2n}\\\vdots&\vdots&&\vdots\\a_{s1}&a_{s2}&\cdots&a_{sn}\end{pmatrix},X=\begin{pmatrix}x_1\\x_2\\\vdots\\x_n\end{pmatrix},$$

规定 $\boldsymbol{A}$ 与 $\boldsymbol{X}$ 的乘积

$$\boldsymbol{AX}=\begin{pmatrix}a_{11}&a_{12}&\cdots&a_{1n}\\a_{21}&a_{22}&\cdots&a_{2n}\\\vdots&\vdots&&\vdots\\a_{s1}&a_{s2}&\cdots&a_{sn}\end{pmatrix}\begin{pmatrix}x_1\\x_2\\\vdots\\x_n\end{pmatrix}=\begin{pmatrix}a_{11}x_1+a_{12}x_2+\cdots+a_{1n}x_n\\a_{21}x_1+a_{22}x_2+\cdots+a_{2n}x_n\\\cdots\cdots\cdots\\a_{s1}x_1+a_{s2}x_2+\cdots+a_{sn}x_n\end{pmatrix},\tag{4.25}$$

即一个 $s\times n$ 系数矩阵 $\boldsymbol{A}$ 乘一个 $n\times 1$ 未知量矩阵 $\boldsymbol{X}$，乘积为一个 $s\times 1$ 矩阵，乘积矩阵的第 i 个元素为

$$a_{i1}x_1+a_{i2}x_2+\cdots+a_{in}x_n\quad(i=1,2,\cdots,n),$$

即它是矩阵 $\boldsymbol{A}$ 的第 i 行各元素与 $\boldsymbol{X}$ 对应元素的乘积之和. 为便于理解，在式(4.25) 中，用虚线矩形框表示出了右端乘积矩阵中第 2 个元素的计算方法.

这样，方程组[式(4.24)] 就可以改写为比较简洁的形式 $\boldsymbol{AX}=\boldsymbol{\beta}$，其中

$$\boldsymbol{\beta}=\begin{pmatrix}b_1\\b_2\\\vdots\\b_s\end{pmatrix}.$$

再来考虑几何中的线性变换问题. 设有两个线性变换

$$\begin{cases}y_1=a_{11}x_1+a_{12}x_2+a_{13}x_3,\\y_2=a_{21}x_1+a_{22}x_2+a_{23}x_3\end{cases}\tag{4.26}$$

和

$$\begin{cases}x_1=b_{11}w_1+b_{12}w_2,\\x_2=b_{21}w_1+b_{22}w_2,\\x_3=b_{31}w_1+b_{32}w_2,\end{cases}\tag{4.27}$$

且设

$$\boldsymbol{A}=\begin{pmatrix}a_{11}&a_{12}&a_{13}\\a_{21}&a_{22}&a_{23}\end{pmatrix},\boldsymbol{B}=\begin{pmatrix}b_{11}&b_{12}\\b_{21}&b_{22}\\b_{31}&b_{32}\end{pmatrix},\boldsymbol{Y}=\begin{pmatrix}y_1\\y_2\end{pmatrix},\boldsymbol{X}=\begin{pmatrix}x_1\\x_2\\x_3\end{pmatrix},\boldsymbol{W}=\begin{pmatrix}w_1\\w_2\end{pmatrix},$$

则式(4.26) 和式(4.27) 中的两个线性变换可分别写成矩阵乘积的形式

$$\boldsymbol{Y}=\boldsymbol{AX},\boldsymbol{X}=\boldsymbol{BW}.\tag{4.28}$$

为了求出从 w_1,w_2 到 y_1,y_2 的线性变换，可将式(4.27) 代入式(4.26)，得

$$\begin{cases}y_1=(a_{11}b_{11}+a_{12}b_{21}+a_{13}b_{31})w_1+(a_{11}b_{12}+a_{12}b_{22}+a_{13}b_{32})w_2,\\y_2=(a_{21}b_{11}+a_{22}b_{21}+a_{23}b_{31})w_1+(a_{21}b_{12}+a_{22}b_{22}+a_{23}b_{32})w_2,\end{cases}\tag{4.29}$$

令

$$C=\begin{pmatrix}a_{11}b_{11}+a_{12}b_{21}+a_{13}b_{31} & a_{11}b_{12}+a_{12}b_{22}+a_{13}b_{32}\\ a_{21}b_{11}+a_{22}b_{21}+a_{23}b_{31} & a_{21}b_{12}+a_{22}b_{22}+a_{23}b_{32}\end{pmatrix},$$

则线性变换[式(4.29)]可写成矩阵乘积的形式

$$Y=CW.$$

对式(4.28)中的两个式子进行简单的演算，易得

$$Y=AX=A(BW)=(AB)W,$$

所以$AB=C$，即矩阵A与B的乘积，应当按以下规定来确定：

$$\begin{pmatrix}a_{11} & a_{12} & a_{13}\\ a_{21} & a_{22} & a_{23}\end{pmatrix}\begin{pmatrix}b_{11} & b_{12}\\ b_{21} & b_{22}\\ b_{31} & b_{32}\end{pmatrix}=\begin{pmatrix}a_{11}b_{11}+a_{12}b_{21}+a_{13}b_{31} & a_{11}b_{12}+a_{12}b_{22}+a_{13}b_{32}\\ a_{21}b_{11}+a_{22}b_{21}+a_{23}b_{31} & a_{21}b_{12}+a_{22}b_{22}+a_{23}b_{32}\end{pmatrix}.$$

由此可得到一般矩阵乘法的定义.

定义4.17 设矩阵$A=(a_{ij})_{m\times s}$，矩阵$B=(b_{ij})_{s\times n}$，则它们的乘积AB等于矩阵$C=(c_{ij})_{m\times n}$，记作$AB=C$，其中

$$c_{ij}=(a_{i1},a_{i2},\cdots,a_{is})\begin{pmatrix}b_{1j}\\ b_{2j}\\ \vdots\\ b_{sj}\end{pmatrix}=a_{i1}b_{1j}+a_{i2}b_{2j}+\cdots+a_{is}b_{sj}\quad(i=1,2,\cdots,m;j=1,2,\cdots,n).$$

必须注意，第一个矩阵的列数等于第二个矩阵的行数，两个矩阵的乘法才有意义，即应有$A_{m\times s}B_{s\times n}=C_{m\times n}$. 而乘积矩阵$C$的元素$c_{ij}$是把矩阵$A$中的第$i$行元素与矩阵$B$中的第$j$列元素对应相乘后再相加得到的，即$c_{ij}=\sum\limits_{t=1}^{s}a_{it}b_{tj}$.

例4.9 设$A=\begin{pmatrix}1 & 0 & 3 & -1\\ 2 & 1 & 0 & 2\end{pmatrix}$, $B=\begin{pmatrix}4 & 1 & 0\\ -1 & 1 & 3\\ 2 & 0 & 1\\ 1 & 3 & 4\end{pmatrix}$，计算$AB,BA$.

解 $AB=\begin{pmatrix}9 & -2 & -1\\ 9 & 9 & 11\end{pmatrix}$；矩阵$B$的列数与矩阵$A$的行数不相等，因而$BA$无意义.

例4.10 设$A=\begin{pmatrix}1 & 1\\ -1 & -1\end{pmatrix}$, $B=\begin{pmatrix}-2 & 1\\ 2 & -1\end{pmatrix}$, $C=\begin{pmatrix}2 & 3\\ 1 & -3\end{pmatrix}$, $D=\begin{pmatrix}1 & -1\\ 2 & 1\end{pmatrix}$，计算$AB,BA,AC,AD$.

解 根据矩阵乘法的运算法则，不难求得

$$AB=\begin{pmatrix}1 & 1\\ -1 & -1\end{pmatrix}\begin{pmatrix}-2 & 1\\ 2 & -1\end{pmatrix}=\begin{pmatrix}0 & 0\\ 0 & 0\end{pmatrix},$$

$$BA=\begin{pmatrix}-2 & 1\\ 2 & -1\end{pmatrix}\begin{pmatrix}1 & 1\\ -1 & -1\end{pmatrix}=\begin{pmatrix}-3 & -3\\ 3 & 3\end{pmatrix},$$

$$AC=\begin{pmatrix}1 & 1\\ -1 & -1\end{pmatrix}\begin{pmatrix}2 & 3\\ 1 & -3\end{pmatrix}=\begin{pmatrix}3 & 0\\ -3 & 0\end{pmatrix},$$

$$\boldsymbol{AD}=\begin{pmatrix}1&1\\-1&-1\end{pmatrix}\begin{pmatrix}1&-1\\2&1\end{pmatrix}=\begin{pmatrix}3&0\\-3&0\end{pmatrix}.$$

由此可见，矩阵乘法与数的乘法有许多不同之处，需要注意.

(1) 矩阵乘法不满足交换律. 这是因为 $\boldsymbol{AB}$ 与 $\boldsymbol{BA}$ 不一定都有意义； 即使 $\boldsymbol{AB}$ 与 $\boldsymbol{BA}$ 都有意义，也不一定有 $\boldsymbol{AB}=\boldsymbol{BA}$ 成立.

特别地，对于方阵 $\boldsymbol{A}$ 与 $\boldsymbol{B}$，如果 $\boldsymbol{AB}=\boldsymbol{BA}$，则称矩阵 $\boldsymbol{A}$ 与 $\boldsymbol{B}$ 可交换.

(2) 在矩阵乘法的运算中，“若 $\boldsymbol{AB}=\boldsymbol{O}$，则必有 $\boldsymbol{A}=\boldsymbol{O}$ 或 $\boldsymbol{B}=\boldsymbol{O}$” 这个结论不成立.

(3) 矩阵乘法的消去律不成立，即“若 $\boldsymbol{AB}=\boldsymbol{AC}$ 且 $\boldsymbol{A}\neq\boldsymbol{O}$，则 $\boldsymbol{B}=\boldsymbol{C}$” 这个结论不成立.

性质 4.7 假设以下运算都有意义，矩阵乘法满足以下运算规律.

(1) 结合律：$(\boldsymbol{AB})\boldsymbol{C}=\boldsymbol{A}(\boldsymbol{BC})$.

(2) 分配律：$\boldsymbol{A}(\boldsymbol{B}+\boldsymbol{C})=\boldsymbol{AB}+\boldsymbol{AC},(\boldsymbol{B}+\boldsymbol{C})\boldsymbol{A}=\boldsymbol{BA}+\boldsymbol{CA}$.

(3) 数乘结合律：$\lambda\boldsymbol{AB}=(\lambda\boldsymbol{A})\boldsymbol{B}=\boldsymbol{A}(\lambda\boldsymbol{B})$.

单位矩阵 $\boldsymbol{E}$ 在矩阵乘法中的作用类似于小学算术中的数 1，比如

$$\begin{pmatrix}1&0\\0&1\end{pmatrix}\begin{pmatrix}1&2&3\\4&5&6\end{pmatrix}=\begin{pmatrix}1&2&3\\4&5&6\end{pmatrix},\quad\begin{pmatrix}1&2&3\\4&5&6\end{pmatrix}\begin{pmatrix}1&0&0\\0&1&0\\0&0&1\end{pmatrix}=\begin{pmatrix}1&2&3\\4&5&6\end{pmatrix}.$$

一般地，有 $\boldsymbol{E}_m\boldsymbol{A}_{m\times n}=\boldsymbol{A}_{m\times n},\boldsymbol{A}_{m\times n}\boldsymbol{E}_n=\boldsymbol{A}_{m\times n}$，或者简单地写成 $\boldsymbol{EA}=\boldsymbol{AE}=\boldsymbol{A}$.

由于 n 阶方阵 $\boldsymbol{A}$ 可以自乘，我们给出方阵 $\boldsymbol{A}$ 幂的运算定义：设 $\boldsymbol{A}$ 为 n 阶方阵，k 是正整数，规定

$$\boldsymbol{A}^k=\overbrace{\boldsymbol{AA}\cdots\boldsymbol{A}}^{k}.$$

特别地，当 $\boldsymbol{A}$ 为非零方阵时，规定 $\boldsymbol{A}^0=\boldsymbol{E}$.

由此易证：

$$\boldsymbol{A}^m\boldsymbol{A}^n=\boldsymbol{A}^{m+n},\ (\boldsymbol{A}^m)^n=\boldsymbol{A}^{mn}(m,n\text{ 是正整数}).$$

关于两个方阵乘积的行列式，有如下定理.

定理 4.8 设 $\boldsymbol{A},\boldsymbol{B}$ 是两个 n 阶方阵，则有 $|\boldsymbol{AB}|=|\boldsymbol{A}||\boldsymbol{B}|$，即矩阵乘积的行列式等于行列式的乘积.

证明从略.

定义 4.18 设 $m\times n$ 矩阵

$$\boldsymbol{A}=\begin{pmatrix}a_{11}&a_{12}&\cdots&a_{1n}\\a_{21}&a_{22}&\cdots&a_{2n}\\\vdots&\vdots&&\vdots\\a_{m1}&a_{m2}&\cdots&a_{mn}\end{pmatrix},$$

将其对应的行与列互换位置，得到一个 $n\times m$ 的新矩阵

$$\begin{pmatrix}a_{11}&a_{21}&\cdots&a_{m1}\\a_{12}&a_{22}&\cdots&a_{m2}\\\vdots&\vdots&&\vdots\\a_{1n}&a_{2n}&\cdots&a_{mn}\end{pmatrix},$$

称为矩阵$\boldsymbol{A}$的转置矩阵，记作$\boldsymbol{A}^{\mathrm{T}}$. 转置矩阵$\boldsymbol{A}^{\mathrm{T}}$中的$(i,j)$元是矩阵$\boldsymbol{A}$中的$(j,i)$元.

例如，矩阵$\boldsymbol{A}=\begin{pmatrix}3&-1&5\\-2&1&-8\end{pmatrix}$，则$\boldsymbol{A}^{\mathrm{T}}=\begin{pmatrix}3&-2\\-1&1\\5&-8\end{pmatrix}$.

又如，行矩阵$\boldsymbol{A}=(2\ \ -2\ \ 1)$，则它的转置矩阵为列矩阵$\boldsymbol{A}^{\mathrm{T}}=\begin{pmatrix}2\\-2\\1\end{pmatrix}$.

矩阵的转置满足以下运算规律.

性质4.8 设以下运算都有意义，k是常数.

(1) $(\boldsymbol{A}^{\mathrm{T}})^{\mathrm{T}}=\boldsymbol{A}$.

(2) $(\boldsymbol{A}+\boldsymbol{B})^{\mathrm{T}}=\boldsymbol{A}^{\mathrm{T}}+\boldsymbol{B}^{\mathrm{T}}$.

(3) $(k\boldsymbol{A})^{\mathrm{T}}=k\boldsymbol{A}^{\mathrm{T}}$.

(4) $(\boldsymbol{AB})^{\mathrm{T}}=\boldsymbol{B}^{\mathrm{T}}\boldsymbol{A}^{\mathrm{T}}$.

由定义很容易验证(1)~(3)成立，现在我们证明(4).

设$\boldsymbol{A}=(a_{ij})_{m\times t},\boldsymbol{B}=(b_{ij})_{t\times n}$，则$\boldsymbol{AB}=\boldsymbol{C}=(c_{ij})_{m\times n},(\boldsymbol{AB})^{\mathrm{T}}=\boldsymbol{C}^{\mathrm{T}}=(u_{ij})_{n\times m}$，其中

$$u_{ij}=c_{ji}=\sum_{k=1}^{t}a_{jk}b_{ki}.$$

又设$\boldsymbol{B}^{\mathrm{T}}\boldsymbol{A}^{\mathrm{T}}=\boldsymbol{D}=(d_{ij})_{n\times m}$，则$\boldsymbol{B}^{\mathrm{T}}$的第$i$行为$(b_{1i},b_{2i},\cdots,b_{ti})$，$\boldsymbol{A}^{\mathrm{T}}$的第$j$列为$(a_{j1},a_{j2},\cdots,a_{jt})^{\mathrm{T}}$，于是$d_{ij}=\sum\limits_{k=1}^{t}b_{ki}a_{jk}$，所以

$$d_{ij}=u_{ij}(i=1,2,\cdots,n;j=1,2,\cdots,m),$$

即$\boldsymbol{D}=\boldsymbol{C}^{\mathrm{T}}$，或$(\boldsymbol{AB})^{\mathrm{T}}=\boldsymbol{B}^{\mathrm{T}}\boldsymbol{A}^{\mathrm{T}}$.

4.4.2 可逆矩阵

在数的运算中，当$a\neq0$时，有$a\cdot a^{-1}=a^{-1}\cdot a=1$，其中$a^{-1}$为$a$的倒数. 在矩阵的乘法运算中，单位矩阵$\boldsymbol{E}$相当于数的乘法运算中的1，那么对于方阵$\boldsymbol{A}$，是否存在一个矩阵$\boldsymbol{B}$，使$\boldsymbol{AB}=\boldsymbol{BA}=\boldsymbol{E}$呢？

定义4.19 对于n阶方阵$\boldsymbol{A}$，如果有一个n阶方阵$\boldsymbol{B}$，使$\boldsymbol{AB}=\boldsymbol{BA}=\boldsymbol{E}$，则称矩阵$\boldsymbol{A}$为可逆矩阵，矩阵$\boldsymbol{B}$为$\boldsymbol{A}$的逆矩阵.

如果方阵$\boldsymbol{A}$可逆，则$\boldsymbol{A}$的逆矩阵是唯一的. 这是因为，若方阵$\boldsymbol{B}$和$\boldsymbol{C}$都是方阵$\boldsymbol{A}$的逆矩阵，则有

$$\boldsymbol{AB}=\boldsymbol{BA}=\boldsymbol{E},\boldsymbol{AC}=\boldsymbol{CA}=\boldsymbol{E},$$

可推出

$$\boldsymbol{B}=\boldsymbol{BE}=\boldsymbol{B}(\boldsymbol{AC})=(\boldsymbol{BA})\boldsymbol{C}=\boldsymbol{EC}=\boldsymbol{C},$$

即$\boldsymbol{B}=\boldsymbol{C}$.

于是我们将方阵$\boldsymbol{A}$的逆矩阵记作$\boldsymbol{A}^{-1}$，即$\boldsymbol{A}^{-1}$满足$\boldsymbol{AA}^{-1}=\boldsymbol{A}^{-1}\boldsymbol{A}=\boldsymbol{E}$.

例4.11 已知$\boldsymbol{A}=\begin{pmatrix}2&1\\5&3\end{pmatrix},\boldsymbol{B}=\begin{pmatrix}3&-1\\-5&2\end{pmatrix}$，根据定义验证$\boldsymbol{B}=\boldsymbol{A}^{-1}$.

解 因为$\begin{pmatrix}2&1\\5&3\end{pmatrix}\begin{pmatrix}3&-1\\-5&2\end{pmatrix}=\begin{pmatrix}1&0\\0&1\end{pmatrix}$，且$\begin{pmatrix}3&-1\\-5&2\end{pmatrix}\begin{pmatrix}2&1\\5&3\end{pmatrix}=\begin{pmatrix}1&0\\0&1\end{pmatrix}$，故$\boldsymbol{B}=\boldsymbol{A}^{-1}$.

定义 4.20 设 n 阶方阵 $\boldsymbol{A}=(a_{ij})_{n\times n}$，即

$$\boldsymbol{A}=\begin{pmatrix} a_{11} & a_{12} & \cdots & a_{1n} \\ a_{21} & a_{22} & \cdots & a_{2n} \\ \vdots & \vdots & & \vdots \\ a_{n1} & a_{n2} & \cdots & a_{nn} \end{pmatrix},$$

由 $|\boldsymbol{A}|$ 中的元素 a_{ij} 的代数余子式 $A_{ij}(i,j=1,2,\cdots,n)$ 排列成的 n 阶方阵

$$\begin{pmatrix} A_{11} & A_{21} & \cdots & A_{n1} \\ A_{12} & A_{22} & \cdots & A_{n2} \\ \vdots & \vdots & & \vdots \\ A_{1n} & A_{2n} & \cdots & A_{nn} \end{pmatrix},$$

称为 $\boldsymbol{A}$ 的伴随矩阵，记为 $\boldsymbol{A}^*$.

关于伴随矩阵，容易证明下面的等式成立：

$$\boldsymbol{A}\boldsymbol{A}^*=\boldsymbol{A}^*\boldsymbol{A}=|\boldsymbol{A}|\boldsymbol{E}.$$

事实上，设 $\boldsymbol{A}=(a_{ij})_{n\times n},\boldsymbol{A}^*=(A_{ij})_{n\times n}(i,j=1,2,\cdots,n)$，由行列式的性质得

$$\boldsymbol{A}\boldsymbol{A}^*=\begin{pmatrix} a_{11} & a_{12} & \cdots & a_{1n} \\ a_{21} & a_{22} & \cdots & a_{2n} \\ \vdots & \vdots & & \vdots \\ a_{n1} & a_{n2} & \cdots & a_{nn} \end{pmatrix}\begin{pmatrix} A_{11} & A_{21} & \cdots & A_{n1} \\ A_{12} & A_{22} & \cdots & A_{n2} \\ \vdots & \vdots & & \vdots \\ A_{1n} & A_{2n} & \cdots & A_{nn} \end{pmatrix}=\begin{pmatrix} |\boldsymbol{A}| & 0 & \cdots & 0 \\ 0 & |\boldsymbol{A}| & \cdots & 0 \\ \vdots & \vdots & & \vdots \\ 0 & 0 & \cdots & |\boldsymbol{A}| \end{pmatrix}=|\boldsymbol{A}|\boldsymbol{E}.$$

同理可得

$$\boldsymbol{A}^*\boldsymbol{A}=\begin{pmatrix} A_{11} & A_{21} & \cdots & A_{n1} \\ A_{12} & A_{22} & \cdots & A_{n2} \\ \vdots & \vdots & & \vdots \\ A_{1n} & A_{2n} & \cdots & A_{nn} \end{pmatrix}\begin{pmatrix} a_{11} & a_{12} & \cdots & a_{1n} \\ a_{21} & a_{22} & \cdots & a_{2n} \\ \vdots & \vdots & & \vdots \\ a_{n1} & a_{n2} & \cdots & a_{nn} \end{pmatrix}=\begin{pmatrix} |\boldsymbol{A}| & 0 & \cdots & 0 \\ 0 & |\boldsymbol{A}| & \cdots & 0 \\ \vdots & \vdots & & \vdots \\ 0 & 0 & \cdots & |\boldsymbol{A}| \end{pmatrix}=|\boldsymbol{A}|\boldsymbol{E}.$$

定理 4.9 n 阶方阵 $\boldsymbol{A}$ 可逆的充要条件是 $|\boldsymbol{A}|\neq 0$，而 $\boldsymbol{A}^{-1}=\dfrac{1}{|\boldsymbol{A}|}\boldsymbol{A}^*$.

证明 必要性 因为方阵 $\boldsymbol{A}$ 可逆，则有 $\boldsymbol{A}\boldsymbol{A}^{-1}=\boldsymbol{E}$. $|\boldsymbol{A}||\boldsymbol{A}^{-1}|=|\boldsymbol{E}|=1$，所以 $|\boldsymbol{A}|\neq 0$.

充分性 由于 $\boldsymbol{A}\boldsymbol{A}^*=\boldsymbol{A}^*\boldsymbol{A}=|\boldsymbol{A}|\boldsymbol{E}$，且 $|\boldsymbol{A}|\neq 0$，故有

$$\boldsymbol{A}\left(\frac{1}{|\boldsymbol{A}|}\boldsymbol{A}^*\right)=\left(\frac{1}{|\boldsymbol{A}|}\boldsymbol{A}^*\right)\boldsymbol{A}=\boldsymbol{E}.$$

由矩阵可逆的定义知，方阵 $\boldsymbol{A}$ 可逆，且有 $\boldsymbol{A}^{-1}=\dfrac{1}{|\boldsymbol{A}|}\boldsymbol{A}^*$.

定理 4.9 给出了判断一个方阵是否可逆的方法，并具体给出了一个求逆矩阵的公式.

例 4.12 已知 $\boldsymbol{A}=\begin{pmatrix} a & b \\ c & d \end{pmatrix}(ad-bc\neq 0)$，求 $\boldsymbol{A}$ 的逆矩阵.

解 $\boldsymbol{A}^{-1}=\dfrac{1}{|\boldsymbol{A}|}\boldsymbol{A}^*=\dfrac{1}{ad-bc}\begin{pmatrix} d & -b \\ -c & a \end{pmatrix}$.

当矩阵的阶数较高时，用公式法求逆矩阵是很不方便的. 下面举例说明利用初等行变换求

逆矩阵的方法.

例 4.13 求矩阵 $\boldsymbol{A}=\begin{pmatrix}1&1&2\\-1&2&0\\1&1&3\end{pmatrix}$ 的逆矩阵.

解 在矩阵 $\boldsymbol{A}$ 的右边添上一个同阶单位矩阵 $\boldsymbol{E}$ 得矩阵 $(\boldsymbol{A}\mid\boldsymbol{E})$，然后对其进行初等行变换. 当把左边的矩阵 $\boldsymbol{A}$ 变成单位矩阵 $\boldsymbol{E}$ 时，则右边的单位矩阵 $\boldsymbol{E}$ 就变成了矩阵 $\boldsymbol{A}$ 的逆矩阵 $\boldsymbol{A}^{-1}$. 具体求解过程如下.

$$(\boldsymbol{A}\mid\boldsymbol{E})=\left(\begin{array}{ccc|ccc}1&1&2&1&0&0\\-1&2&0&0&1&0\\1&1&3&0&0&1\end{array}\right)\xrightarrow[r_3-r_1]{r_2+r_1}\left(\begin{array}{ccc|ccc}1&1&2&1&0&0\\0&3&2&1&1&0\\0&0&1&-1&0&1\end{array}\right)$$

$$\xrightarrow{r_2\times\frac{1}{3}}\left(\begin{array}{ccc|ccc}1&1&2&1&0&0\\0&1&\frac{2}{3}&\frac{1}{3}&\frac{1}{3}&0\\0&0&1&-1&0&1\end{array}\right)\xrightarrow{r_1-r_2}\left(\begin{array}{ccc|ccc}1&0&\frac{4}{3}&\frac{2}{3}&-\frac{1}{3}&0\\0&1&\frac{2}{3}&\frac{1}{3}&\frac{1}{3}&0\\0&0&1&-1&0&1\end{array}\right)$$

$$\xrightarrow[r_2-\frac{2}{3}r_3]{r_1-\frac{4}{3}r_3}\left(\begin{array}{ccc|ccc}1&0&0&2&-\frac{1}{3}&-\frac{4}{3}\\0&1&0&1&\frac{1}{3}&-\frac{2}{3}\\0&0&1&-1&0&1\end{array}\right),$$

所以

$$\boldsymbol{A}^{-1}=\begin{pmatrix}2&-\frac{1}{3}&-\frac{4}{3}\\1&\frac{1}{3}&-\frac{2}{3}\\-1&0&1\end{pmatrix}.$$

我们可以使用定义来验证所求结果的正确性. 事实上,

$$\boldsymbol{A}\boldsymbol{A}^{-1}=\begin{pmatrix}1&1&2\\-1&2&0\\1&1&3\end{pmatrix}\begin{pmatrix}2&-\frac{1}{3}&-\frac{4}{3}\\1&\frac{1}{3}&-\frac{2}{3}\\-1&0&1\end{pmatrix}=\begin{pmatrix}1&0&0\\0&1&0\\0&0&1\end{pmatrix}.$$

当方阵 $\boldsymbol{A}$ 可逆时，有下述运算性质.

性质 4.9 若 $\boldsymbol{AB}=\boldsymbol{E}$，则有 $\boldsymbol{B}=\boldsymbol{A}^{-1},\boldsymbol{A}=\boldsymbol{B}^{-1}$.

证明 因为 $\boldsymbol{AB}=\boldsymbol{E}$，取行列式得 $|\boldsymbol{A}||\boldsymbol{B}|=|\boldsymbol{E}|=1$，所以有 $|\boldsymbol{A}|\neq0$，于是 $\boldsymbol{A}$ 可逆. 将 $\boldsymbol{A}^{-1}$ 同时左乘等式 $\boldsymbol{AB}=\boldsymbol{E}$ 的两边，得 $\boldsymbol{A}^{-1}\boldsymbol{AB}=\boldsymbol{A}^{-1}\boldsymbol{E}$，故 $\boldsymbol{B}=\boldsymbol{A}^{-1}$. 同理，$\boldsymbol{A}=\boldsymbol{B}^{-1}$.

注 据此性质，对于一个方阵 $\boldsymbol{A}$，如果存在方阵 $\boldsymbol{B}$，使 $\boldsymbol{AB}=\boldsymbol{E}$（或 $\boldsymbol{BA}=\boldsymbol{E}$），就可以得出

结论：$\boldsymbol{A}$ 可逆，且 $\boldsymbol{B}$ 是 $\boldsymbol{A}$ 的逆矩阵. 不必再利用定义验证 $\boldsymbol{AB}=\boldsymbol{BA}=\boldsymbol{E}$.

性质 4.10 设 $\boldsymbol{A}$ 为 n 阶方阵.

(1) 若 $\boldsymbol{A}$ 可逆，则 $\boldsymbol{A}^{-1}$ 也可逆，且有 $(\boldsymbol{A}^{-1})^{-1}=\boldsymbol{A}$.

(2) 若 $\boldsymbol{A}$ 可逆，则 $\boldsymbol{A}^{\mathrm{T}}$ 可逆，且有 $(\boldsymbol{A}^{\mathrm{T}})^{-1}=(\boldsymbol{A}^{-1})^{\mathrm{T}}$.

(3) 若 $\boldsymbol{A}$ 可逆，则 $k\boldsymbol{A}$ 可逆，且有 $(k\boldsymbol{A})^{-1}=\dfrac{1}{k}\boldsymbol{A}^{-1}(k\neq 0)$.

(4) 若 $\boldsymbol{A}$ 和 $\boldsymbol{B}$ 均为同阶可逆方阵，则 $\boldsymbol{AB}$ 可逆，且有 $(\boldsymbol{AB})^{-1}=\boldsymbol{B}^{-1}\boldsymbol{A}^{-1}$.

很容易证明(1)和(2)，这里只证明(3)和(4).

证明 (3) 因为 $|\boldsymbol{A}|\neq 0$，所以 $|k\boldsymbol{A}|=k^n|\boldsymbol{A}|\neq 0$，于是 $k\boldsymbol{A}$ 可逆. 又因为

$$\left(\frac{1}{k}\boldsymbol{A}^{-1}\right)(k\boldsymbol{A})=\boldsymbol{A}^{-1}\boldsymbol{A}=\boldsymbol{E},$$

所以

$$(k\boldsymbol{A})^{-1}=\frac{1}{k}\boldsymbol{A}^{-1}(k\neq 0).$$

(4) 因为 $|\boldsymbol{A}|\neq 0,|\boldsymbol{B}|\neq 0,|\boldsymbol{AB}|=|\boldsymbol{A}||\boldsymbol{B}|\neq 0$，于是 $\boldsymbol{AB}$ 可逆. 又因为

$$(\boldsymbol{B}^{-1}\boldsymbol{A}^{-1})(\boldsymbol{AB})=\boldsymbol{B}^{-1}(\boldsymbol{A}^{-1}\boldsymbol{A})\boldsymbol{B}=\boldsymbol{B}^{-1}\boldsymbol{B}=\boldsymbol{E},$$

所以 $(\boldsymbol{AB})^{-1}=\boldsymbol{B}^{-1}\boldsymbol{A}^{-1}$.

4.4.3 矩阵的简单应用

例 4.14 解矩阵方程 $\begin{pmatrix}2&5\\1&3\end{pmatrix}\boldsymbol{X}=\begin{pmatrix}4&-6\\2&1\end{pmatrix}$.

微课：例 4.14

解 $\boldsymbol{X}=\begin{pmatrix}2&5\\1&3\end{pmatrix}^{-1}\begin{pmatrix}4&-6\\2&1\end{pmatrix}=\begin{pmatrix}3&-5\\-1&2\end{pmatrix}\begin{pmatrix}4&-6\\2&1\end{pmatrix}=\begin{pmatrix}2&-23\\0&8\end{pmatrix}$.

例 4.15（信息编码） 一个简单的传递信息的方法是，将每一个字母与一个整数相对应，然后传输一串整数. 假设 26 个英文字母和空格与整数的对照情况如表 4.1 所示.

表 4.1

字母及空格	A	B	C	D	E	F	G	H	I	J	K	L	M	N
整数	1	2	3	4	5	6	7	8	9	10	11	12	13	14
字母及空格	O	P	Q	R	S	T	U	V	W	X	Y	Z	空格	
整数	15	16	17	18	19	20	21	22	23	24	25	26	-1	

信息“SEND MONEY”可以编码为 19,5,14,4,-1,13,15,14,5,25. 但是，这种编码很容易被破译.

我们可以用矩阵乘法对信息进行加密. 设矩阵 $\boldsymbol{A}$ 的所有元素均为整数，且其行列式 $|\boldsymbol{A}|=\pm 1$，则 $\boldsymbol{A}^{-1}=\dfrac{\boldsymbol{A}^*}{|\boldsymbol{A}|}=\pm\boldsymbol{A}^*$. 这样 $\boldsymbol{A}^{-1}$ 的元素也均为整数. 我们可以用这个矩阵对信息进行变换，

变换后的信息将很难被破译. 为说明这个加密技术，令

$$A=\begin{pmatrix}2&2&1\\3&3&2\\4&3&2\end{pmatrix},$$

将需要编码的信息19,5,14,4,-1,13,15,14,5,25放置在3行矩阵的各列上(最后一列为凑够3个数，补两个0)，得

$$B=\begin{pmatrix}19&4&15&25\\5&-1&14&0\\14&13&5&0\end{pmatrix},$$

乘积

$$AB=\begin{pmatrix}2&2&1\\3&3&2\\4&3&2\end{pmatrix}\begin{pmatrix}19&4&15&25\\5&-1&14&0\\14&13&5&0\end{pmatrix}=\begin{pmatrix}62&19&63&50\\100&35&97&75\\119&39&112&100\end{pmatrix}$$

给出了用于传输的编码信息：62,100,119,19,35,39,63,97,112,50,75,100.

接收到信息的人(其与发信息的人已事先约定，因此知道加密矩阵A)，首先将收到的信息也放置在3行矩阵的各列上，得到矩阵

$$C=\begin{pmatrix}62&19&63&50\\100&35&97&75\\119&39&112&100\end{pmatrix},$$

然后通过解矩阵方程$AX=C$进行译码，得

$$X=A^{-1}C=\begin{pmatrix}0&-1&1\\2&0&-1\\-3&2&0\end{pmatrix}\begin{pmatrix}62&19&63&50\\100&35&97&75\\119&39&112&100\end{pmatrix}=\begin{pmatrix}19&4&15&25\\5&-1&14&0\\14&13&5&0\end{pmatrix},$$

最后对照表4.1就能明白所发信息是“SEND MONEY”.

例4.16(婚姻状况模型) 某城市中每年有25%的已婚女性离婚，15%的单身女性结婚，城市中有80万已婚女性和20万单身女性，假设所有女性的总数为一常数，1年后，有多少已婚女性和单身女性呢？2年后呢？

解 可构造一个二阶方阵A，矩阵A的第一行元素分别为1年后仍处于婚姻状态的已婚女性和已婚的单身女性的百分比，第二行元素分别为1年后离婚的已婚女性和未婚的单身女性的百分比，即

$$A=\begin{pmatrix}0.75&0.15\\0.25&0.85\end{pmatrix}.$$

用$X=\begin{pmatrix}80\\20\end{pmatrix}$表示城市女性人口向量，则1年后城市女性人口向量为

$$AX=\begin{pmatrix}0.75&0.15\\0.25&0.85\end{pmatrix}\begin{pmatrix}80\\20\end{pmatrix}=\begin{pmatrix}63\\37\end{pmatrix}.$$

可见，1年后将有63万已婚女性和37万单身女性. 为预测2年后城市女性人口状况，计算2年后城市女性人口向量，得

$$A^2X = A(AX) = \begin{pmatrix} 0.75 & 0.15 \\ 0.25 & 0.85 \end{pmatrix}\begin{pmatrix} 63 \\ 37 \end{pmatrix} = \begin{pmatrix} 52.8 \\ 47.2 \end{pmatrix},$$

即2年后将有52.8万已婚女性和47.2万单身女性.

同样，可以计算3年后城市女性人口向量为

$$A^3X = A(A^2X) = \begin{pmatrix} 0.75 & 0.15 \\ 0.25 & 0.85 \end{pmatrix}\begin{pmatrix} 52.8 \\ 47.2 \end{pmatrix} = \begin{pmatrix} 46.68 \\ 53.32 \end{pmatrix}.$$

可见，3年后单身女性将超过已婚女性，有46.68万已婚女性和53.32万单身女性.

一般地，n 年后的城市女性人口状况，可通过计算 A^nX 进行预测.

同步习题 4.4

1. 设矩阵 $A = \begin{pmatrix} 1 & 0 & 3 \\ 2 & -1 & 0 \end{pmatrix}$, $B = \begin{pmatrix} 1 & -1 \\ 2 & 3 \\ 4 & 0 \end{pmatrix}$，求 AB 及 BA.

2. 设矩阵 $A = \begin{pmatrix} -2 & 4 \\ 1 & -2 \end{pmatrix}$, $B = \begin{pmatrix} 2 & 4 \\ -3 & -6 \end{pmatrix}$，求 AB 及 BA.

3. 已知二阶矩阵 $A = \begin{pmatrix} 1 & 1 \\ 0 & 1 \end{pmatrix}$，求 A^{10}.

微课：同步习题 4.4 基础题 3

4. 设矩阵 $A = \begin{pmatrix} 2 & 1 & 2 \\ 3 & 2 & 2 \\ 1 & 2 & 3 \end{pmatrix}$，求矩阵 A 的伴随矩阵 A^* 和逆矩阵 A^{-1}.

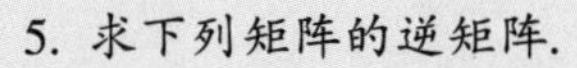

5. 求下列矩阵的逆矩阵.

(1) $A = \begin{pmatrix} 2 & 2 & 3 \\ 1 & -1 & 0 \\ -1 & 2 & 1 \end{pmatrix}$.　　(2) $A = \begin{pmatrix} 1 & 1 & -1 \\ 2 & 1 & 0 \\ 1 & -1 & 0 \end{pmatrix}$.

提高题

1. 求矩阵 $A = \begin{pmatrix} 1 & 1 & 1 & 1 \\ 1 & 1 & -1 & -1 \\ 1 & -1 & 1 & -1 \\ 1 & -1 & -1 & 1 \end{pmatrix}$ 的逆矩阵.

2. 解矩阵方程 $\begin{pmatrix} 2 & 5 \\ 1 & 3 \end{pmatrix} X = \begin{pmatrix} 4 & -6 \\ 2 & 3 \end{pmatrix}$.

3. 设 $A=\begin{pmatrix}1&1\\0&1\end{pmatrix}$，求与 A 可交换的所有矩阵.

4. 设 $A=\begin{pmatrix}1&2&3\\2&3&4\\3&4&5\end{pmatrix}$，计算：

(1) A 的行列式 $|A|$；(2) A 的伴随矩阵 A^*；(3) AA^*.

微课：同步习题 4.4 提高题 3

第4章思维导图

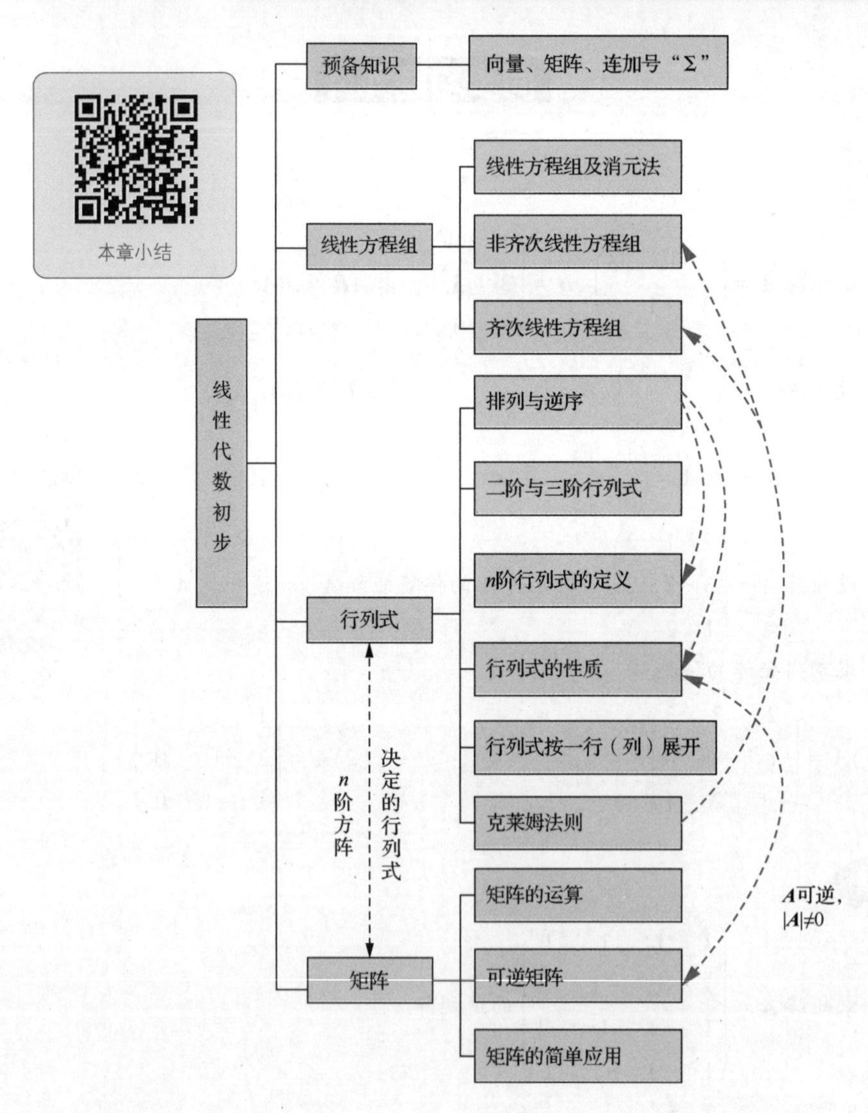

中国数学学者

个人成就

西安交通大学教授，西安数学与数学技术研究院院长，中国科学院院士. 徐宗本主要从事智能信息处理、机器学习、数据建模基础理论研究，以及Banach 空间几何理论与智能信息处理的数学基础方面的教学与研究工作.

课程思政小微课

徐宗本

第 4 章总复习题

1. 选择题.

(1) 设方程组 $\begin{cases} x_1-x_2=a_1, \\ x_2-x_3=a_2, \\ x_3-x_1=a_3 \end{cases}$ 有解，则(　　).

A. $a_1+a_2+a_3\neq 0$　　B. $a_1+a_2+a_3=0$

C. $a_1+a_2=a_3$　　D. $a_1=a_2+a_3$

(2) 设矩阵 $\boldsymbol{A}=\begin{pmatrix} 0 & 1 & 0 & 0 \\ 0 & 0 & 1 & 0 \\ 0 & 0 & 0 & 1 \\ 0 & 0 & 0 & 0 \end{pmatrix}$，则 $\boldsymbol{A}^3$ 的秩为(　　).

微课：第 4 章总复习题(2)

A. 3　　B. 2

C. 1　　D. 0

(3) 关于逆矩阵，以下说法错误的是(　　).

A. 如果矩阵 $\boldsymbol{A}$ 可逆，那么 $\boldsymbol{A}$ 的伴随矩阵 $\boldsymbol{A}^*$ 也可逆

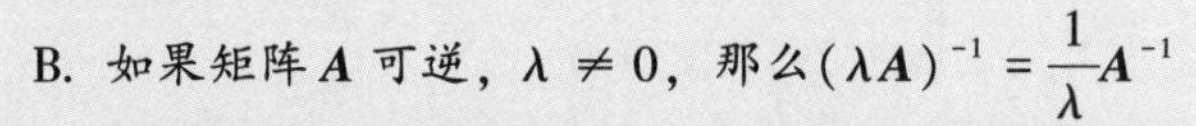

B. 如果矩阵 $\boldsymbol{A}$ 可逆，$\lambda\neq 0$，那么 $(\lambda\boldsymbol{A})^{-1}=\frac{1}{\lambda}\boldsymbol{A}^{-1}$

C. 设 $\boldsymbol{A},\boldsymbol{B}$ 均为 n 阶方阵，且 $\boldsymbol{AB}=\boldsymbol{E}$，那么 $\boldsymbol{A},\boldsymbol{B}$ 均可逆

D. 如果矩阵 $\boldsymbol{A}$ 可逆，那么 $\boldsymbol{A}$ 的转置矩阵 $\boldsymbol{A}^{\mathrm{T}}$ 不一定可逆

(4) 以下说法正确的是(　　).

A. 如果 $\boldsymbol{AB}=\boldsymbol{O}$，那么 $\boldsymbol{A}=\boldsymbol{O}$ 或 $\boldsymbol{B}=\boldsymbol{O}$

B. $(\boldsymbol{AB})^{\mathrm{T}}=\boldsymbol{B}^{\mathrm{T}}\boldsymbol{A}^{\mathrm{T}}$

C. 若 $\boldsymbol{A}$ 和 $\boldsymbol{B}$ 均为同阶可逆方阵，则 $\boldsymbol{AB}$ 可逆，且有 $(\boldsymbol{AB})^{-1}=\boldsymbol{A}^{-1}\boldsymbol{B}^{-1}$

D. 若 $\boldsymbol{A}$ 和 $\boldsymbol{B}$ 均为同阶方阵，则 $(\boldsymbol{A}+\boldsymbol{B})^2=\boldsymbol{A}^2+2\boldsymbol{AB}+\boldsymbol{B}^2$

2. 填空题.

(5) 三阶行列式 $\begin{vmatrix} 0 & 0 & -1 \\ 0 & 2 & 0 \\ -3 & 0 & 0 \end{vmatrix}$ 的值为 ________.

(6) 行列式 $\begin{vmatrix} 0 & a & b & 0 \\ a & 0 & 0 & b \\ 0 & c & d & 0 \\ c & 0 & 0 & d \end{vmatrix}=$ ________.

(7) 设四阶方阵 $\boldsymbol{A}=\begin{pmatrix} 0 & 1 & 1 & 1 \\ 1 & 0 & 1 & 1 \\ 1 & 1 & 0 & 1 \\ 1 & 1 & 1 & 0 \end{pmatrix}$，则 $|\boldsymbol{A}|=$ ________.

(8) 设 $\boldsymbol{A}=\begin{pmatrix} -2 & 4 \\ 1 & -2 \end{pmatrix}$，$\boldsymbol{B}=\begin{pmatrix} 2 & 4 \\ -3 & -6 \end{pmatrix}$，则 $\boldsymbol{BA}=$ ________.

(9) 已知 $\boldsymbol{AB}-\boldsymbol{B}=\boldsymbol{A}$，其中 $\boldsymbol{B}=\begin{pmatrix} 1 & -2 & 0 \\ 2 & 1 & 0 \\ 0 & 0 & 2 \end{pmatrix}$，则 $\boldsymbol{A}=$ ________.

(10) 设矩阵 $\boldsymbol{A}=\begin{pmatrix} 1 & -1 \\ 2 & 3 \end{pmatrix}$，$\boldsymbol{B}=\boldsymbol{A}^2-3\boldsymbol{A}+2\boldsymbol{E}$，则 $\boldsymbol{B}^{-1}=$ ________.

微课：第4章
总复习题(10)

3. 解答题.

(11) 求解下列方程组.

① $\begin{cases} x_1+x_2-3x_3=0, \\ x_1-x_2-x_3=0, \\ 2x_1+x_2-5x_3=0. \end{cases}$ ② $\begin{cases} x_1+2x_2+2x_3+x_4=0, \\ 2x_1+x_2-2x_3-2x_4=0, \\ x_1-x_2-4x_3-3x_4=0. \end{cases}$

③ $\begin{cases} x_1+x_2-x_3+x_4=0, \\ x_1-x_2+2x_3-x_4=0, \\ 3x_1+x_2-x_4=0. \end{cases}$ ④ $\begin{cases} x_1+x_2+x_3=3, \\ x_1-3x_2-2x_3=5, \\ x_1+4x_2+3x_3=1. \end{cases}$

⑤ $\begin{cases} x_1-x_2-x_3+2x_4=1, \\ 2x_1-2x_2+x_3+x_4=5, \\ -x_1+x_2-2x_3+x_4=-4. \end{cases}$ ⑥ $\begin{cases} x_1-x_2+x_3-x_4=1, \\ 2x_1-x_2-x_3+x_4=1, \\ x_1-2x_3+2x_4=0. \end{cases}$

(12) 用定义法计算下列行列式.

① $\begin{vmatrix} 2 & 3 & 4 & 1 \\ 3 & 4 & 2 & 0 \\ 1 & 3 & 0 & 0 \\ 4 & 0 & 0 & 0 \end{vmatrix}$. ② $\begin{vmatrix} a_1 & 0 & b_1 & 0 \\ 0 & c_1 & 0 & d_1 \\ a_2 & 0 & b_2 & 0 \\ 0 & c_2 & 0 & d_2 \end{vmatrix}$. ③ $\begin{vmatrix} 0 & 1 & 0 & \cdots & 0 \\ 0 & 0 & 2 & \cdots & 0 \\ \vdots & \vdots & \vdots & & \vdots \\ 0 & 0 & 0 & \cdots & n-1 \\ n & 0 & 0 & \cdots & 0 \end{vmatrix}$.

(13) 用矩阵的初等行变换，求下列矩阵的逆矩阵.

① $\begin{pmatrix} 2 & 2 & 3 \\ 1 & -1 & 0 \\ -1 & 2 & 3 \end{pmatrix}$. ② $\begin{pmatrix} 3 & 2 & 1 \\ 3 & 1 & 5 \\ 3 & 2 & 3 \end{pmatrix}$. ③ $\begin{pmatrix} 0 & 2 & -1 \\ 1 & 1 & 2 \\ -1 & -1 & -1 \end{pmatrix}$.

05 第 5 章 概率论初步

概率论是研究随机现象统计规律的基础学科，它从数量角度给出随机现象的描述，为人们认识和利用随机现象的规律性提供了有力的工具. 概率论的应用几乎遍及所有的科学领域，例如，在通信工程中借助概率论知识来提高信号的抗干扰性，在企业生产经营管理中借助概率论知识来优化企业决策方案、提高企业利润，概率论在信息论、排队论、电子系统可靠性、地震预报、产品的抽样调查等方面也具有广泛的应用.

本章导学

本章将介绍概率论的基本概念、随机变量及其分布，以及随机变量的数学期望和方差，从而培养读者的数学素养，加深读者对概率论在实际生活中的应用的了解.

5.1 概率论的基本概念

在自然界与人类社会生活中，存在两类截然不同的现象. 一类是确定性现象. 例如：同性电荷必然相斥、异性电荷必然相吸；在标准大气压下，水加热到 100℃ 必然沸腾；半径为 r 的圆，其面积必为 πr^2 等. 对于这类现象，其特点是在试验之前就能断定它有一个确定的结果，即在一定条件下，重复进行试验，其结果必然出现且唯一. 另一类是不确定性现象. 例如：某个路口一天内发生违章的次数；下个月的降雨量；射击时距离目标点的偏差大小等. 对于这类现象，其特点是可能的结果不止一个，即在相同条件下进行重复试验，试验的结果事先不能准确预知. 就一次试验而言，时而出现这个结果，时而出现那个结果，呈现出偶然性.

对于部分不确定性现象，虽然在试验或观察之前不能预知确切的结果，但人们经过长期实践并深入研究之后，发现在大量重复试验或观察下，试验结果呈现出某种规律性. 这种在大量重复试验或观察中所呈现出来的固有规律性，称为统计规律性. 例如：在投掷一枚硬币时，既可能出现正面，也可能出现反面，预先做出确定的判断是不可能的，但是假如硬币均匀，客观上出现正面与出现反面的机会应该相等，即在大量的试验中出现正面的概率应接近 50%. 这正如恩格斯所指出的："在表面上是偶然性在起作用的地方，这种偶然性始终是受内部的隐藏着的规律支配的，而问题只是在于发现这些规律. " 这种在个别试验中其结果呈现出不确定性，在大量重复试验中其结果又具有统计规律性的现象，我们称之为随机现象.

本节将介绍概率论的基本概念，包括随机试验、样本空间、随机事件等. 此外，本节还将介绍随机事件的关系及一些运算律.

5.1.1 随机试验与样本空间

1. 随机试验

为了掌握随机现象及其统计规律性，我们需要对随机现象进行观察或试验，比如有下面5个试验.

E_1：给一位微信好友发消息，看他(她)是否在线.

E_2：从当天生产的3件产品$\{A_1,A_2,A_3\}$中抽取2件，记录抽取结果.

E_3：抛一颗骰子，观察出现的点数.

E_4：一天内使用支付宝进行在线支付的次数.

E_5：手机电池充满一次电后的续航时间.

这些试验具有下列3个特点：

(1) 可以在相同的条件下重复进行；

(2) 每次试验的可能结果不止一个，但能事先明确试验的所有可能结果；

(3) 进行一次试验之前不能确定哪一个结果将会出现.

在概率论中，把具有以上3个特点的试验称为随机试验，简称试验，记为E.

2. 样本空间

对于随机试验，虽然在试验前不能确定哪一个结果将会出现，但能事先明确试验的所有可能结果，我们将随机试验E的所有可能结果组成的集合称为E的样本空间，记为S. 样本空间的元素，即试验E的每一个结果，称为样本点.

上面5个随机试验的样本空间分别如下：

$S_1=\{$在线,不在线$\}$；

$S_2=\{A_1A_2,A_1A_3,A_2A_3\}$；

$S_3=\{1,2,3,4,5,6\}$；

$S_4=\{0,1,2,3,\cdots\}$；

$S_5=\{t\mid t\geqslant 0\}$.

在这里我们会发现，每次试验有且仅有样本空间中的一个样本点出现.

5.1.2 随机事件

一般地，在一次试验中可能出现也可能不出现的情况，统称随机事件，简称事件，记作A，$B,C,\cdots$. 比如在试验E_3中，出现偶数点就是一个随机事件. 实际上，在建立了试验的样本空间后，就可以用样本空间S的子集表示随机事件，因此，我们统称试验E的样本空间S的子集为E的随机事件.

事件有以下4种类型.

(1) **必然事件**：每次试验中都发生的事件称为必然事件，必然事件可以用样本空间S表示.

(2) **不可能事件**：在每次试验中都不发生的事件称为不可能事件，不可能事件可以用空集$\varnothing$表示.

(3) **基本事件**：每次试验中出现的基本结果(样本点)称为基本事件，基本事件可以用一个样本点表示. 比如一天内使用支付宝支付3次可以表示为$A=\{3\}$.

(4) 复合事件：含有两个及两个以上样本点的事件称为复合事件. 比如，在试验 E_3 中，出现偶数点就可以表示为 $A=\{2,4,6\}$；在试验 E_5 中，若规定电池使用时间低于12h为不合格，则电池不合格可以表示为 $B=\{t \mid t<12\}$.

注 (1) 在一次试验中，当且仅当这一集合中的一个样本点出现时，称这一事件发生.

(2) 严格来讲，必然事件与不可能事件反映了确定性现象，可以说它们不是随机事件，但为了研究问题的方便，我们把它们看作特殊的随机事件.

5.1.3 随机事件的关系与运算

由于事件可以用样本空间的子集表示，因此事件间的关系与运算也可以用集合之间的关系与运算来处理. 设试验 E 的样本空间为 S，$A,B,A_k(k=1,2,\cdots)$ 是试验 E 的随机事件，即 S 的子集，则事件间有如下的关系和运算.

1. 事件的关系与运算

(1) 若 $A\subset B$，则称事件 A 是事件 B 的子事件，表示事件 A 发生必然导致事件 B 发生.

微课：事件的关系与运算

例如：设 A 表示“产品为一等品”，B 表示“产品为合格品”，显然有 $A\subset B$.

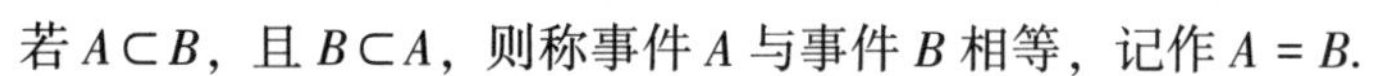
若 $A\subset B$，且 $B\subset A$，则称事件 A 与事件 B 相等，记作 $A=B$.

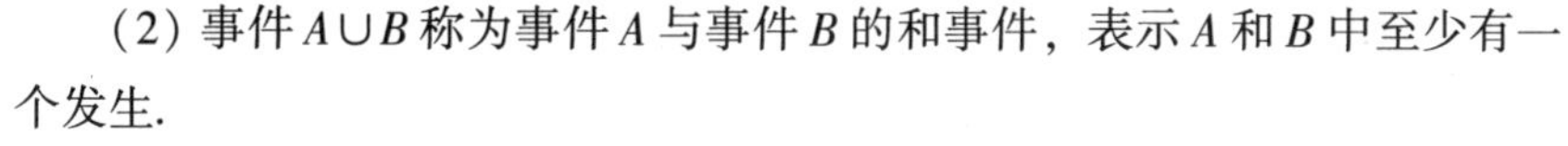
(2) 事件 $A\cup B$ 称为事件 A 与事件 B 的和事件，表示 A 和 B 中至少有一个发生.

例如：甲、乙两人破译一份密码，A 表示“甲破译成功”，B 表示“乙破译成功”，则“密码被破译”可表示为 $A\cup B$.

推广：称 $\bigcup\limits_{k=1}^{n} A_k$ 为 n 个事件 $A_1,A_2,\cdots,A_n$ 的和事件，称 $\bigcup\limits_{k=1}^{\infty} A_k$ 为可列个事件 $A_1,A_2,\cdots$ 的和事件.

(3) 事件 $A\cap B$ 称为事件 A 与事件 B 的积事件，表示 A 和 B 同时发生. $A\cap B$ 一般简写为 AB.

例如：某零件有长度和直径两个指标，A 表示“长度合格”，B 表示“直径合格”，则“零件合格”可表示为 AB.

类似地，称 $\bigcap\limits_{k=1}^{n} A_k$ 为 n 个事件 $A_1,A_2,\cdots,A_n$ 的积事件，称 $\bigcap\limits_{k=1}^{\infty} A_k$ 为可列个事件 $A_1,A_2,\cdots$ 的积事件.

(4) 事件 $A-B$ 称为事件 A 与事件 B 的差事件，表示 A 发生且 B 不发生.

例如：甲、乙两人破译一份密码，A 表示“甲破译成功”，B 表示“乙破译成功”，则“甲破译出密码而乙没有破译成功”可表示为 $A-B$.

(5) 若 $A\cap B=\varnothing$，则称事件 A 与事件 B 是互不相容或互斥的，表示事件 A 与事件 B 不能同时发生.

注 基本事件是两两互不相容的.

(6) 若 $A\cup B=S$ 且 $A\cap B=\varnothing$，则称事件 A 与事件 B 互为逆事件，或称事件 A 与事件 B 互为对立事件，即事件 A,B 中必有一个发生，且仅有一个发生.

A 的对立事件记作 $\overline{A}$，即 $\overline{A}=S-A$.

由以上定义显然有 $A-B=A-AB=A\bar{B}, A\cup B=A\cup\bar{A}B$.

2. 事件的运算律

设 A,B,C 为事件，则有以下运算律.

(1) 交换律：$A\cup B=B\cup A$，$A\cap B=B\cap A$.

(2) 结合律：$A\cup(B\cup C)=(A\cup B)\cup C$，$A\cap(B\cap C)=(A\cap B)\cap C$.

(3) 分配律：$A\cup(B\cap C)=(A\cup B)\cap(A\cup C)$；

$$A\cap(B\cup C)=(A\cap B)\cup(A\cap C).$$

(4) 德 · 摩根律：$\overline{A\cap B}=\bar{A}\cup\bar{B}$，$\overline{A\cup B}=\bar{A}\cap\bar{B}$.

例 5.1 设 A,B,C 分别表示第 1、第 2、第 3 个产品为次品，用 A,B,C 间的关系及运算表示下列各事件.

(1) 至少有一个次品：$A\cup B\cup C$.

(2) 没有次品：$\bar{A}\bar{B}\bar{C}=\overline{A\cup B\cup C}$.

(3) 恰有一个次品：$A\bar{B}\bar{C}\cup\bar{A}B\bar{C}\cup\bar{A}\bar{B}C$.

(4) 至少有两个次品：$AB\bar{C}\cup A\bar{B}C\cup\bar{A}BC\cup ABC=AB\cup BC\cup CA$.

(5) 至多有两个次品(考虑其对立事件)：$(A\bar{B}C\cup AB\bar{C}\cup\bar{A}BC)\cup(\bar{A}\bar{B}C\cup\bar{A}B\bar{C}\cup A\bar{B}\bar{C})\cup(\bar{A}\bar{B}\bar{C})=\overline{ABC}=\bar{A}\cup\bar{B}\cup\bar{C}$.

同步习题 5.1

1. 写出下列随机试验的样本空间.

(1) 在单位圆内任取一点，记录它的坐标.

(2) 对某工厂出厂的产品进行检查，合格的盖上“1”，不合格的盖上“0”，如连续查出 2 个次品就停止检查，或检查 4 个产品就停止检查，记录检查的结果.

2. 设 A,B,C 为 3 个事件，用 A,B,C 的运算表示下列事件.

(1)A 发生，B 与 C 不发生.

(2)A,B 都发生，而 C 不发生.

(3)A,B,C 中至少有一个发生.

(4)A,B,C 都发生.

(5)A,B,C 都不发生.

(6)A,B,C 中至多有一个发生.

(7)A,B,C 中至多有两个发生.

(8)A,B,C 中至少有两个发生.

提高题

1. 对于事件 A,B，判断下列命题是否成立并说明理由.

(1) 如果 A,B 互不相容，则 $\bar{A},\bar{B}$ 也互不相容.　　(2) 如果 $A\subset B$，则 $\bar{A}\subset\bar{B}$.

(3) 如果 A,B 相容，则 $\bar{A},\bar{B}$ 也相容.　　(4) 如果 A,B 对立，则 $\bar{A},\bar{B}$ 也对立.

2. 证明：(1)$A-B=A\bar{B}=A-AB$；(2)$A\cup B=A\cup(B-A)$.

5.2 概率

随机事件在一次试验中，可能发生也可能不发生，具有偶然性. 但是，人们从实践中认识到，在相同的条件下进行大量的重复试验，试验的结果具有某种内在的规律性，即随机事件发生的可能性大小是可以比较的，是可以用一个数值进行度量的. 例如，某电视台播放的不同电视剧，其收视结果是不一样的，并且可以用“收视率”这一指标度量；两位射击运动员在相同的条件下射击，他们命中目标的可能性大小也不同，并且也能用“命中率”这一指标度量.

对于一个随机试验，我们不仅要知道它可能出现哪些结果，还要研究各种结果发生的可能性大小，从而揭示其内在的规律性. 为此，首先引入频率，它描述了事件发生的频繁程度，进而引出表征事件在一次试验中发生的可能性大小的数——概率.

5.2.1 频率与概率

1. 频率的定义和性质

定义5.1 在相同条件下，进行了 n 次试验，在这 n 次试验中，事件 A 发生的次数 n_A 称为事件 A 发生的频数. 比值 $\dfrac{n_A}{n}$ 称为事件 A 发生的频率，记作 $f_n(A)$.

设 A 是随机试验 E 的任一事件，则频率 $f_n(A)$ 具有以下性质：

(1)$0\leqslant f_n(A)\leqslant 1$；

(2)$f_n(S)=1,f_n(\varnothing)=0$；

(3) 若 $A_1,A_2,\cdots,A_k$ 是两两互不相容的事件，则

$$f_n(A_1\cup A_2\cup\cdots\cup A_k)=f_n(A_1)+f_n(A_2)+\cdots+f_n(A_k).$$

事件发生的频率大小表示其发生的频繁程度. 频率大，事件发生就越频繁，这表示事件在一次试验中发生的可能性就越大. 反之亦然.

2. 频率的稳定性

由于频率是依赖于试验结果的，而试验结果的出现具有一定的随机性，因此频率具有随机波动性，即使对于同样的 n，所得的频率也不一定相同. 另外，大量试验证实，当重复试验的次数 n 逐渐增大时，频率 $f_n(A)$ 逐渐稳定于某个常数，历史上的抛硬币试验就很好地展示了这种稳定性，如表 5.1 所示.

表 5.1

试验者	抛硬币的次数	正面朝上的次数	正面朝上的频率
德·摩根	2 048	1 061	0.518 1
蒲丰	4 040	2 048	0.506 9
皮尔逊	12 000	6 019	0.501 6
皮尔逊	24 000	12 012	0.500 5

从表 5.1 可以看出：虽然频率具有随机波动性，抛硬币次数 n 较小时，频率 $f_n(A)$ 在 0 与 1 之间随机波动，其波动幅度较大，但当 n 逐渐增大时，$f_n(A)$ 总在 0.5 附近摆动，且逐渐稳定于 0.5.

3. 概率的统计定义

频率在大量的重复试验中体现出的这种“稳定性”即通常所说的统计规律性. 通过大量的实践，我们还容易看到，若随机事件 A 出现的可能性越大，一般来讲，其频率 $f_n(A)$ 也越大. 由于事件 A 发生的可能性大小与其频率大小有如此密切的关系，加之频率又具有稳定性，故而可通过频率来定义概率.

定义 5.2（概率的统计定义） 随机事件 A 在大量重复试验（观测）中，即 $n\to\infty$ 时，其频率稳定在某一常数，这一常数称为随机事件 A 的概率，记作 $P(A)$.

一般来讲，当试验的次数比较大时，可以用事件发生的频率来估计事件的概率，即有

$$P(A)\approx f_n(A).$$

概率的统计定义易于理解，但是其计算依赖于试验，同时由于试验次数的限制，利用概率的统计定义计算概率难免会出现误差，因此，人们不得不从其他的角度去思考“概率”的定义.

5.2.2 古典概率与几何概率

在概率论发展的历史上，最早研究的一类最直观、最简单的问题是等可能概型，在这类问题中，样本空间中每个样本点出现的可能性是相等的. 其中，如果样本空间只包含有限个样本点，则称为古典概型；当样本空间是某一线段或某个区域时，称为几何概型.

1. 古典概率

我们来看这样一个问题，抛一颗骰子观察出现的点数，问：抛出偶数点的概率是多少？

我们很容易想到这一概率为$\frac{1}{2}$，那么这个$\frac{1}{2}$是如何得到的呢？

首先我们来考察样本空间和样本点，该试验的样本空间为 $S=\{1,2,3,4,5,6\}$，含有 6 个样本点，而且每个样本点出现的可能性大小相同，因此，该问题是一个古典概型问题. 而事件“出现偶数点”可表示为 $A=\{2,4,6\}$，含有 3 个样本点. 显然有

$$P(A)=\frac{3}{6}=\frac{1}{2}.$$

对于该问题，事件 A 发生的概率可以表示为“事件 A 所含样本点占样本空间样本点总数的比例”. 受这个问题的启发，有如下的概率的古典定义.

定义5.3（概率的古典定义） 设试验的样本空间S包含n个样本点，且每个样本点出现的可能性大小相同，若事件A包含k个样本点，则事件A的概率为

$$P(A)=\frac{k}{n}=\frac{\text{事件}A\text{包含的样本点数}}{\text{样本空间中样本点总数}}.$$

根据定义5.3，对古典概率的计算问题可以转化为对样本点的计数问题，求解此类问题通常可以借助加法原理和乘法原理以及排列与组合公式.

(1) 加法原理：设完成一件事有m种方式，其中第一种方式有n_1种方法，第二种方式有n_2种方法，…，第m种方式有n_m种方法，无论通过哪种方法都可以完成这件事，则完成这件事的方法总数为$n_1+n_2+\cdots+n_m$.

(2) 乘法原理：设完成一件事有m个步骤，其中第一个步骤有n_1种方法，第二个步骤有n_2种方法，…，第m个步骤有n_m种方法，完成该件事必须完成每一步骤才算完成，则完成这件事的方法总数为$n_1\times n_2\times\cdots\times n_m$.

(3) 排列公式：从n个不同元素中任取$k(1\leqslant k\leqslant n)$个元素的不同排列总数为

$$\mathrm{A}_n^k=n(n-1)\cdots(n-k+1)=\frac{n!}{(n-k)!}.$$

(4) 组合公式：从n个不同元素中任取$k(1\leqslant k\leqslant n)$个元素的不同组合总数为

$$\mathrm{C}_n^k=\binom{n}{k}=\frac{n(n-1)\cdots(n-k+1)}{k!}=\frac{n!}{k!\,(n-k)!}.$$

例5.2 箱中放有$a+b$个外形一样的手机充电器(不含充电线)，其中a个充电器具有快充功能，其余b个没有快充功能，$k(k\leqslant a+b)$个人依次在箱中取一个充电器.

(1) 做放回抽样(每次抽取后记录结果，然后放回).

(2) 做不放回抽样(抽取后不再放回).

求第$i(i=1,2,\cdots,k)$个人取到具有快充功能的充电器(记为事件A)的概率.

解 (1) 在放回抽样的情况下，每个人都有$a+b$种抽取方法，由于其中a个充电器具有快充功能，因此事件A(抽到具有快充功能的充电器)包含a种抽取方法，由古典概率的定义可得

$$P(A)=\frac{a}{a+b}.$$

(2) 在不放回抽样的情况下，k个人依次抽取，根据乘法原理，完成抽取后样本空间共有A_{a+b}^k个基本结果.

由于事件A要求第i个人抽到具有快充功能的充电器，因此第i个人有a种取法. 其余$k-1$人从剩余的$a+b-1$个充电器中任选$k-1$个，有A_{a+b-1}^{k-1}种取法. 根据乘法原理，事件A共包含$a\mathrm{A}_{a+b-1}^{k-1}$种基本结果，由古典概率的定义可得

$$P(A)=\frac{a\mathrm{A}_{a+b-1}^{k-1}}{\mathrm{A}_{a+b}^k}=\frac{a}{a+b}.$$

从该例题可以看出，无论是放回抽样还是不放回抽样，抽到具有快充功能充电器的概率都和抽取顺序无关. 此问题和抽签问题类似，因此，从概率意义上来讲，抽签是公平的，不必争先恐后.

例 5.3 设有 N 件产品，其中有 M 件次品，现从中任取 n 件，问：其中恰有 $k(k\leqslant \min\{n,M\})$ 件次品的概率是多少？

解 在 N 件产品中任取 n 件，所有可能的取法共有 C_N^n 种. 在 M 件次品中任取 k 件，所有可能的取法共有 C_M^k 种. 在 $N-M$ 件正品中任取 $n-k$ 件，所有可能的取法共有 C_{N-M}^{n-k} 种. 由乘法原理，在 N 件产品中任取 n 件，其中恰有 k 件次品的取法共有 $C_M^k C_{N-M}^{n-k}$ 种. 因此，恰有 k 件次品的概率为

$$p=\frac{C_M^k C_{N-M}^{n-k}}{C_N^n}.$$

上式称为超几何公式，在 5.5.2 小节中我们将会具体介绍由此而来的超几何分布.

例 5.4 货架上有外观相同的商品 15 件，其中 12 件来自甲产地，另外 3 件来自乙产地. 现从货架上随机抽取两件，求这两件商品来自同一产地的概率.

解 设 A_1 表示"这两件商品都来自甲产地"，A_2 表示"这两件商品都来自乙产地".

从 15 件商品中取出两件，共有 $C_{15}^2=105$ 种取法，即样本空间中有 105 个样本点.

事件 A_1 要求这两件商品都来自甲产地，则事件 A_1 共包含 $k_1=C_{12}^2=66$ 个样本点. 同理可得事件 A_2 包含 $k_2=C_3^2=3$ 个样本点.

事件 $A=$"这两件商品来自同一产地"可以表示为 $A_1\cup A_2$，且事件 A_1 和事件 A_2 互斥，因而事件 A 包含 $k=k_1+k_2=69$ 个样本点. 因此，这两件商品来自同一产地的概率为

$$P(A)=\frac{k}{n}=\frac{69}{105}=\frac{23}{35}.$$

例 5.5 某接待站在某一周曾接待过 12 次来访，已知所有这 12 次接待都是在周二和周四进行的，问：是否可以推断接待时间是有规定的？

解 假设接待站的接待时间是没有规定的，而各来访者在一周的任一天去接待站是等可能的. 12 次接待都在周二、周四的概率为

$$p=\frac{2^{12}}{7^{12}}=0.000\,000\,3.$$

人们在长期实践中总结得到"概率很小的事件在一次试验中实际上几乎是不发生的"(实际推断原理)，现在概率很小的事件在一次试验中竟然发生了，因此有理由怀疑假设的正确性，从而推断接待站不是每天都接待来访者，即认为其接待时间是有规定的.

例 5.6(古典概率在福利彩票中的应用) 某福利彩票游戏规则如下：购买者从 01~35 共 35 个号码中选取 7 个号码作为一注进行投注，7 个号码中有 6 个为基本号码，另外 1 个号码为特别号码，每注彩票 2 元，每期销售彩票总金额的 50% 用来作为奖金.

奖项设置如下：一等奖为选 7 中 6+1(不考虑基本号码的顺序)； 二等奖为选 7 中 6； 三等奖为选 7 中 5+1；四等奖为选 7 中 5；五等奖为选 7 中 4+1； 六等奖为选 7 中 4；七等奖为选 7 中 3+1. 试计算单注中奖概率.

解 这一类型的彩票游戏可以看作不放回摸球问题：一个袋中有 35 个(同类型)球，其中 6 个红球、1 个黄球、28 个白球. 现不放回地从袋中取 7 个球，求 7 个球中恰有 i 个红球和 j 个黄球的概率($i=0,1,\cdots,6$； $j=0,1$).

设 A_{ij} 表示"恰有 i 个红球和 j 个黄球"，则有

$$P(A_{ij})=\frac{C_6^iC_1^jC_{28}^{7-i-j}}{C_{35}^7},i=0,1,\cdots,6;j=0,1.$$

因此，中一等奖的概率 $p_1=P(A_{61})=\frac{C_6^6C_1^1}{C_{35}^7}=1.49\times10^{-7}$.

类似可求得单注中 k 等奖的概率 $p_k(k=2,3,\cdots,7)$：

$$p_2=P(A_{60})=\frac{C_6^6C_1^0C_{28}^1}{C_{35}^7}=4.16\times10^{-6};$$

$$p_3=P(A_{51})=\frac{C_6^5C_1^1C_{28}^1}{C_{35}^7}=2.50\times10^{-5};$$

$$p_4=P(A_{50})=\frac{C_6^5C_1^0C_{28}^2}{C_{35}^7}=3.37\times10^{-4};$$

$$p_5=P(A_{41})=\frac{C_6^4C_1^1C_{28}^2}{C_{35}^7}=8.43\times10^{-4};$$

$$p_6=P(A_{40})=\frac{C_6^4C_1^0C_{28}^3}{C_{35}^7}=7.30\times10^{-3};$$

$$p_7=P(A_{31})=\frac{C_6^3C_1^1C_{28}^3}{C_{35}^7}=9.74\times10^{-3}.$$

单注中奖概率为 $\sum_{k=1}^{7}p_k=0.018$.

通过以上计算结果可以看出单注中奖的概率不到 2%，而中一等奖的概率仅为 1.49×10^{-7}，根据实际推断原理知，偶尔买一次彩票就中大奖几乎是不可能的.

2. 几何概率

古典概型考虑了样本空间仅包含有限个样本点的等可能概型，但等可能概型还有其他类型，如样本空间为线段、平面区域或空间立体等形式，我们把这类等可能概型称为几何概型. 几何概型问题示例：一渔民经常在面积为 $12km^2$ 的海域进行捕鱼，某天面积为 $3km^2$ 的捕鱼海域受到了污染，那么该渔民捕到的鱼受污染的概率是多少？

定义 5.4（几何概率） 设样本空间 S 是平面上某个区域，它的面积记为 $\mu(S)$，点落入 S 内任何部分区域 A 的可能性大小只与区域 A 的面积 $\mu(A)$ 成比例，而与区域 A 的位置和形状无关，该点落在区域 A 的事件仍记为 A，则事件 A 的概率为 $P(A)=\frac{\mu(A)}{\mu(S)}$.

注 若样本空间 S 为一线段或一空间立体，则定理中的 $\mu(A)$ 和 $\mu(S)$ 应理解为长度或体积.

例 5.7 某人午觉醒来，发现表停了，他打开收音机，想听电台报时，设电台每正点时报时一次，求他等待时间少于 10min 的概率.

解 以"min"为单位，记上一次报时时刻为 0，下一次报时时刻为 60，则这个人打开收音机的时间必在区间 $(0,60)$ 内. 记"等待时间少于 10min"为事件 A，则有

$$S=(0,60),A=(50,60)\subset S.$$

于是 $P(A)=\dfrac{\mu(A)}{\mu(S)}=\dfrac{10}{60}=\dfrac{1}{6}$.

例5.8(会面问题) 某销售人员和客户相约7点到8点之间在某地会面，先到者等候另一人半小时，过时就离开. 如果每个人可在指定的一小时内任意时刻到达，试计算两人能够会面的概率.

解 记7点为0时刻，设 x,y 分别为销售人员和客户到达指定地点的时刻，则样本空间为

$$S=\{(x,y)\mid 0\leqslant x\leqslant 1,0\leqslant y\leqslant 1\}.$$

以 A 表示"两人能会面"，如图5.1所示，则有

$$A=\{(x,y)\mid (x,y)\in S,|x-y|\leqslant 0.5\}.$$

根据题意，这是一个几何概型，于是 $P(A)=\dfrac{\mu(A)}{\mu(S)}=\dfrac{1^2-(0.5)^2}{1^2}=\dfrac{3}{4}$.

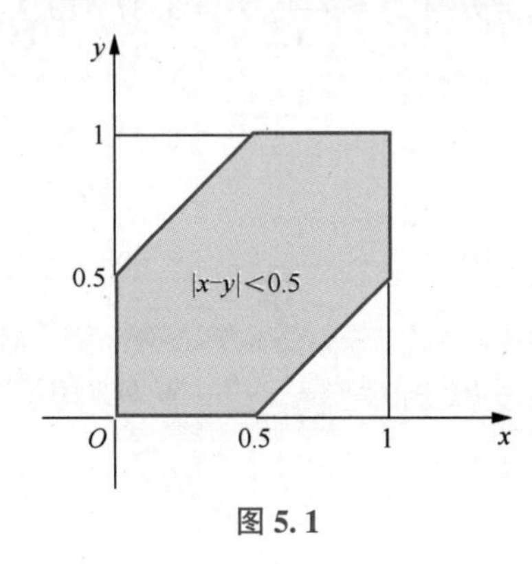

图5.1

5.2.3 概率的公理化定义与运算性质

1. 概率的公理化定义

前面我们从事件的频率出发给出了概率的统计定义，介绍了古典概率和几何概率，并计算了一些简单事件的概率，似乎我们已经搞明白了什么是概率. 根据概率的统计定义，随着试验的次数增加，计算出来的概率越来越精确，但总是存在误差；古典概率和几何概率又仅是在等可能的条件下进行定义的，带有一定的局限性，因此，我们需要从另外的途径给出概率的一般定义.

任何一个数学概念都是对现实世界的抽象，这种抽象使其具有广泛的适用性. 1933年，苏联数学家柯尔莫哥洛夫在他的《概率论的基本概念》一书中给出了现在已被广泛接受的概率公理化体系，第一次将概率论建立在严密的逻辑基础上. 他不直接回答"概率"是什么，而是把"概率"应具备的几条本质特性概括起来，把具有这几条性质的量称作概率，并在此基础上展开概率的理论研究.

定义5.5（概率的公理化定义） 设 E 是随机试验，S 是它的样本空间，对于 E 的每一事件 A 赋予一个实数，记为 $P(A)$，如果 $P(A)$ 满足以下3个条件，则称 $P(A)$ 为事件 A 的概率.

(1) 非负性：对于每一个事件 A，有 $P(A)\geqslant 0$.

(2) 规范性：对于必然事件 S，有 $P(S)=1$.

(3) 可列可加性：设 $A_1, A_2, \cdots$ 是两两互不相容的事件，即 $A_iA_j = \varnothing, i \neq j, i,j = 1,2,\cdots$，有 $P(\bigcup\limits_{i=1}^{\infty} A_i) = \sum\limits_{i=1}^{\infty} P(A_i)$.

2. 概率的运算性质

由概率的公理化定义，可以推出概率的一些重要性质.

微课：概率的运算性质

性质 5.1 $0 \leqslant P(A) \leqslant 1, P(\varnothing) = 0$.

性质 5.2 若 $A_1, A_2, \cdots, A_n$ 是两两互不相容事件，则有

$$P(A_1 \cup A_2 \cup \cdots \cup A_n) = P(A_1) + P(A_2) + \cdots + P(A_n).$$

性质 5.3 对于任意两个事件 A, B，有 $P(A-B) = P(A) - P(AB)$. 特别地，若 $B \subset A$，则有 $P(A-B) = P(A) - P(B)$.

推论(单调性) 若 $B \subset A$，则 $P(B) \leqslant P(A)$.

性质 5.4 对于任意两个事件 A, B，$P(A \cup B) = P(A) + P(B) - P(AB)$.

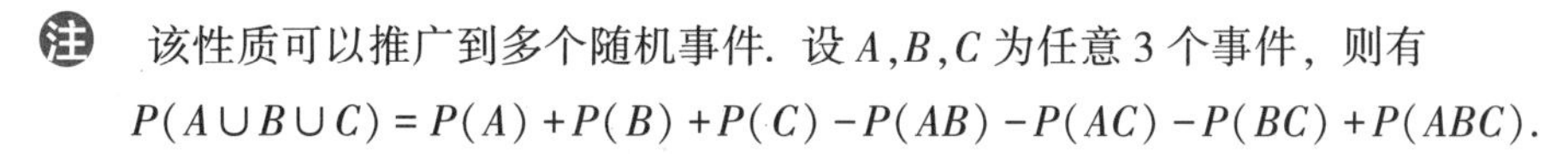

注 该性质可以推广到多个随机事件. 设 A, B, C 为任意 3 个事件，则有

$$P(A \cup B \cup C) = P(A) + P(B) + P(C) - P(AB) - P(AC) - P(BC) + P(ABC).$$

性质 5.5 对于任意事件 A，$P(\bar{A}) = 1 - P(A)$.

结合事件的关系与运算以及概率的运算性质，我们可以求出一些复杂事件的概率.

例 5.9 假设每个人的生日随机分布在 365 天中的某一天，在有 $n(n<365)$ 个人的班级里，生日各不相同(记为事件 A) 的概率为多少？至少两个人生日在同一天(记为事件 B) 的概率为多少？

解 每个人的生日随机分布在 365 天中的某一天，即每个人的生日都有 365 种可能，根据乘法原理，n 个人共有 365^n 种可能.

微课：例5.9

如果生日互不相同，第一个人的生日有 365 种可能，第二个人的生日有 $365-1$ 种可能，…，第 n 个人的生日有 $365-(n-1)$ 种可能，因此，生日互不相同共有 A_{365}^n 种可能. 生日各不相同的概率为

$$P(A) = \frac{\mathrm{A}_{365}^n}{365^n}.$$

至少两个人生日在同一天和生日互不相同为对立事件，因此，至少两个人生日在同一天的概率为

$$P(B) = 1 - P(A) = 1 - \frac{\mathrm{A}_{365}^n}{365^n}.$$

对于不同的 n，$P(B)$ 有表 5.2 所示的计算结果.

表 5.2

n	23	50	64	100
$P(B)$	0.507	0.97	0.997	0.999 999 7

从表 5.2 可以看出，只要班级人数超过 23 人，至少两个人生日在同一天的概率就超过 50%；当班级人数为 50 人时，至少两个人生日在同一天的概率竟达到了 97%.

例 5.10 对某高校学生移动支付使用情况进行调查，结果显示：使用支付宝支付的用户占45%，使用微信支付的用户占35%，同时使用这两种移动支付方式的占10%. 求至少使用一种移动支付方式的概率和只使用一种移动支付方式的概率.

解 记“使用支付宝支付”为事件A，“使用微信支付”为事件B，则“至少使用一种移动支付方式”可以表示为$A\cup B$，而“只使用一种移动支付方式”可表示为$A\bar{B}\cup\bar{A}B$，且易知$A\bar{B}\cap\bar{A}B=\varnothing$.

至少使用一种移动支付方式的概率为

$$P(A\cup B)=P(A)+P(B)-P(AB)=0.45+0.35-0.1=0.7.$$

只使用一种移动支付方式的概率为

$$\begin{aligned}P(A\bar{B}\cup\bar{A}B)&=P(A\bar{B})+P(\bar{A}B)=P(A-B)+P(B-A)\\&=P(A)-P(AB)+P(B)-P(AB)=0.6.\end{aligned}$$

例 5.11 A,B是两个事件，已知$P(B)=0.3$，$P(A\cup B)=0.6$，求$P(A\bar{B})$.

解
$$P(A\bar{B})=P(A-AB)=P(A)-P(AB),$$

而
$$P(A\cup B)=P(A)+P(B)-P(AB)=0.6,$$

因此，
$$P(A\bar{B})=P(A\cup B)-P(B)=0.6-0.3=0.3.$$

同步习题 5.2

1. 一个盒子中放有10个信封，其中有7个信封各装有50元人民币一张，另外3个信封各装有100元人民币一张. 从盒中抽取信封两次，每次随机地取一个，考虑无放回和有放回两种抽取方式，分别计算：

(1) 两次都抽到装有100元人民币信封的概率；

(2) 两次抽到的信封装有相同面额人民币的概率；

(3) 抽到的两个信封中至少有一张100元人民币的概率.

2. 设A与B互为对立事件，判断以下等式是否成立并说明理由.

(1) $P(A\cup B)=1$.　　(2) $P(AB)=P(A)P(B)$.

(3) $P(A)=1-P(B)$.　　(4) $P(AB)=0$.

3. 设有一批同类型产品共100件，其中有98件是合格品，有2件是次品，从中任意抽取3件，求：

(1) 抽到的3件中恰有一件是次品的概率；

(2) 抽到的3件中至少有一件是次品的概率；

(3) 抽到的3件中至多有一件是次品的概率.

4. 将n个球随机地放到$N(N\geqslant n)$个盒子中去，试求每个盒子至多有一个球的概率(设盒子的容量不限).

5. 在区间$[0,3]$上任选一点，求该点坐标小于1的概率.

6. 设事件A,B的概率分别为$\frac{1}{3}$和$\frac{1}{2}$，求在下列3种情况下$P(B\bar{A})$的值.

(1)A与B互斥.　　(2)$A\subset B$.　　(3)$P(AB)=\frac{1}{8}$.

提高题

1. 设A,B为随机事件，证明：$P(A)=P(B)$的充分必要条件为$P(A\bar{B})=P(B\bar{A})$.

2. 设A,B为互不相容的随机事件，求$P(\bar{A}\cup\bar{B})$.

3. 设袋中有红球、白球、黑球各1个，从中有放回地取球，每次取1个，直到3种颜色的球都取到时停止，求取球次数恰好为4的概率.

4. 在区间$[0,1]$上任选两点，求两点之间的距离小于0.5的概率.

5. 设A,B是两事件且$P(A)=0.6, P(B)=0.7$.

(1) 在什么条件下$P(AB)$取到最大值？最大值是多少？

(2) 在什么条件下$P(AB)$取到最小值？最小值是多少？

5.3 条件概率与事件的独立性

世界万物都是互相联系、互相影响的，随机事件也不例外. 在同一个试验中的不同事件之间，通常存在一定程度的相互影响. 例如，在天气状况恶劣的情况下交通事故发生的可能性明显比天气状况优良情况下要大得多. 一般地，我们把在一个事件A已发生的前提条件下事件B发生的概率，称为事件B的条件概率，记为$P(B|A)$.

那么，条件概率和无条件概率有什么关系吗？对条件概率又该如何计算呢？我们先来看这样一个例子.

例5.12 在100件产品中有72件为一等品，从中取两件产品，设A表示“第一件为一等品”，B表示“第二件为一等品”. 在放回抽样和不放回抽样的情况下分别计算$P(B)$和$P(B|A)$.

解 由例5.2可知，无论是放回抽样还是不放回抽样，都有$P(B)=\frac{72}{100}$.

(1) 在放回抽样情况下，第一次取到一等品后放回，因此仍有100件产品，且72件为一等品，所以$P(B|A)=\frac{72}{100}$.

(2) 在不放回抽样情况下，由于第一次取到一等品，因此剩下99件产品，其中71件为一等品，从而$P(B|A)=\frac{71}{99}$.

从计算结果可以看出，在放回抽样情况下，第一次抽取结果对第二次抽取没有任何影响，

即$P(B|A)=P(B)$. 这种情况就是我们将在5.3.3小节介绍的事件的独立性. 而在不放回抽样情况下，第一次抽取结果对第二次抽取有影响，因而 $P(B|A)\neq P(B)$，这就涉及条件概率的问题.

5.3.1 条件概率与乘法公式

1. 条件概率

通过例5.12可知，条件概率可以通过缩减样本空间的方式求解. 进一步，对于不放回抽样，由于

$$P(A)=\frac{\mathrm{A}_{72}^{1}}{\mathrm{A}_{100}^{1}}=\frac{72}{100},P(AB)=\frac{\mathrm{A}_{72}^{1}\mathrm{A}_{71}^{1}}{\mathrm{A}_{100}^{2}}=\frac{72\times 71}{100\times 99},$$

因此

$$P(B|A)=\frac{71}{99}=\frac{\dfrac{72\times 71}{100\times 99}}{\dfrac{72}{100}}=\frac{P(AB)}{P(A)}.$$

事实上，容易验证，对于等可能概型，只要 $P(A)>0$，总有

$$P(B|A)=\frac{P(AB)}{P(A)}.$$

为此，我们给出条件概率的一般定义.

定义5.6 设A,B是两个事件，且$P(A)>0$，称$P(B|A)=\dfrac{P(AB)}{P(A)}$为事件$A$发生的条件下事件 B 发生的条件概率.

同理可得 $P(A|B)=\dfrac{P(AB)}{P(B)}[P(B)>0]$ 为事件 B 发生的条件下事件 A 发生的条件概率.

条件概率是概率的一种形式，因此，条件概率 $P(B|A)$ 具有概率的所有性质.

(1) **非负性**：对于每一事件 B，有 $P(B|A)\geqslant 0$.

(2) **规范性**：对于必然事件 S，有 $P(S|A)=1$.

(3) **可列可加性**：设 $B_1,B_2,\cdots$ 是两两互不相容事件，则有

$$P\left(\bigcup_{i=1}^{\infty}B_i\,|\,A\right)=\sum_{i=1}^{\infty}P(B_i|A).$$

(4) $P[(B_1-B_2)|A]=P(B_1|A)-P(B_1B_2|A)$；

$P(B_1\cup B_2|A)=P(B_1|A)+P(B_2|A)-P(B_1B_2|A)$；

$P(\bar{B}|A)=1-P(B|A)$.

注 计算条件概率有两种方法：

(1) 在缩减的样本空间 A 中求事件 B 的概率，就得到 $P(B|A)$；

(2) 在样本空间 S 中，先求 $P(AB)$ 和 $P(A)$，再按公式计算 $P(B|A)$.

例5.13 某工厂有职工400名，其中男女职工各占一半，男女职工中技术优秀的分别为20人和40人，从中任选一名职工.

(1) 计算该职工技术优秀的概率.

(2) 已知选出的是男职工，计算其技术优秀的概率.

解　设 A 表示“选出的职工技术优秀”，B 表示“选出的职工为男性”.

(1) 利用古典概率可得 $P(A)=\dfrac{60}{400}=\dfrac{3}{20}$.

(2) 通过缩减样本空间，可得 $P(A|B)=\dfrac{20}{200}=\dfrac{1}{10}$.

例 5.14　在全部产品中有 4% 是废品，有 72% 为一等品. 现从其中任取一件，发现是合格品，求它是一等品的概率.

解　设 A 表示“任取一件为合格品”，B 表示“任取一件为一等品”，由于 $B\subset A$，因此

$$P(AB)=P(B)=0.72.$$

由条件概率的定义得

$$P(B|A)=\frac{P(AB)}{P(A)}=\frac{0.72}{0.96}=0.75.$$

2. 乘法公式

在5.1.3小节中，我们介绍了“和事件”“差事件”“对立事件”的概率运算性质，由条件概率的定义，很容易得到“积事件”的概率运算性质，称为乘法公式：

$$P(AB)=P(B|A)P(A)[P(A)>0],$$

或

$$P(AB)=P(A|B)P(B)[P(B)>0].$$

例 5.15　为了防止意外，在矿内同时装有两种报警系统 Ⅰ 和 Ⅱ，每种系统单独使用时，系统 Ⅰ 和系统 Ⅱ 的有效概率分别为0.92和0.93，在系统 Ⅰ 失灵的情况下，系统 Ⅱ 仍有效的概率为0.85，求两种报警系统至少有一种有效的概率.

解　设A=“系统 Ⅰ 有效”，B=“系统 Ⅱ 有效”，“两种报警系统至少一种有效”可表示为 $A\cup B$，由于 $A\cup B=A\cup\bar{A}B$，且 A 和 $\bar{A}B$ 互斥，因此

$$\begin{aligned}P(A\cup B)&=P(A\cup\bar{A}B)=P(A)+P(\bar{A}B)\\&=P(A)+P(\bar{A})P(B|\bar{A})=0.92+0.08\times0.85=0.988.\end{aligned}$$

推论　设 $A_1,A_2,\cdots,A_n$ 为 $n(n\geqslant2)$ 个事件，且 $P(A_1A_2\cdots A_{n-1})>0$，则有

$$P(A_1A_2\cdots A_n)=P(A_n|A_1A_2\cdots A_{n-1})P(A_{n-1}|A_1A_2\cdots A_{n-2})\cdots P(A_2|A_1)P(A_1).$$

5.3.2　全概率公式与贝叶斯公式

全概率公式和贝叶斯公式是概率论中的重要公式，在介绍这两个公式之前，我们先来介绍样本空间的划分.

定义 5.7　设 S 为试验 E 的样本空间，$B_1,B_2,\cdots,B_n$ 为 E 的一组事件，若

(1) $B_iB_j=\varnothing,i\neq j,i,j=1,2,\cdots,n$,

(2) $B_1\cup B_2\cup\cdots\cup B_n=S$,

则称 $B_1,B_2,\cdots,B_n$ 为样本空间 S 的一个划分(或完备事件组).

1. 全概率公式

首先来看下面的例子.

例5.16 有一批同一型号的产品，已知其中由一厂生产的占20%，由二厂生产的占70%，由三厂生产的占10%，又知这3个厂的产品次品率分别为2%,1%,3%，问：从这批产品中任取一件是次品的概率是多少？

对于这个问题，大家都有一个直观的认识，容易求出这一概率为

$$p = 0.2\times 0.02 + 0.7\times 0.01 + 0.1\times 0.03 = 0.014.$$

设A表示“产品为次品”，B_1,B_2,B_3分别表示“产品来自一厂、二厂、三厂”，则上式可以表示为

$$\begin{aligned} P(A) &= P(AB_1) + P(AB_2) + P(AB_3)P(B_3) \\ &= P(A\mid B_1)P(B_1) + P(A\mid B_2)P(B_2) + P(A\mid B_3)P(B_3), \end{aligned}$$

其中B_1,B_2,B_3正是样本空间的一个划分. 上式也正是概率论中一个重要的公式 —— 全概率公式.

定理5.1（全概率公式） 设试验E的样本空间为S，A为E的事件，$B_1,B_2,\cdots,B_n$为样本空间S的一个划分，且$P(B_i)>0(i=1,2,\cdots,n)$，则

$$P(A) = P(A\mid B_1)P(B_1) + P(A\mid B_2)P(B_2) + \cdots + P(A\mid B_n)P(B_n).$$

证明 由于$B_1,B_2,\cdots,B_n$为样本空间S的一个划分，因此

$$A = AS = A\cap(\bigcup_{i=1}^{n} B_i) = \bigcup_{i=1}^{n} AB_i，且 AB_i 和 AB_j 互不相容，i\neq j,$$

从而

$$P(A) = P(\bigcup_{i=1}^{n} AB_i) = \sum_{i=1}^{n} P(AB_i) = \sum_{i=1}^{n} P(B_i)P(A\mid B_i).$$

全概率公式的主要用处在于，它可以将一个复杂事件的概率计算问题，分解为若干个简单事件的概率计算问题，最后应用概率的可加性求出最终结果.

例5.17 设某人有3个不同的电子邮件账户，有70%的邮件进入账户1，另有20%的邮件进入账户2，其余10%的邮件进入账户3. 根据以往经验，3个账户垃圾邮件的比例分别为1%,2%,5%，计算某天随机收到的一封邮件为垃圾邮件的概率.

解 设A表示“邮件为垃圾邮件”，B_1,B_2,B_3表示“邮件分别来自账户1、账户2、账户3”，则任一封邮件为垃圾邮件的概率为

$$\begin{aligned} P(A) &= P(A|B_1)P(B_1) + P(A|B_2)P(B_2) + P(A|B_3)P(B_3) \\ &= 0.7\times 0.01 + 0.2\times 0.02 + 0.1\times 0.05 = 0.016. \end{aligned}$$

2. 贝叶斯公式

我们再来看例5.16，假设随机抽检了一个产品，发现是次品，问：该产品来自哪个厂的概率最大？

分析可知，这是一个条件概率问题，需要求出$P(B_1|A),P(B_2|A),P(B_3|A)$，我们以$P(B_1|A)$为例进行求解.

$$P(B_1|A) = \frac{P(AB_1)}{P(A)}, \tag{5.1}$$

其中 $P(AB_1)=P(A\mid B_1)P(B_1)$. 由全概率公式有

$$P(A)=P(A|B_1)P(B_1)+P(A|B_2)P(B_2)+P(A|B_3)P(B_3),$$

代入式(5.1)得

$$P(B_1|A)=\frac{P(A\mid B_1)P(B_1)}{P(A|B_1)P(B_1)+P(A|B_2)P(B_2)+P(A|B_3)P(B_3)}=\frac{4}{14}.$$

同理可以求出 $P(B_2|A)=\frac{7}{14}$，$P(B_3|A)=\frac{3}{14}$.

故该产品来自二厂的概率最大.

定理 5.2（贝叶斯公式） 设试验 E 的样本空间为 S，A 为 E 的事件，$B_1,B_2,\cdots,B_n$ 为样本空间 S 的一个划分，且 $P(A)>0,P(B_i)>0(i=1,2,\cdots,n)$，则

$$P(B_i|A)=\frac{P(A|B_i)P(B_i)}{\sum_{j=1}^{n}P(A|B_j)P(B_j)},i=1,2,\cdots,n.$$

例 5.18 对以往数据的分析结果表明，当机器调整良好时，产品的合格率为98%，而当机器发生某种故障时，产品的合格率为55%. 每天早上机器开动时，机器调整良好的概率为95%. 已知某日早上第一件产品是合格品，试求机器调整良好的概率.

解 设 A_1 = “机器调整良好”,A_2 = “机器未调整良好”,B = “产品是合格品”. 显然有 $A_1\cup A_2=S,A_1A_2=\varnothing$. 由题意得

$$P(A_1)=0.95,P(A_2)=0.05,P(B\mid A_1)=0.98,P(B\mid A_2)=0.55.$$

由贝叶斯公式，有

$$P(A_1\mid B)=\frac{P(A_1B)}{P(B)}=\frac{P(A_1)P(B\mid A_1)}{P(A_1)P(B\mid A_1)+P(A_2)P(B\mid A_2)}$$

$$=\frac{0.95\times0.98}{0.95\times0.98+0.05\times0.55}\approx0.97.$$

故机器调整良好的概率为97%.

全概率公式和贝叶斯公式是概率论中的两个重要公式，它们具有广泛的应用. 若把事件 B_i 理解为“原因”，而把 A 理解为“结果”，则 $P(A\mid B_i)$ 是原因 B_i 引起结果 A 出现的可能性大小，$P(B_i)$ 是各种原因出现的可能性大小. 全概率公式表明综合引起结果的各种原因，导致结果出现的可能性的大小；而贝叶斯公式则反映了当结果出现时，它是由原因 B_i 引起的可能性的大小，故其常用于可靠性问题，如可靠性寿命检验、可靠性维护、可靠性设计等.

5.3.3 事件的独立性

一般来说，$P(B|A)\neq P(B)[P(A)>0]$，这表明事件 A 的发生影响了事件 B 发生的概率. 但是在有些情况下，$P(B|A)=P(B)$，比如例 5.12 提到的放回抽样问题：设 A 表示“第一件为一等品”，B 表示“第二件为一等品”，由于抽取后放回，显然事件 A 的发生对 B 的发生不产生任何影响，或不提供任何信息，也即事件 A 与 B 是“无关”的. 在这种情况下乘法公式可以得到简化：

$$P(AB)=P(B\mid A)P(A)=P(A)P(B).$$

从概率上讲，这就是事件 A,B 相互独立.

1. 两个事件的独立性

定义5.8 设A,B是两事件，如果满足$P(AB)=P(A)P(B)$，则称事件A,B相互独立，简称A,B独立.

注 事件A与事件B相互独立，是指事件A发生的概率与事件B发生的概率互不影响；反之，若事件A发生的概率与事件B发生的概率互不影响，则事件A与事件B相互独立.

性质5.6 设A,B是两事件，且$P(A)>0$，A与B相互独立，则$P(B|A)=P(B)$.

证明 A与B相互独立，则$P(AB)=P(A)P(B)$，于是

$$P(B\mid A)=\frac{P(AB)}{P(A)}=\frac{P(A)P(B)}{P(A)}=P(B).$$

性质5.7 若事件A与事件B相互独立，则A与$\bar{B}$，$\bar{A}$与B，$\bar{A}$与$\bar{B}$也相互独立.

证明 仅证A与$\bar{B}$相互独立.

$$\begin{aligned}P(A\bar{B})&=P(A-B)=P(A)-P(AB)\\&=P(A)-P(A)P(B)\\&=P(A)[1-P(B)]=P(A)P(\bar{B}).\end{aligned}$$

例5.19 设A,B互不相容，若$P(A)>0,P(B)>0$，问：A,B是否相互独立？

解 假设A,B相互独立，则$P(AB)=P(A)P(B)>0$，而A,B互不相容，所以$P(AB)=0$，矛盾. 因此，A,B不相互独立.

例5.20 设随机事件A与B相互独立，A与C相互独立，若$P(A)=P(B)=P(C)=\frac{1}{2}$，求$P(AC\mid A\cup B)$.

解

$$\begin{aligned}P(AC\mid A\cup B)&=\frac{P[AC(A\cup B)]}{P(A\cup B)}\\&=\frac{P(AC\cup ABC)}{P(A)+P(B)-P(AB)}=\frac{P(AC)}{P(A)+P(B)-P(AB)}\\&=\frac{P(A)P(C)}{P(A)+P(B)-P(A)P(B)}=\frac{1}{3}.\end{aligned}$$

2. 有限个事件的独立性

定义5.9 设$A_1,A_2,\cdots,A_n$是$n(n\geqslant 2)$个事件，如果对于其中任意$k(1<k\leqslant n)$个事件，这k个事件的积事件的概率等于各事件概率之积，则称$A_1,A_2,\cdots,A_n$是相互独立事件.

特别地，设A,B,C是3个事件，如果满足

$$P(AB)=P(A)P(B),\ P(BC)=P(B)P(C),$$
$$P(AC)=P(A)P(C),\ P(ABC)=P(A)P(B)P(C),$$

则称事件A,B,C相互独立.

注 (1) $n(n\geqslant 3)$个事件相互独立，则其中任意两个事件相互独立，即两两独立；反之不成立.

(2) 若事件$A_1,A_2,\cdots,A_n(n\geqslant 2)$相互独立，则其中任意$k(2\leqslant k\leqslant n)$个事件也相互独立.

(3) 若 n 个事件 $A_1,A_2,\cdots,A_n(n\geqslant 2)$ 相互独立，则将 $A_1,A_2,\cdots,A_n$ 任意多个事件换成它们各自的对立事件，所得的 n 个事件也相互独立.

例 5.21 甲、乙、丙 3 人各自独立破译一份密码，设甲的成功率为 0.4，乙的成功率为 0.3，丙的成功率为 0.2，求密码被破译的概率.

解 设 A_1 表示“甲破译成功”，A_2 表示“乙破译成功”，A_3 表示“丙破译成功”，则密码被破译可表示为 $B=A_1\cup A_2\cup A_3$. 由事件的独立性和概率运算性质有

$$\begin{aligned}P(B)&=P(A_1\cup A_2\cup A_3)=1-P(\overline{A_1\cup A_2\cup A_3})\\&=1-P(\overline{A_1}\,\overline{A_2}\,\overline{A_3})=1-P(\overline{A_1})P(\overline{A_2})P(\overline{A_3})\\&=1-0.6\times 0.7\times 0.8=0.664.\end{aligned}$$

通过这个例子我们可以看出，“三个臭皮匠顶个诸葛亮”的俗语是有一定科学依据的. 另外，对于多个相互独立事件和的概率求解，往往通过德·摩根律转化为其对立事件的积，从而极大简化计算的步骤，即

若事件 $A_1,A_2,\cdots,A_n$ 相互独立，则有

$$\begin{aligned}P(A_1\cup A_2\cup\cdots\cup A_n)&=1-P(\overline{A_1\cup A_2\cup\cdots\cup A_n})\\&=1-P(\bar{A}_1\bar{A}_2\cdots\bar{A}_n)=1-P(\bar{A}_1)P(\bar{A}_2)\cdots P(\bar{A}_n).\end{aligned}$$

5.3.4 独立重复试验

在实际应用中，我们常常需要把同一试验重复进行若干次并对结果进行综合研究分析. 对于具有以下特征的重复进行的试验，我们称其为 n 重伯努利(**Bernoulli**)试验：

(1) 在相同的条件下进行 n 次重复试验，且各次试验结果发生的可能性不受其他各次试验结果的影响，也即这 n 次试验相互独立；

(2) 每次试验都仅考虑两个可能结果——事件 A 和事件 $\bar{A}$，且在每次试验中都有 $P(A)=p$，$P(\bar{A})=1-p$.

n 重伯努利试验简称伯努利概型，它是一种重要的、基本的概率模型，许多实际问题，例如抛一枚硬币 n 次、重复打靶 n 次、有放回地抽样检查等，都可作为伯努利概型. 在 n 重伯努利试验中，我们最关注的是事件 A 恰好发生了 $k(k\leqslant n)$ 次的概率，下面的定理给出了这一概率的计算公式.

定理 5.3（伯努利定理） 设在一次试验中事件 A 发生的概率为 $p(0<p<1)$，则在 n 重伯努利试验中，事件 A 恰好发生了 $k(k\leqslant n)$ 次的概率为

$$P_n(k)=\mathrm{C}_n^k p^k(1-p)^{n-k},k=0,1,2,\cdots,n,0<p<1.$$

伯努利概型是概率论与数理统计中非常重要的数学模型，定理 5.3 正是 5.5.2 小节将要介绍的二项分布，它具有广泛的应用，是研究较多的模型之一. 凡是只有两个结果的实际问题，独立重复进行观察，都可以用这一模型来描述.

例 5.22 某店内有4名售货员，根据经验知每名售货员平均在1h内用秤15min. 问：该店配置几台秤较为合理？

解 将观察每名售货员在某时刻是否用秤看作一次试验，那么4名售货员在同一时刻是否用秤可看作4重伯努利试验. 于是问题就转化成先求出某一时刻恰有 i 人($i=1,2,3,4$) 在同时用秤的概率，然后再做决断.

将同一时刻恰有 i 人同时用秤的事件记为 $A_i, i=1,2,3,4$，则

$$P(A_1)=C_4^1\left(\frac{1}{4}\right)^1\left(\frac{3}{4}\right)^3=\frac{27}{64},$$

$$P(A_2)=C_4^2\left(\frac{1}{4}\right)^2\left(\frac{3}{4}\right)^2=\frac{27}{128},$$

$$P(A_3)=C_4^3\left(\frac{1}{4}\right)^3\left(\frac{3}{4}\right)^1=\frac{3}{64},$$

$$P(A_4)=C_4^4\left(\frac{1}{4}\right)^4\left(\frac{3}{4}\right)^0=\frac{1}{256}.$$

从计算结果看，3人及3人以上同时用秤的概率很小，根据实际推断原理，配备2台秤就基本可以满足要求.

同步习题 5.3

1. 设某光学仪器厂制造的透镜，第一次落下时打破的概率为$\frac{1}{2}$，若第一次落下未打破，第二次落下打破的概率为$\frac{7}{10}$. 试求透镜落下两次而未打破的概率.

2. 盒中有10个球，其中8个为白球，另外2个为红球. 现从中任取两次，每次取一个，取后不放回. 试求：(1) 第一次取到红球的概率；(2) 已知第一次取到的是红球，第二次也取到红球的概率；(3) 前两次都取到红球的概率.

3. 设 A,B 为两事件，已知 $P(A)=\frac{1}{3}, P(A\mid B)=\frac{2}{3}, P(B\mid \bar{A})=\frac{1}{10}$，求 $P(B)$.

4. 设 A,B,C 为随机事件，且 A,C 互不相容，$P(AB)=\frac{1}{2}, P(C)=\frac{1}{3}$，求 $P(AB\mid \bar{C})$.

5. 某人忘记了电话号码的最后一个数字，因而随机地拨号，求他拨号不超过3次而接通所需的电话的概率. 如果已知最后一个数字是奇数，那么此概率是多少？

6. 一学生接连参加同一课程的两次考试，第一次及格的概率为 p. 若第一次及格，则第二次及格的概率也为 p；若第一次不及格，则第二次及格的概率为$\frac{p}{2}$.

(1) 若至少有一次及格，则他能取得某种资格，求他取得该资格的概率.

(2) 若已知他第二次已经及格，求他第一次及格的概率.

7. 已知事件 A,B 相互独立，且 $P(A)>0,P(B)>0$，判断下列等式是否成立并说明理由.

(1) $P(A\cup B)=P(A)+P(B)$.　　(2) $P(A\cup B)=P(A)$.

(3) $P(A\cup B)=1$.　　(4) $P(A\cup B)=1-P(\bar{A})P(\bar{B})$.

8. 设 A,B 为两事件，已知 $P(B)=\dfrac{1}{2},P(A\cup B)=\dfrac{2}{3}$，若事件 A,B 相互独立，求 $P(A)$.

9. 设甲、乙、丙 3 人同时独立地向同一目标各射击一次，命中率分别为 $\dfrac{1}{3},\dfrac{1}{2},\dfrac{2}{3}$，求目标被命中的概率.

10. 有两种花籽，发芽率分别为 0.8,0.9，从中各取一颗，设各花籽是否发芽相互独立. 求：

(1) 这两颗花籽都能发芽的概率；

(2) 至少有一颗能发芽的概率；

(3) 恰有一颗能发芽的概率.

11. 若每次试验成功率为 $p(0<p<1)$，计算在 3 次重复试验中至少失败 1 次的概率.

提高题

1. 设 A,B 为两个随机事件，且 $0<P(A)<1,0<P(B)<1$，如果 $P(A\mid B)=1$，求 $P(\bar{B}\mid\bar{A})$.

微课：同步习题 5.3 提高题 1

2. 设 A,B 为两个随机事件，且 $P(B)>0,P(A\mid B)=1$，证明：$P(A\cup B)=P(A)$.

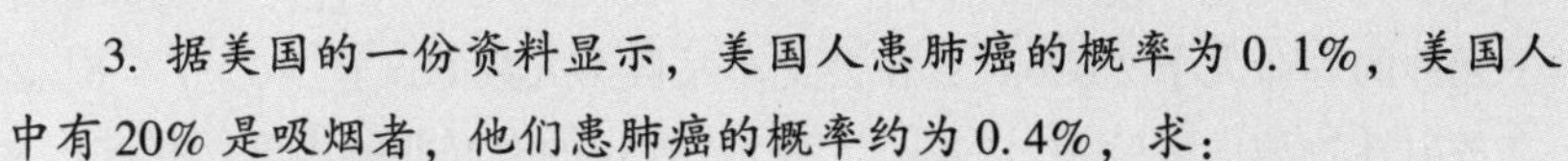

3. 据美国的一份资料显示，美国人患肺癌的概率为 0.1%，美国人中有 20% 是吸烟者，他们患肺癌的概率约为 0.4%，求：

(1) 不吸烟者患肺癌的概率；

(2) 如果某人查出患有肺癌，那么他是吸烟者的概率是多少？

4. 医学上用某方法检验病毒性感冒患者，临床表现为发热、干咳，已知人群中既发热又干咳的病人患病毒性感冒的概率为 5%；仅发热的病人患病毒性感冒的概率为 3%；仅干咳的病人患病毒性感冒的概率为 1%；无上述现象而被确诊为病毒性感冒患者的概率为 0.01%. 现对某地区 25 000 人进行检查，其中既发热又干咳的病人为 250 人，仅发热的病人为 500 人，仅干咳的病人为 1 000 人，试求：

(1) 该地区中某人患病毒性感冒的概率；

(2) 被确诊为病毒性感冒患者是仅发热的病人的概率.

5. 设随机事件 A 与 B 相互独立，且 $P(B)=0.5,P(A-B)=0.3$，求 $P(B-A)$.

6. 某人向同一目标重复射击，每次射击命中目标的概率为 $p(0<p<1)$，求此人第 4 次射击恰好第 2 次命中目标的概率.

5.4 随机变量与分布函数

5.4.1 随机变量及其分类

在随机现象中，很多随机试验的结果本身就是用数量来表示的，例如：

(1) 在一批电子元件中任意抽取一个，检测它的寿命 X；

(2) 某一时间内，公交车站内候车的乘客人数 Y；

(3) 某放射性物质在 7.5s 的时间间隔内到达指定区域的质子数 Z；

(4) 某地区的年平均降雨量 T.

在随机现象中，还有很多随机试验的结果不是用数量表示的，例如检验一件产品的质量，可能"合格"，也可能"不合格"，这时可以建立试验结果与数量之间的对应关系，我们约定：

若检验结果为"合格"，则令 $X=1$；

若检验结果为"不合格"，则令 $X=0$.

综合以上分析，不论随机试验出现什么样的结果，都可以找到一个实数与之对应，这个实数随着试验结果的不同而变化，它可以视为样本点的函数，称这个函数为随机变量，其定义如下：

定义 5.10 设 E 是随机试验，样本空间为 S，如果对随机试验的每一个结果 ω，都有一个实数 $X(\omega)$ 与之对应，那么把这个定义在 S 上的单值实值函数 $X=X(\omega)$ 称为随机变量. 随机变量一般用大写字母 $X,Y,Z,\cdots$ 表示.

随机变量和普通变量的本质区别在于随机变量具有随机性，即在试验之前不能确定 X 会出现哪个值.

随机变量的取值由随机试验的结果来确定，而且每个试验结果(即随机事件)的出现都有一定的概率，因而随机变量的取值有相应的概率，通过研究概率就可以知道随机变量的统计规律.

引入随机变量后就可以利用随机变量表示事件. 例如，在检测电子元件寿命的试验中，$\{X>2\,000\}$ 表示"电子元件的寿命大于 2 000h"；在公交车站候车人数的试验中，$\{Y=8\}$ 表示"候车人数为 8 人"；在放射性物质的试验中，$\{Z=4\}$ 表示"7.5s 的时间间隔内到达指定区域的质子数是 4"；在年平均降雨量的试验中，$\{T=685\}$ 表示"该地区的年平均降雨量为 685mm". 用随机变量描述事件，不仅可以研究个别事件或部分事件，还可以把各个事件联系起来，从整体上研究随机试验.

在后续的内容中，我们会介绍随机变量的两种常见类型：离散型随机变量和连续型随机变量.

5.4.2 分布函数

概率统计的任务是研究随机现象的统计规律，即随机变量的统计规律，那么该如何描述这个规律呢？

为了研究随机变量 X 的统计规律，先来讨论关于 X 的各种事件，主要包括以下 3 种情况：

(1) $\{X\leqslant a\}$；

(2) $\{b<X\leqslant c\}=\{X\leqslant c\}-\{X\leqslant b\}$；

(3) $\{X>d\}=S-\{X\leqslant d\}$.

我们发现以上 3 种事件都可以用 $\{X\leqslant x\}$ 表示，其中 x 为任意实数. 因此，为了掌握随机变

量 X 的统计规律，只需要知道概率 $P\{X \leqslant x\}$ 就可以了.

对于 $P\{X \leqslant x\}$，对实数域上任意的 x，都有唯一的概率值与之对应，这个概率值与 x 有关且具有累积特性，记为 $F(x)=P\{X \leqslant x\}$，$F(x)$ 体现了实数 x 与概率值之间的对应关系. 下面引入随机变量分布函数的概念.

定义 5.11 设 X 是一个随机变量，x 是任意实数，称函数

$$F(x)=P\{X \leqslant x\},-\infty<x<+\infty$$

为随机变量 X 的分布函数.

微课：分布函数的定义

显然，$F(x)$ 是一个定义在实数域 $\mathbf{R}$ 上且取值于 $[0,1]$ 的函数.

几何意义：在数轴上，将 X 看成随机点的坐标，则分布函数 $F(x)$ 表示随机点 X 落在 $X \leqslant x$ 内的概率，如图 5.2 中阴影部分所示.

图 5.2

根据定义 5.11，对于任意的实数 $a,b,c(a<b)$，都有

$$P\{a<X \leqslant b\}=P\{X \leqslant b\}-P\{X \leqslant a\}=F(b)-F(a),$$

$$P\{X>c\}=1-P\{X \leqslant c\}=1-F(c).$$

因此，有了分布函数 $F(x)$，就可以表示随机变量 X 落在区间 $(a,b]$ 和 $(c,+\infty)$ 内的概率. 那么，随机变量 X 落在开区间 (a,b) 或闭区间 $[a,b]$ 内的概率应该如何表示呢？通过后面两小节的学习，我们就能解决这个问题.

根据概率的性质及分布函数的几何意义，能够得到分布函数 $F(x)$ 的以下性质.

(1) 单调性：分布函数是单调不减的，即若 $x_1<x_2$，则 $F(x_1) \leqslant F(x_2)$.

(2) 有界性：$0 \leqslant F(x) \leqslant 1$，且 $F(-\infty)=\lim\limits_{x \to -\infty} F(x)=0, F(+\infty)=\lim\limits_{x \to +\infty} F(x)=1$.

(3) 右连续性：$F(x+0)=F(x)$.

分布函数一定具有这 3 个基本性质；反过来，任意一个满足这 3 个基本性质的函数，一定可以作为某个随机变量的分布函数. 因此，这 3 个基本性质成为判别一个函数能否成为分布函数的充要条件.

例 5.23 通过某公交站牌的汽车每 10min 一辆，随机变量 X 为乘客的候车时间，其分布函数为

$$F(x)=\begin{cases}0, & x<0, \\ \dfrac{x}{10}, & 0 \leqslant x<10, \\ 1, & x \geqslant 10.\end{cases}$$

求：(1) $P\{X \leqslant 3\}$；(2) $P\{1<X \leqslant 9\}$；(3) $P\{X>5\}$.

解 (1) $P\{X \leqslant 3\}=F(3)=\dfrac{3}{10}$.

(2) $P\{1<X \leqslant 9\}=F(9)-F(1)=\dfrac{4}{5}$.

(3) $P\{X>5\}=1-F(5)=1-\dfrac{1}{2}=\dfrac{1}{2}$.

例 5.24 设随机变量 X 的分布函数为

$$F(x)=\begin{cases}a+\dfrac{b}{(1+x)^2}, & x>0,\\ c, & x\leqslant 0,\end{cases}$$

求常数 a,b,c 的值.

解 根据分布函数 $F(x)$ 的 3 条基本性质，可得 $0=F(-\infty)=\lim\limits_{x\to-\infty}F(x)=c$，即 $c=0$；

$1=F(+\infty)=\lim\limits_{x\to+\infty}F(x)=\lim\limits_{x\to+\infty}\left[a+\dfrac{b}{(1+x)^2}\right]=a$，即 $a=1$.

因为 $F(x)$ 是右连续的，即 $\lim\limits_{x\to0^+}F(x)=a+b=c$，故 $b=-1$.

因此，常数 a,b,c 的值分别为 1,-1,0.

同步习题 5.4

1. 设随机变量 X 的分布函数为

$$F(x)=\begin{cases}a+b\mathrm{e}^{-\lambda x}, & x>0,\\ 0, & x\leqslant 0,\end{cases}$$

其中 $\lambda>0$，求常数 a,b 的值.

2. 以下 4 个函数中，哪个是随机变量的分布函数？(　　)

A. $F_1(x)=\begin{cases}0, & x<-2,\\ \dfrac{1}{2}, & -2\leqslant x<0,\\ 2, & x\geqslant 0\end{cases}$　　B. $F_2(x)=\begin{cases}0, & x<0,\\ \sin x, & 0\leqslant x<\pi,\\ 1, & x\geqslant\pi\end{cases}$

C. $F_3(x)=\begin{cases}0, & x<0,\\ \sin x, & 0\leqslant x<\dfrac{\pi}{2},\\ 1, & x\geqslant\dfrac{\pi}{2}\end{cases}$　　D. $F_4(x)=\begin{cases}0, & x\leqslant 0,\\ x+\dfrac{1}{3}, & 0<x<\dfrac{1}{2},\\ 1, & x\geqslant\dfrac{1}{2}\end{cases}$

3. 设随机变量 X 的分布函数为 $F(x)=a+b\arctan x$，求常数 a 与 b 的值.

4. 设随机变量 X 的分布函数为

$$F(x)=\begin{cases}0, & x<0,\\ \dfrac{x}{3}, & 0\leqslant x<1,\\ \dfrac{x}{2}, & 1\leqslant x<2,\\ 1, & x\geqslant 2.\end{cases}$$

求：(1)$P\left\{X\leqslant\dfrac{1}{2}\right\}$；(2)$P\left\{\dfrac{1}{2}<X\leqslant\dfrac{3}{2}\right\}$；(3)$P\left\{X>\dfrac{3}{2}\right\}$.

提高题

1. 设随机变量 X 的分布函数为 $F(x)$，引入函数 $F_1(x)=F(ax)$，$F_2(x)=F^2(x)$，$F_3(x)=1-F(-x)$，$F_4(x)=F(x+a)$，其中 a 为常数，则 $F_1(x)$，$F_2(x)$，$F_3(x)$，$F_4(x)$ 这 4 个函数中，哪些是分布函数？

2. 在 $\triangle ABC$ 中任取一点 P，P 到 AB 的距离为 X，求 X 的分布函数.

5.5 离散型随机变量

生活中有很多随机变量的例子，如对某产品进行抽样时不合格品的个数、某城市 3 月 1 日至6月1日期间所查的酒驾人数、首都机场候机室中某一天的旅客数量、对 N 件产品进行检验时不合格品的个数等. 它们有一个共同点，即随机变量的取值为有限个或可列个，这样的随机变量称为离散型随机变量.

5.5.1 离散型随机变量及其概率分布

定义 5.12 若随机变量 X 所有可能的取值为有限个或者可列个，则称这样的随机变量为离散型随机变量.

根据定义，我们可以分辨出下列随机变量中哪些是离散型的，哪些不是离散型的：

(1) 某电视闯关节目中的过关人数；

(2) 某工厂加工的一批钢管的外径与规定的外径尺寸之差；

(3) 在郑州至武汉的电气化铁道线上，每隔 50m 有一个电视铁塔，按照顺序对铁塔进行编号，其中某一个电视铁塔的编号；

(4) 长江某水位监测站所测水位在 $(0,29]$ 的范围内变化，该监测站在一年内所测的水位数据.

对于(1) 和(3)，随机变量的取值均为有限个值，它们是离散型随机变量；对于(2) 和(4)，随机变量的取值不是有限个值或者可列个值，而是某个范围，故它们不是离散型随机变量，这种类型的随机变量将在下一节中介绍.

如何描述离散型随机变量的统计规律呢？一般来说，如果知道了离散型随机变量的取值及相应的概率，也就把握了随机变量的统计规律.

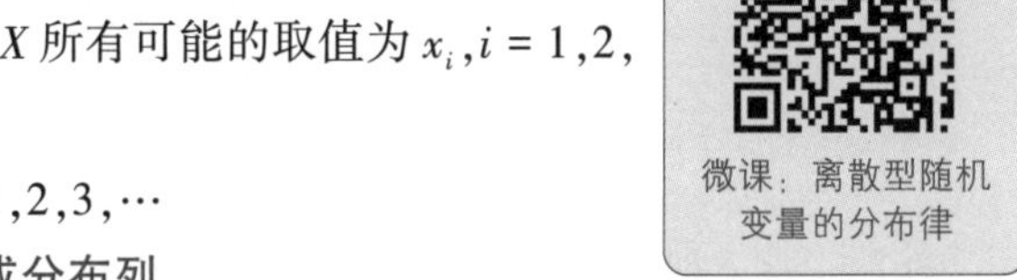

微课：离散型随机变量的分布律

定义 5.13 设 X 为离散型随机变量，X 所有可能的取值为 $x_i,i=1,2,3,\cdots$，称

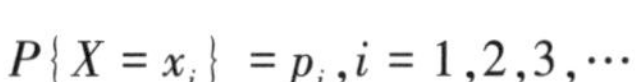

$$P\{X=x_i\}=p_i,i=1,2,3,\cdots$$

为随机变量 X 的概率分布，也称为分布律或分布列.

概率分布也可以用以下形式表示.

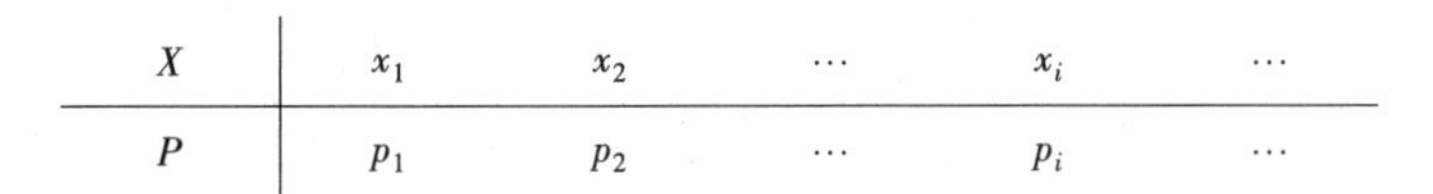

X	x_1	x_2	$\cdots$	x_i	$\cdots$
P	p_1	p_2	$\cdots$	p_i	$\cdots$

或者记为以下形式.

$$\begin{pmatrix} x_1 & x_2 & \cdots & x_i & \cdots \\ p_1 & p_2 & \cdots & p_i & \cdots \end{pmatrix}$$

由概率的性质可知，任意一个离散型随机变量的概率分布都具有以下两个基本性质.

(1) 非负性：$p_i \geqslant 0$，$i=1,2,3,\cdots$.

(2) 正则性：$\sum_{i=1}^{\infty} p_i = 1$.

上一节我们介绍过，可以用分布函数来表示随机变量的统计规律，这里又用分布律来描述离散型随机变量的统计规律，它们之间有什么关系呢？

若离散型随机变量 X 的分布律为 $P\{X=x_i\}=p_i, i=1,2,3,\cdots$，则 X 的分布函数为

$$F(x)=P\{X\leqslant x\}=\sum_{x_i\leqslant x} P\{X=x_i\}, i=1,2,3,\cdots,$$

即分布函数是分布律在一定范围内的累积. 离散型随机变量落在任何一个范围内的概率，均可以用累积概率的形式表示，即

$$P\{a\leqslant X\leqslant b\}=\sum_{a\leqslant x_i\leqslant b} P\{X=x_i\}, i=1,2,3,\cdots.$$

下面来看一个求解分布律的例子.

例 5.25 已知盒中有10件产品，其中8件正品、2件次品. 现需要从中取出2件正品，每次取1件，直到取出2件正品为止，做不放回抽样. 设 X 为取的次数，求：(1) X 的分布律；(2) X 的分布函数 $F(x)$；(3) 概率 $P\{2\leqslant X\leqslant 3\}$.

解 (1) X 的取值为2,3,4.

$$P\{X=2\}=\frac{8}{10}\times\frac{7}{9}=\frac{28}{45},$$

$$P\{X=3\}=\frac{8}{10}\times\frac{2}{9}\times\frac{7}{8}+\frac{2}{10}\times\frac{8}{9}\times\frac{7}{8}=\frac{14}{45},$$

$$P\{X=4\}=1-\frac{28}{45}-\frac{14}{45}=\frac{1}{15}.$$

因此，X 的分布律为

X	2	3	4
P	$\frac{28}{45}$	$\frac{14}{45}$	$\frac{1}{15}$

(2) 当 $X<2$ 时，$F(x)=0$；

当 $2\leqslant X<3$ 时，$F(x)=P\{X=2\}=\frac{28}{45}$；

当 $3\leqslant X<4$ 时，$F(x)=P\{X=2\}+P\{X=3\}=\frac{28}{45}+\frac{14}{45}=\frac{14}{15}$；

当 $X\geqslant 4$ 时，$F(x)=P\{X=2\}+P\{X=3\}+P\{X=4\}=\frac{28}{45}+\frac{14}{45}+\frac{1}{15}=1$.

综上所述，X 的分布函数为

$$F(x)=\begin{cases}0, & x<2,\\ \dfrac{28}{45}, & 2\leqslant x<3,\\ \dfrac{14}{15}, & 3\leqslant x<4,\\ 1, & x\geqslant 4.\end{cases}$$

(3) $P\{2\leqslant X\leqslant 3\}=P\{X=2\}+P\{X=3\}=\dfrac{28}{45}+\dfrac{14}{45}=\dfrac{14}{15}$.

由本例可知，对于离散型随机变量，虽然也可以运用分布函数描述其统计规律，但是分布律使用起来更为简便，分布律是描述离散型随机变量统计规律的专有工具.

5.5.2 常用的离散型随机变量

下面介绍 5 种常用的离散型随机变量.

1. (0-1) 分布

很多随机试验有两个结果，如检验产品质量，结果为“合格”或“不合格”；进行科学试验，结果为“成功”或“不成功”；招聘新人，结果为“录用”或“不录用”等. 这些随机试验都只有两个结果，将随机变量的取值分别对应为 0 和 1.

若随机变量 X 只有两个可能的取值 0 和 1，其分布律为

$$P\{X=k\}=p^k(1-p)^{1-k},k=0,1,$$

则称 X 服从参数为 p 的(0-1) 分布或两点分布.

(0-1) 分布的分布律也可以记为

X	0	1
P	$1-p$	p

或$\begin{pmatrix}0 & 1\\ 1-p & p\end{pmatrix}$.

2. 二项分布

先来看一个例子. 有 10 台相互独立的机器同时工作，机器出现故障的概率为 0.2，要研究 10 台机器出现故障的台数，它服从什么统计规律呢?

若随机变量 X 表示 n 重伯努利试验中事件 A 出现的次数，则有

$$P\{X=k\}=C_n^k p^k(1-p)^{n-k},k=0,1,2,\cdots,n,$$

称随机变量 X 服从二项分布，记为 $X\sim B(n,p)$，其中 n 和 $p(0<p<1)$ 是二项分布的参数，上式就是二项分布的分布律.

在上面的例子中，将一台机器是否出现故障看成一次试验，则 10 台机器是否出现故障就对应 10 重伯努利试验. 设随机变量 X 表示 10 台机器出现故障的台数，则 $X\sim B(10,0.2)$.

在二项分布中，若令 $n=1$，则 $X\sim B(1,p)$，其分布律为

$$P\{X=k\}=p^k(1-p)^{1-k},k=0,1,$$

可以看出 X 服从(0-1) 分布. 因此，(0-1) 分布是二项分布的特例，可将其简记为 $B(1,p)$.

实际应用中关于二项分布的例子有很多，例如，一枚硬币抛 n 次，X 表示出现正面的次数；某保险公司有 n 人购买了车险，每辆车每年的出险率为 p，X 表示 n 辆车中出险的数量；某农场的牲畜患某种传染性疾病，发病率为0.25，牲畜数量为2 000头，X 表示农场中感染疾病的牲畜头数；某市的居民数为 n 人，该市居民的网购比例为 p，X 表示该市居民中的网购人数等.

例5.26 金工车间有10台同类型的机床，每台机床配备的电动机功率为10kW，已知每台机床工作时，平均每小时实际开动12min，且开动与否是相互独立的. 现在当地电力供应紧张，供电部门只提供50kW的电力给这10台机床，问：这10台机床能够正常工作的概率有多大?

解 设 X 表示10台机床中同时开动的台数. 由题意知，每台机床分为“开动”和“不开动”两种情况，开动的概率为 $\frac{12}{60}=\frac{1}{5}$，每台机床开动与否相互独立，则 $X\sim B\left(10,\frac{1}{5}\right)$，其分布律为

$$P\{X=k\}=C_{10}^{k}\left(\frac{1}{5}\right)^{k}\left(\frac{4}{5}\right)^{10-k},k=0,1,2,\cdots,10.$$

根据题意，若同时开动的机床不超过5台，这10台机床就能正常工作，其概率为

$$P\{X\leqslant 5\}=\sum_{k=0}^{5}C_{10}^{k}\left(\frac{1}{5}\right)^{k}\left(\frac{4}{5}\right)^{10-k}\approx 0.994.$$

10台机床正常工作的概率约为0.994，说明这10台机床的工作基本上不受电力供应紧张的影响.

在二项分布概率的计算中，经常会遇到例5.26这样的和式比较巨大、计算比较困难的情况，这种问题该如何解决呢? 可以用泊松分布进行近似计算，也就是下面将要介绍的泊松定理的内容.

3. 泊松分布

观察汽车站台单位时间内的候车人数、加油站在单位时间内到达的人数、电话交换机单位时间内接到呼叫的次数、交通路口单位时间内发生的事故数、机器在单位时间内出现的故障数、一本书中每一页的错误字数、显微镜下单位分区内的细菌分布数等，这些随机变量往往都呈现相似的统计规律，即服从泊松分布.

若随机变量 X 的分布律为 $P\{X=k\}=\frac{\lambda^{k}}{k!}e^{-\lambda},k=0,1,2,\cdots$，其中 $\lambda>0$，则称随机变量 X 服从参数为 λ 的泊松分布，记为 $X\sim P(\lambda)$.

泊松分布是由法国数学家西莫恩·德尼·泊松在1838年提出来的，是离散型随机变量的常用分布. 泊松分布在管理科学、运筹学以及自然科学的某些问题中占有重要的地位.

泊松分布中概率的计算往往可以通过查表进行(见附表1)，通过查表可以使数值较大的和式的计算变得简单.

例5.27 一家商店在每个月的月底要制订下个月的商品进货计划，为了不使商品积压，进货量不宜过多，但为了获得足够的利润，进货量又不宜过少. 由该商店过去的销售记录知，某种商品每月的销售可以用参数为 $\lambda=10$ 的泊松分布来描述. 为了以95%以上的把握保证不脱销，问：该商店在月底至少应进这种商品多少件?

解 设该商店每月销售这种商品 X 件，月底进货 a 件，当 $X\leqslant a$ 时不会脱销. 根据题意，以95%以上的把握保证不脱销可以表示为 $P\{X\leqslant a\}\geqslant 0.95$.

由于 X 服从参数为 $\lambda=10$ 的泊松分布，因此上式可以表示为

$$\sum_{k=0}^{a}\frac{10^k}{k!}\mathrm{e}^{-10}\geqslant 0.95.$$

通过查泊松分布表(见附表 1) 可知

$$\sum_{k=0}^{14}\frac{10^k}{k!}\mathrm{e}^{-10}\approx 0.9166<0.95,$$

$$\sum_{k=0}^{15}\frac{10^k}{k!}\mathrm{e}^{-10}\approx 0.9513>0.95,$$

因此，该商店只要在月底进货这种商品 15 件，就能以 95% 以上的把握保证不脱销.

定理5.4（泊松定理） 在 n 重伯努利试验中，事件 A 在一次试验中出现的概率为 p_n(与试验总数 n 有关)，如果当 $n\to\infty$ 时，$np_n\to\lambda$($\lambda>0$ 且为常数)，则有

微课：泊松定理

$$\lim_{n\to\infty}\mathrm{C}_n^k p_n^k(1-p_n)^{n-k}=\frac{\lambda^k}{k!}\mathrm{e}^{-\lambda},k=0,1,2,\cdots.$$

泊松定理表明，泊松分布为二项分布的极限分布，即在试验次数 n 很大，而 np_n 不太大时，二项分布可以用参数为 $\lambda=np_n$ 的泊松分布来近似.

例 5.28 某公司订购了一种型号的加工机床，机床的故障率为 1%，各台机床之间是否出现故障是相互独立的，求在 100 台此类机床中，出现故障的台数不超过 3 的概率.

解 设 100 台机床中出现故障的台数为 X，则 $X\sim B(100,0.01)$，所求概率为

$$P\{X\leqslant 3\}=\sum_{k=0}^{3}\mathrm{C}_{100}^{k}(0.01)^k(0.99)^{100-k}.$$

$np=100\times 0.01=1$，根据泊松定理，X 近似服从泊松分布 $P(1)$. 因此，所求概率也可以通过泊松分布来近似计算.

$$P\{X\leqslant 3\}\approx\sum_{k=0}^{3}\frac{1^k}{k!}\mathrm{e}^{-1},$$

通过查表(见附表 1) 可得

$$P\{X\leqslant 3\}\approx 0.9810.$$

通过例 5.28 我们发现，运用泊松定理能够简化二项分布中烦琐的计算.

4. 几何分布

先看一个例子

例 5.29 某流水线生产一批产品，其不合格率为 p，有放回地对产品进行检验，直到检验出不合格品为止. 设随机变量 X 为首次检验出不合格品所需要的检验次数，求 X 的概率分布.

解 设 $A_i=\{$第 i 次检验出不合格品$\}$，$i=1,2,\cdots$，则

$$P(A_i)=p,P(\overline{A_i})=1-p=q.$$

由题意知 $A_i(i=1,2,\cdots)$ 之间相互独立，于是

$$\begin{aligned}P\{X=k\}&=P(\overline{A}_1\overline{A}_2\cdots\overline{A}_{k-1}A_k)\\&=P(\overline{A}_1)P(\overline{A}_2)\cdots P(\overline{A}_{k-1})P(A_k)=pq^{k-1},k=1,2,\cdots.\end{aligned}$$

在例5.29中，随机变量X服从的分布称为几何分布.

若随机变量X的分布律为

$$P\{X=k\}=pq^{k-1},k=1,2,\cdots,q=1-p,$$

其中$p(0<p<1)$为参数，则称X服从参数为p的几何分布，记为$X\sim G(p)$.

几何分布因其分布律为几何级数$\sum\limits_{k=1}^{\infty}pq^{k-1}$的一般项而得名.

几何分布描述的是试验首次成功的次数X所服从的分布，也可以解释为：在n重伯努利试验中，试验到第k次才取得第一次成功，前$k-1$次皆失败. 在实际应用中有很多几何分布的例子，例如，射击手的命中率为0.8，则首次击中目标的射击次数$Y\sim G(0.8)$；掷一枚骰子，首次出现2点的投掷次数$Z\sim G\left(\frac{1}{6}\right)$.

5. 超几何分布

5.2.2小节中的例5.3对应的随机变量服从超几何分布.

若随机变量X的分布律为

$$P\{X=k\}=\frac{C_M^k C_{N-M}^{n-k}}{C_N^n},k=0,1,2,\cdots,r,$$

其中$r=\min\{M,n\}$，且$M\leqslant N,n\leqslant N,n,N,M$均为正整数，则称随机变量$X$服从超几何分布，记为$X\sim H(n,N,M)$.

有限总体N中的不放回抽样服从超几何分布，例如有N件产品，其中M件不合格，从产品中不放回地抽取n件，则抽取的产品中不合格品的件数X服从超几何分布.

超几何分布与二项分布常常容易被混淆，我们有必要分清楚两个分布之间的主要区别：超几何分布是不放回抽取，二项分布是放回抽取，因此，二项分布中各个事件之间是相互独立的，而超几何分布不相互独立. 两个分布之间也有联系，当总体的容量N非常大时，超几何分布近似于二项分布. 例如，仓库中有10万件产品，抽20件做检验，虽然是不放回抽样，但因为产品的总数远远大于被抽样的个数，因此“放回”与“不放回”的误差可以忽略不计，故可以用二项分布来近似超几何分布.

同步习题5.5

1. 设随机变量X的分布律为

$$P\{X=k\}=c\frac{\lambda^k}{k!},k=1,2,\cdots,\lambda>0,$$

求常数c的值.

2. 已知甲打靶命中率为$p_1(0<p_1<1)$，乙打靶命中率为$p_2(0<p_2<1)$，现从甲、乙两人中只选一人打一发，设靶被打中的次数$X\sim B(1,p)$，则p的值为多少？

3. 从学校乘汽车到火车站的途中有 3 个交通岗，假设在各个交通岗遇到红灯的事件是相互独立的，且概率都是$\frac{2}{5}$. 设 X 为途中遇到红灯的次数，求随机变量 X 的分布律.

4. 设随机变量 X 服从二项分布 $B(2,p)$，随机变量 Y 服从二项分布 $B(4,p)$. 若 $P\{X\geqslant 1\}=\frac{8}{9}$，试求 $P(Y\geqslant 1)$.

5. 某大学的校乒乓球队与数学系乒乓球队举行对抗赛. 校队的实力比系队强，当一个校队运动员与一个系队运动员比赛时，校队运动员获胜的概率为 0.6. 现在校、系双方商量对抗赛的方式，提出了以下 3 种方案：

(1) 双方各出 3 人，比 3 局；

(2) 双方各出 5 人，比 5 局；

(3) 双方各出 7 人，比 7 局.

3 种方案均以比赛中胜局多的一方为胜利. 问：对系队来说，哪一种方案最有利？

6. 一批产品的不合格品率为 0.02，现从中任取 40 件进行检查，若发现两件或两件以上不合格品就拒收这批产品. 分别用以下方法求拒收的概率：

(1) 用二项分布做精确计算；

(2) 用泊松分布做近似计算.

7. 设某批电子管的合格品率为$\frac{3}{4}$，不合格品率为$\frac{1}{4}$，现对该批电子管进行测试，设第 X 次首次测到合格品，求 X 的分布律.

8. 抛掷一枚不均匀的纪念币，出现正面的概率为 $p(0<p<1)$，设随机变量 X 为一直抛掷到正、反面都出现时所需要的次数，求 X 的分布律.

提高题

1. 设随机变量 X 只取正整数值，且 $P\{X=N\}$ 与 N^2 成反比，求 X 的分布律.

2. 两名队员轮流投篮，直到某人投中为止. 已知第一名队员投中的概率为 0.4，第二名队员投中的概率为 0.6，求两名队员各自投篮次数的分布律.

3. 某企业产品的不合格品率为 0.03，现要把产品装箱，若以不小于 0.9 的概率保证每箱中至少有 100 件合格品，那么每箱至少应装多少件产品？

4. 3 个朋友去看电影，他们决定用抛掷硬币的方式来确定谁买票：每人抛掷一枚硬币，如果有人抛掷出的结果与其他两人不一样，那么由他买票；如果 3 人抛掷出的结果是一样的，那么就重新抛掷，一直这样下去，直到确定了由谁来买票为止. 求以下事件的概率：

(1) 进行到了第二轮，确定了由谁来买票；

(2) 进行了 3 轮还没有确定买票的人.

5.6 连续型随机变量

5.6.1 连续型随机变量及其概率密度

定义5.14 设X是随机变量，如果存在非负可积函数$f(x)$，对于任意的常数$a,b(a\leqslant b)$，有

$$P\{a\leqslant X\leqslant b\}=\int_a^b f(x)\,\mathrm{d}x,$$

则称X为连续型随机变量，同时称$f(x)$为X的概率密度函数，或简称为概率密度.

微课：连续型随机变量的定义

显然，连续型随机变量的概率值受到概率密度$f(x)$取值大小的影响，这跟物理中的“密度”很相似，“概率密度”因此得名.

根据上述定义，可以得到概率密度函数的以下性质.

(1) 非负性：$f(x)\geqslant 0$.

(2) 正则性：$\int_{-\infty}^{+\infty}f(x)\,\mathrm{d}x=1$.

由定义还可以得到概率密度的几何意义：密度函数$f(x)$反映了随机变量在x点的“密集程度”，即取值在x点附近的“可能性大小”. 而正则性表明，曲线$y=f(x)$与x轴之间的部分面积为1.

由分布函数的定义可知，连续型随机变量的分布函数可以表示为

$$F(x)=P\{X\leqslant x\}=\int_{-\infty}^{x}f(t)\,\mathrm{d}t.$$

由变上限积分的性质可知，在$f(x)$的连续点处，$F'(x)=f(x)$. 因此，分布函数$F(x)$与概率密度$f(x)$可以相互求出.

根据定义5.14还可以得到，连续型随机变量在某一个点c处的概率为0，即

$$P\{X=c\}=\int_c^c f(x)\,\mathrm{d}x=0.$$

因此，连续型随机变量落在某个区间内的概率，不受区间端点处取值的影响，即

$$\begin{aligned}P\{a<X\leqslant b\}&=P\{a\leqslant X<b\}=P\{a\leqslant X\leqslant b\}=P\{a<X<b\}\\&=\int_a^b f(x)\,\mathrm{d}x=F(b)-F(a).\end{aligned}$$

例5.30 车流中的“时间间隔”是指一辆车通过一个固定地点与下一辆车开始通过该固定地点之间的时间长度. 设X表示在大流量期间高速公路上相邻两辆车的时间间隔，X的概率密度描述了高速公路上的交通流量规律，其表达式为

$$f(x)=\begin{cases}0.15\mathrm{e}^{-0.15(x-0.5)}, & x\geqslant 0.5,\\ 0, & \text{其他}.\end{cases}$$

概率密度$f(x)$的图形如图5.3所示，求时间间隔不大于5s的概率.

解 由题意知

$$P\{X\leqslant 5\}=\int_{-\infty}^{5}f(x)\,\mathrm{d}x=\int_{0.5}^{5}0.15\mathrm{e}^{-0.15(x-0.5)}\,\mathrm{d}x$$

$$= 0.15\mathrm{e}^{0.075}\int_{0.5}^{5}\mathrm{e}^{-0.15x}\mathrm{d}x = \mathrm{e}^{0.075}\cdot(-\mathrm{e}^{-0.15x}\big|_{0.5}^{5})$$
$$\approx 0.491.$$

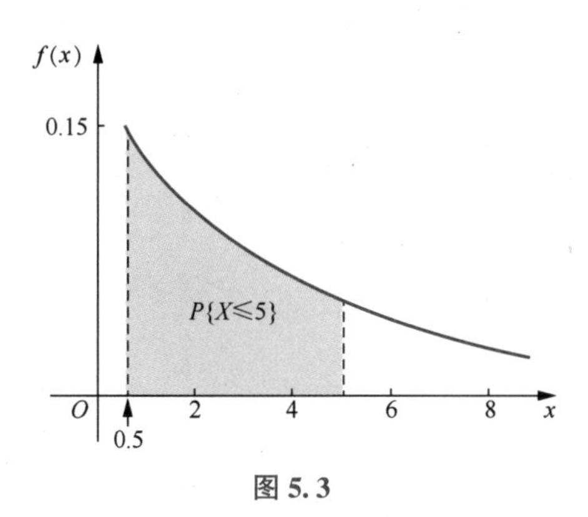

图 5.3

例 5.31 设随机变量 X 表示桥梁的动力荷载的大小(单位：N)，其概率密度为

$$f(x)=\begin{cases}\dfrac{1}{8}+\dfrac{3}{8}x, & 0\leqslant x\leqslant 2,\\ 0, & \text{其他}.\end{cases}$$

求：(1) 分布函数 $F(x)$；(2) 概率 $P\{1\leqslant X\leqslant 1.5\}$ 及 $P\{X>1\}$.

解 (1) 当 $x<0$ 时，$F(x)=0$；

当 $0\leqslant x<2$ 时，$F(x)=\int_{-\infty}^{x}f(y)\mathrm{d}y=\int_{0}^{x}\left(\dfrac{1}{8}+\dfrac{3}{8}y\right)\mathrm{d}y=\dfrac{x}{8}+\dfrac{3}{16}x^2$；

当 $x\geqslant 2$ 时，$F(x)=1$.

因此，

$$F(x)=\begin{cases}0, & x<0,\\ \dfrac{x}{8}+\dfrac{3}{16}x^2, & 0\leqslant x<2,\\ 1, & x\geqslant 2.\end{cases}$$

(2) $P\{1\leqslant X\leqslant 1.5\}=F(1.5)-F(1)=\left(\dfrac{1}{8}\times 1.5+\dfrac{3}{16}\times 1.5^2\right)-\left(\dfrac{1}{8}\times 1+\dfrac{3}{16}\times 1^2\right)=\dfrac{19}{64}$,

$P\{X>1\}=1-P\{X\leqslant 1\}=1-F(1)=1-\left(\dfrac{1}{8}\times 1+\dfrac{3}{16}\times 1^2\right)=\dfrac{11}{16}$.

5.6.2 常用的连续型随机变量

下面介绍 3 种常用的连续型随机变量.

1. 均匀分布

定义 5.15 设 X 为连续型随机变量，若概率密度为

$$f(x)=\begin{cases}\dfrac{1}{b-a}, & a<x<b,\\ 0, & \text{其他},\end{cases}$$

其中 $a,b(a<b)$ 为任意实数，如图 5.4 所示，则称随机变量 X 服从区间 (a,b) 上的均匀分布，记为 $X\sim U(a,b)$.

可以求出均匀分布 $U(a,b)$ 的分布函数(见图 5.5) 为

$$F(x)=\begin{cases}0, & x<a,\\ \dfrac{x-a}{b-a}, & a\leqslant x<b,\\ 1, & x\geqslant b.\end{cases}$$

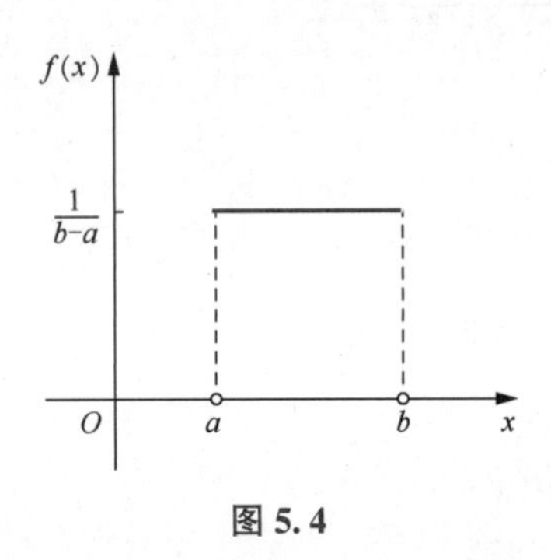

图 5.4

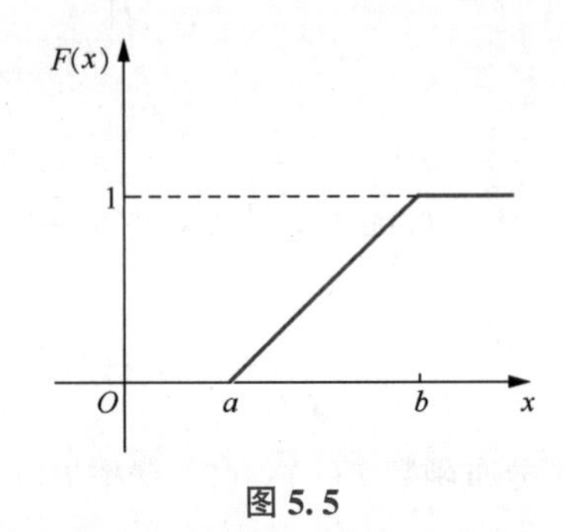

图 5.5

若 X 在 (a,b) 上服从均匀分布，对于 (a,b) 内的任一个子区间 (c,d)，有

$$P\{c<X<d\}=\int_c^d\frac{1}{b-a}\mathrm{d}x=\frac{d-c}{b-a}.$$

上式表明，服从均匀分布的随机变量 X 的取值落在 (a,b) 内任一子区间 (c,d) 的概率为两个区间的长度之比，这与 5.2 节中介绍的几何概率是一致的.

均匀分布是概率统计中的一个重要分布，被广泛地应用于流行病学、遗传学、交通流量理论等概率模型中.

例 5.32 某食品厂生产一种产品，规定其质量的误差不能超过 3g，即随机误差 X 服从 $(-3,3)$ 上的均匀分布. 现任取一件产品进行称重，求误差在 $-1\sim2$ 之间的概率.

解 因为 $X\sim U(-3,3)$，所以其概率密度为

$$f(x)=\begin{cases}\dfrac{1}{6}, & -3<x<3,\\ 0, & \text{其他}.\end{cases}$$

所求概率为 $P\{-1<X\leqslant2\}=\int_{-1}^{2}\frac{1}{6}\mathrm{d}x=\frac{2-(-1)}{6}=\frac{1}{2}$.

2. **指数分布**

定义 5.16 设 X 为连续型随机变量，若其概率密度为

$$f(x)=\begin{cases}\lambda\mathrm{e}^{-\lambda x}, & x>0,\\ 0, & \text{其他},\end{cases}$$

其中参数 $\lambda>0$，如图 5.6 所示，则称随机变量 X 服从参数为 λ 的指数分布，记为 $X\sim E(\lambda)$.

可以求出指数分布的分布函数(见图 5.7) 为

$$F(x)=\begin{cases}1-\mathrm{e}^{-\lambda x}, & x>0,\\ 0, & \text{其他}.\end{cases}$$

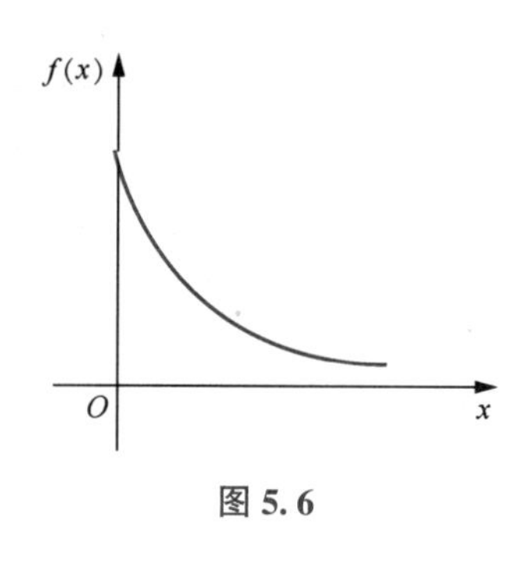

图 5.6

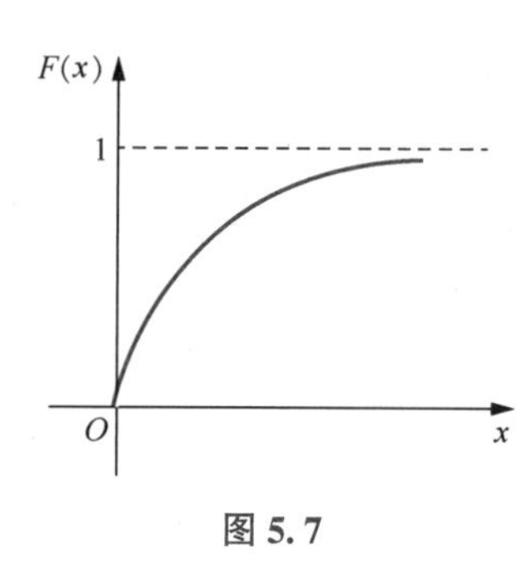

图 5.7

先来看一个例子

例 5.33 设随机变量 X 表示某餐馆从开门营业起到第一个顾客到达之间的等待时间(单位：min)，若 X 服从指数分布，其概率密度为

$$f(x)=\begin{cases}0.4\mathrm{e}^{-0.4x}, & x>0,\\ 0, & \text{其他}.\end{cases}$$

求等待至多 5min 的概率以及等待 3 ~ 4min 的概率.

解 由题意知 X 的分布函数为

$$F(x)=\begin{cases}1-\mathrm{e}^{-0.4x}, & x>0,\\ 0, & \text{其他},\end{cases}$$

则

$$P\{X\leqslant 5\}=F(5)=1-\mathrm{e}^{-2}\approx 0.865,$$

$$P\{3\leqslant X\leqslant 4\}=F(4)-F(3)=\mathrm{e}^{-1.2}-\mathrm{e}^{-1.6}\approx 0.099.$$

在现实生活中，指数分布的应用非常广泛，它往往可以表示产品的寿命以及随机服务系统中的服务时间或等待时间等，其在排队论和可靠性理论中具有广泛的应用.

指数分布具有“无记忆性”.

定理 5.5（指数分布的无记忆性） 设随机变量 $X\sim E(\lambda)$，则对于任意的正数 s 和 t，有

$$P\{X>s+t\mid X>t\}=P\{X>s\}.$$

证明

$$\begin{aligned}P\{X>s+t\mid X>t\}&=\frac{P\{(X>s+t)\cap(X>t)\}}{P\{X>t\}}\\&=\frac{P\{X>s+t\}}{P\{X>t\}}=\frac{1-F(s+t)}{1-F(t)}\\&=\frac{\mathrm{e}^{-\lambda(s+t)}}{\mathrm{e}^{-\lambda t}}=\mathrm{e}^{-\lambda s}=P\{X>s\}.\end{aligned}$$

很多没有明显衰老机理的电子元件的寿命可以用指数分布来描述，“无记忆性”表示电子元件在已经使用了 th 的条件下至少能使用 $(s+t)$h 的概率，与从一开始算起至少能使用 sh 的概率相等.

3. 正态分布

下面介绍概率统计中非常重要的分布 —— 正态分布.

定义 5.17 设 X 为连续型随机变量，若其概率密度为

$$f(x)=\frac{1}{\sqrt{2\pi}\sigma}e^{-\frac{(x-\mu)^2}{2\sigma^2}},-\infty<x<+\infty,$$

其中 $\mu,\sigma(\sigma>0)$ 为参数，则称随机变量 X 服从参数为 μ 和 σ^2 的正态分布，也叫高斯分布，记为 $X\sim N(\mu,\sigma^2)$.

正态分布的分布函数为

$$F(x)=P\{X\leqslant x\}=\frac{1}{\sqrt{2\pi}\sigma}\int_{-\infty}^{x}e^{-\frac{(t-\mu)^2}{2\sigma^2}}dt,-\infty<x<+\infty.$$

正态分布 $N(\mu,\sigma^2)$ 的概率密度函数 $f(x)$ 的图形如图 5.8 所示.

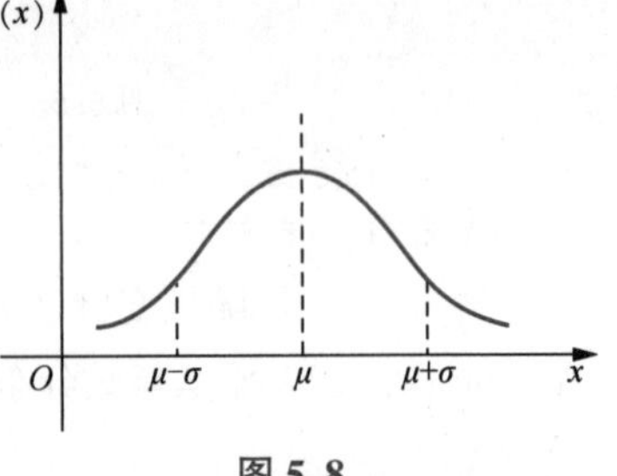

图 5.8

从图 5.8 可以看出，概率密度 $f(x)$ 的图形关于 $x=\mu$ 对称，是轴对称图形，在 $x=\mu$ 处取到最大值，并且对于同样长度的区间，若区间离 μ 越远，则 X 落在这个区间内的概率越小.

显然，$f(x)$ 的图形以 x 轴为渐近线，随着 x 的取值向两侧无限延伸，图形与 x 轴无限接近，但又不会相交.

当参数 μ 固定时，由图 5.9 知，σ 的值越大，$f(x)$ 的图形就越平缓；σ 的值越小，$f(x)$ 的图形就越尖狭. 由此可见，参数 σ 的变化能改变 $f(x)$ 的图形的形状，故称 σ 为形状参数.

当参数 σ 固定时，由图 5.10 知，随着 μ 值的变化，$f(x)$ 的图形的形状不改变，位置发生左右平移，由此可见参数 μ 的变化能改变 $f(x)$ 的图形的位置，故称 μ 为位置参数.

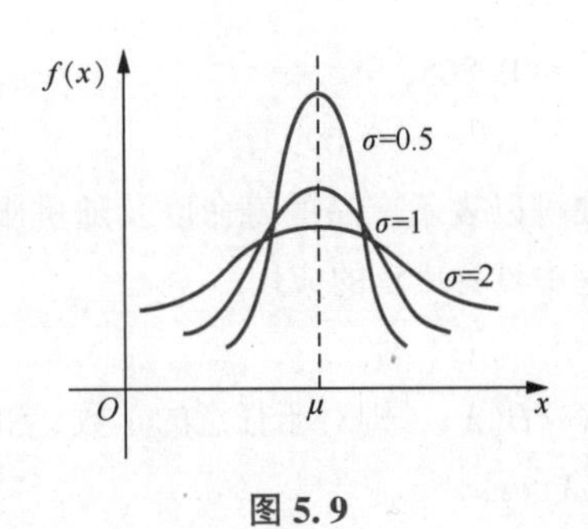

图 5.9

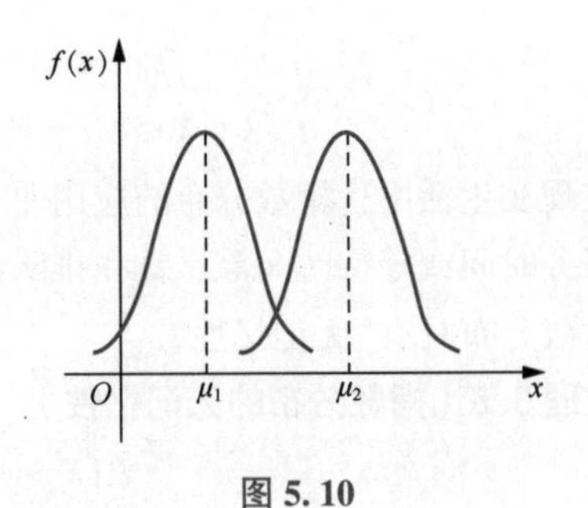

图 5.10

从图 5.9 和图 5.10 可以看出，随着参数 μ 和 σ^2 的变化，概率密度 $f(x)$ 呈现出不同的形状，即随机变量 X 有不同的统计规律. 为了研究和计算方便，我们取 $\mu=0,\sigma^2=1$，这样就得到了标准正态分布（见图 5.11），记为 $X\sim N(0,1)$，其概率密度为

$$\varphi(x)=\frac{1}{\sqrt{2\pi}}e^{-\frac{x^2}{2}},-\infty<x<+\infty,$$

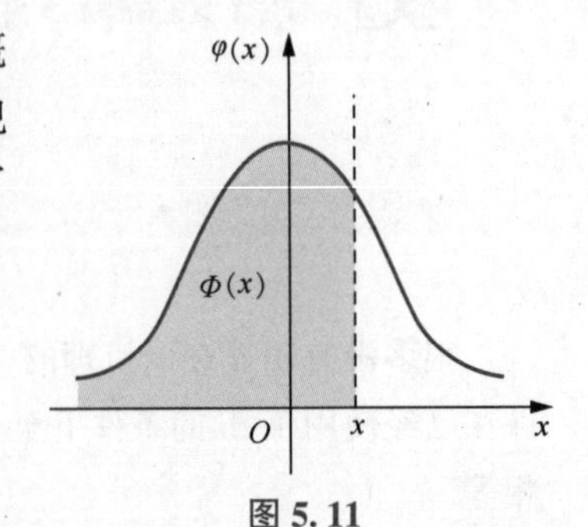

图 5.11

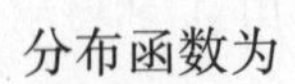
分布函数为

$$\Phi(x)=\frac{1}{\sqrt{2\pi}}\int_{-\infty}^{x}\mathrm{e}^{-\frac{t^2}{2}}\mathrm{d}t,-\infty<x<+\infty.$$

标准正态分布表如附表 2 所示，给出随机变量的取值 x，就可以通过查表得到相应的概率 $\Phi(x)$.

根据概率密度 $\varphi(x)$ 的对称性，可以得到 $\Phi(-x)=1-\Phi(x)$.

标准正态分布表只能解决标准正态分布的概率计算问题，对于一般的正态分布，该如何计算其概率呢？下面我们将介绍标准化定理，有了这个定理就可以把一般的正态分布转换为标准正态分布，再通过查表计算其概率.

定理 5.6（标准化定理） 若 $X\sim N(\mu,\sigma^2)$，则 $Z=\dfrac{X-\mu}{\sigma}\sim N(0,1)$.

利用标准化定理可以进行如下的两个等价变化，其中 $x,a,b(a<b)$ 为任意实数.

微课：标准化定理

$$F(x)=P\{X\leqslant x\}=P\left\{\frac{X-\mu}{\sigma}\leqslant\frac{x-\mu}{\sigma}\right\}=P\left\{Z\leqslant\frac{x-\mu}{\sigma}\right\}=\Phi\left(\frac{x-\mu}{\sigma}\right).$$

$$P\{a<X\leqslant b\}=P\left\{\frac{a-\mu}{\sigma}<\frac{X-\mu}{\sigma}\leqslant\frac{b-\mu}{\sigma}\right\}=\Phi\left(\frac{b-\mu}{\sigma}\right)-\Phi\left(\frac{a-\mu}{\sigma}\right).$$

设 $X\sim N(\mu,\sigma^2)$，查表（见附表 2）可得

$$P\{\mu-3\sigma<X<\mu+3\sigma\}=\Phi(3)-\Phi(-3)=2\Phi(3)-1\approx0.997,$$

即服从正态分布 $N(\mu,\sigma^2)$ 的随机变量以 99.7% 的概率落在以 μ 为中心、以 3σ 为半径的区间内，落在区间外的概率非常小，可以忽略不计，这就是"3σ"法则.

例 5.34 设某公司制造的绳索的抗断强度服从正态分布，其中 $\mu=300\text{kg},\sigma=24\text{kg}$. 求常数 a，使抗断强度以不小于 95% 的概率大于 a.

解 由题意知，$P\{X>a\}\geqslant0.95$，根据标准化定理可得

$$P\{X>a\}=1-P\left\{\frac{X-300}{24}\leqslant\frac{a-300}{24}\right\}=1-\Phi\left(\frac{a-300}{24}\right)\geqslant0.95,$$

由标准正态分布的对称性得 $\Phi\left(\dfrac{300-a}{24}\right)\geqslant0.95$，通过逆向查表（见附表 2）得到 $\Phi(1.65)=0.95$，故 $\Phi\left(\dfrac{300-a}{24}\right)\geqslant\Phi(1.65)$，$\dfrac{300-a}{24}\geqslant1.65$，解得 $a\leqslant260.4$.

同步习题 5.6

1. 已知随机变量 X 的概率密度为

$$f(x)=\begin{cases}x, & 0\leqslant x<1,\\ 2-x, & 1\leqslant x<2,\\ 0, & 其他.\end{cases}$$

(1) 求分布函数 $F(x)$.

(2) 求 $P\{X<0.5\}$, $P\{X>1.3\}$, $P\{0.2<X\leqslant 1.2\}$.

2. 设连续型随机变量 X 的分布函数为

$$F(x)=\begin{cases}0, & x\leqslant 0,\\ x^2, & 0<x<1,\\ 1, & x\geqslant 1.\end{cases}$$

求：(1) X 的概率密度 $f(x)$；(2) X 落入区间 $(0.3,0.7)$ 的概率.

3. 设随机变量 X 在 $(-1,1)$ 上服从均匀分布，求方程 $t^2-3Xt+1=0$ 有实根的概率.

4. 统计调查结果表明，某地区在 1875—1951 年期间，矿山发生 10 人或 10 人以上死亡的两次事故之间的时间 X(单位：天) 服从参数为 $\frac{1}{241}$ 的指数分布. 求 $P\{50<X<100\}$.

5. 由某机器生产的螺栓的长度(单位：cm) 服从正态分布 $N(10.05,0.06^2)$，若规定长度在范围 10.05 ± 0.12 内为合格品，求螺栓不合格的概率.

6. 某地区 18 岁女青年的血压服从正态分布 $N(110,12^2)$，任选一名 18 岁女青年，测量她的血压 X. 确定最小的 x，使 $P\{X>x\}\leqslant 0.05$.

7. 设随机变量 $X\sim N(3,2^2)$，求 c 的值，使 $P\{X>c\}=P\{X<c\}$.

8. 设随机变量 $X\sim N(2,\sigma^2)$，且 $P\{2<X<4\}=0.3$，求 $P\{X<0\}$.

提高题

1. 设随机变量 X 的概率密度 $f(x)$ 满足 $f(1+x)=f(1-x)$，且 $\int_0^2 f(x)\mathrm{d}x=0.6$，求 $P\{X<0\}$.

2. 设随机变量 $X\sim U(a,b)\ (a,b>0)$，且 $P\{0<X<3\}=\frac{1}{4}$, $P\{X>4\}=\frac{1}{2}$，求：(1) X 的概率密度；(2) $P\{1<X<5\}$.

3. 设顾客在某银行窗口等待服务的时间 X(单位：min) 服从指数分布，其概率密度为

微课：同步习题 5.6 提高题 3

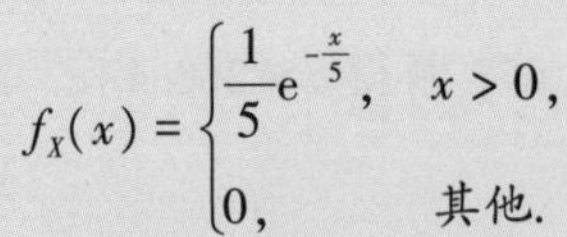

$$f_X(x)=\begin{cases}\frac{1}{5}\mathrm{e}^{-\frac{x}{5}}, & x>0,\\ 0, & \text{其他}.\end{cases}$$

某顾客在窗口等待服务，若超过 10min 他就离开. 他一个月要到银行 5 次，以 Y 表示一个月内他未等到服务而离开窗口的次数. 写出 Y 的分布律，并求 $P\{Y\geqslant 1\}$.

4. 测量误差 $X\sim N(0,10^2)$，现进行 100 次独立测量，求误差的绝对值超过 19.6 的次数不小于 3 的概率.

5. 某企业招聘员工，有 10 000 人报考. 假设考试成绩服从正态分布，且已知 90 分以上有 359 人，60 分以下有 1 151 人. 现按考试成绩从高分到低分依次录用 2 500 人，问：被录用的最低分是多少？

5.7 随机变量函数的分布

5.7.1 离散型随机变量函数的分布

例 5.35 设随机变量 X 表示某品牌手表的日走时误差(单位：s)，其分布律如下.

X	-1	0	1	2
P	0.2	0.4	0.3	0.1

求 $Y=(X-1)^2$ 的分布律.

解 Y 可能的取值为 0,1,4.

由于 $P\{Y=0\}=P\{X=1\}=0.3, P\{Y=1\}=P\{X=0\}+P\{X=2\}=0.5, P\{Y=4\}=P\{X=-1\}=0.2$，因此可得 Y 的分布律如下.

Y	0	1	4
P	0.3	0.5	0.2

一般情况下，若 X 是离散型随机变量，$g(x)$ 是实数 x 的函数，则当 X 取有限个或可列个值时，$Y=g(X)$ 也取有限个或可列个值. 根据离散型随机变量求解分布律的方法，首先确定 Y 的取值，再分别求出相应取值的概率，这样就得到了 Y 的分布律.

5.7.2 连续型随机变量函数的分布

1. 分布函数法

设连续型随机变量 X 的分布函数为 $F_X(x)$，即

$$F_X(x)=P\{X\leqslant x\},$$

$y=g(x)$ 是实数 x 的函数，如何求随机变量 $Y=g(X)$ 的分布呢?

首先，求出随机变量 Y 的分布函数

$$F_Y(y)=P\{Y\leqslant y\}=P\{g(X)\leqslant y\},$$

由不等式“$g(X)\leqslant y$”得到关于 X 的不等式，则 $F_Y(y)$ 就可以利用已知的分布函数 $F_X(x)$ 来表示.

其次，当 $Y=g(X)$ 是连续型随机变量时，将分布函数 $F_Y(y)$ 关于 y 求导，就得到了 Y 的概率密度 $f_Y(y)=F'_Y(y)$；当 $Y=g(X)$ 不是连续型随机变量时，要根据函数 $g(x)$ 的特点做个案处理.

这种求解连续型随机变量函数的分布的一般方法称为分布函数法.

例 5.36 某仪器设备内的温度 T 是随机变量，且 $T\sim N(100,4)$，已知 $M=\frac{1}{2}(T-10)$，试求 M 的分布.

解 由题意知，T 的概率密度为

$$f_T(t)=\frac{1}{2\sqrt{2\pi}}\mathrm{e}^{-\frac{(t-100)^2}{8}},-\infty<t<+\infty.$$

M 的分布函数记为 $F_M(y)$，则有

$$F_M(y)=P\{M\leqslant y\}=P\left\{\frac{1}{2}(T-10)\leqslant y\right\}$$

$$=P\{T\leqslant 2y+10\}=\int_{-\infty}^{2y+10}f_T(t)\,\mathrm{d}t.$$

将上式关于 y 求导，可得 M 的概率密度为

$$f_M(y)=f_T(2y+10)\times 2=\frac{1}{2\sqrt{2\pi}}\mathrm{e}^{-\frac{(2y+10-100)^2}{8}}\times 2=\frac{1}{\sqrt{2\pi}}\mathrm{e}^{-\frac{(y-45)^2}{2}},$$

即 $M\sim N(45,1)$.

由此例题可以得到正态分布随机变量的一个重要性质：若 $X\sim N(\mu,\sigma^2)$，则对于常数 $a,b(a\neq 0)$，有 $aX+b\sim N(a\mu+b,a^2\sigma^2)$. 特别地，当 $a=\dfrac{1}{\sigma},b=-\dfrac{\mu}{\sigma}$ 时，得到 $\dfrac{X-\mu}{\sigma}\sim N(0,1)$. 这就是定理5.6介绍的标准化定理的结论.

在例5.36中，连续型随机变量 T 的函数 M 仍然是连续型随机变量. 当连续型随机变量的函数不是连续型随机变量时，就要针对不同函数的特点进行个案处理，下面列举一个这种情况的例子.

例5.37 设随机变量 X 服从均匀分布 $U(-1,3)$，记

$$Y=\begin{cases}-\dfrac{1}{2}, & X<0,\\ \dfrac{1}{2}, & X\geqslant 0.\end{cases}$$

求 Y 的分布律.

解 由

$$P\left\{Y=-\frac{1}{2}\right\}=P\{X<0\}=\frac{1}{4},$$

$$P\left\{Y=\frac{1}{2}\right\}=P\{X\geqslant 0\}=\frac{3}{4},$$

得 Y 的分布律如下.

Y	$-\frac{1}{2}$	$\frac{1}{2}$
P	$\frac{1}{4}$	$\frac{3}{4}$

2. 公式法

利用分布函数法，可以推导出以下定理.

定理 5.7 设 X 是连续型随机变量，其概率密度为 $f_X(x)$，函数 $g(x)$ 严格单调且其反函数 $h(y)$ 有连续导数，则 $Y=g(X)$ 是连续型随机变量，且其概率密度为

$$f_Y(y)=\begin{cases}f_X[h(y)]\cdot|h'(y)|, & \alpha<y<\beta,\\ 0, & 其他,\end{cases}$$

其中 $\alpha=\min\{g(-\infty),g(+\infty)\},\beta=\max\{g(-\infty),g(+\infty)\}$.

微课：公式法求连续型随机变量的概率密度

利用定理 5.7 求解随机变量函数的密度，这种方法称为公式法.

例 5.38 设随机变量 X 表示某服务行业一位顾客的服务时间，X 服从指数分布，其概率密度为

$$f(x)=\begin{cases}e^{-x}, & x>0,\\ 0, & 其他,\end{cases}$$

求 $Y=e^X$ 的概率密度.

解 函数 $y=e^x$ 是单调函数，其反函数为 $x=\ln y$，$x'=\dfrac{1}{y}$，故 Y 的概率密度为

$$f_Y(y)=\begin{cases}\dfrac{1}{|y|}e^{-\ln y}, & \ln y>0,\\ 0, & 其他\end{cases}=\begin{cases}\dfrac{1}{y^2}, & y>1,\\ 0, & 其他.\end{cases}$$

应用公式法时，要注意函数 $g(x)$ 必须是单调可导的，若不满足这个条件，就可以用分布函数法处理，见下面的例子.

例 5.39 设随机变量 $X\sim N(0,1)$，求 $Y=|X|$的概率密度.

解 当 $y<0$ 时，有 $F_Y(y)=P\{Y\leqslant y\}=0$；

当 $y\geqslant 0$ 时，有

$$\begin{aligned}F_Y(y)&=P\{Y\leqslant y\}=P\{|X|\leqslant y\}=P\{-y\leqslant X\leqslant y\}\\&=\int_{-y}^{y}\frac{1}{\sqrt{2\pi}}e^{-\frac{x^2}{2}}dx=2\int_0^y\frac{1}{\sqrt{2\pi}}e^{-\frac{x^2}{2}}dx.\end{aligned}$$

因此，Y 的概率密度为

$$f_Y(y)=F'_Y(y)=\begin{cases}\sqrt{\dfrac{2}{\pi}}e^{-\frac{y^2}{2}}, & y\geqslant 0,\\ 0, & 其他.\end{cases}$$

同步习题 5.7

1. 设离散型随机变量 X 的分布律如下.

X	-2	-1	0	1	3
P	$\frac{1}{5}$	$\frac{1}{6}$	$\frac{1}{5}$	$\frac{1}{15}$	$\frac{11}{30}$

求 $Y=|X|+2$ 的分布律.

2. 设随机变量 X 的分布律为 $P\{X=k\}=\dfrac{1}{2^k},k=1,2,\cdots$，求 $Y=\sin\left(\dfrac{\pi}{2}X\right)$ 的分布律.

3. 设随机变量 $X\sim U(0,5)$，求 $Y=3X+2$ 的概率密度.

4. 设随机变量 X 的概率密度为

$$f_X(x)=\begin{cases}\dfrac{3}{2}x^2, & -1<x<1,\\ 0, & \text{其他}.\end{cases}$$

求随机变量 $Y=3-X$ 的概率密度.

5. 设随机变量 X 的概率密度为

$$f(x)=\begin{cases}|x|, & -1<x<1,\\ 0, & \text{其他}.\end{cases}$$

设 $Y=X^2+1$，试求：(1) Y 的概率密度 $f_Y(y)$；(2) $P\left\{-1<Y<\dfrac{3}{2}\right\}$.

提高题

1. 设随机变量 X 的概率密度为 $f(x)=\dfrac{1}{2}\mathrm{e}^{-|x|},-\infty<x<+\infty$，求 $Y=X^2$ 的概率密度.

2. 设 X 服从参数为 2 的指数分布，证明：随机变量 $Y_1=1-\mathrm{e}^{-2X}$ 与 $Y_2=\mathrm{e}^{-2X}$ 同分布.

3. 设随机变量 X 的概率密度为

微课：同步习题 5.7 提高题 3

$$f(x)=\begin{cases}\dfrac{1}{9}x^2, & 0<x<3,\\ 0, & \text{其他}.\end{cases}$$

设随机变量

$$Y=\begin{cases}2, & X\leqslant 1,\\ X, & 1<X<2,\\ 1, & X\geqslant 2.\end{cases}$$

求：(1) Y 的分布函数；(2) 概率 $P\{X\leqslant Y\}$.

4. 设随机变量 X 的概率密度为

$$f(x)=\begin{cases}\dfrac{2x}{\pi^2}, & 0<x<\pi,\\ 0, & \text{其他}.\end{cases}$$

求 $Y=\sin X$ 的概率密度.

5. 设圆的直径 X 服从 $(0,1)$ 上的均匀分布，求圆的面积 Y 的概率密度.

5.8 随机变量的数字特征

5.8.1 数项级数简介

1. 基本概念

定义5.18 如果给定一个数列 $u_1,u_2,\cdots,u_n,\cdots$，则表达式 $u_1+u_2+\cdots+u_n+\cdots$ 叫作(常数项)无穷级数，简称(常数项)级数，记作 $\sum_{n=1}^{\infty}u_n$，即

$$\sum_{n=1}^{\infty}u_n=u_1+u_2+\cdots+u_n+\cdots,$$

其中 $u_1,u_2,\cdots,u_n,\cdots$ 叫作级数的项，u_1 叫作级数的首项，级数的第 n 项 u_n 叫作级数的通项或一般项.

定义5.19 级数 $\sum_{n=1}^{\infty}u_n$ 的前 n 项和叫作级数的部分和，记作 s_n，即

$$s_n=u_1+u_2+\cdots+u_n=\sum_{i=1}^{n}u_i.$$

定义5.20 若级数 $\sum_{n=1}^{\infty}u_n$ 的部分和数列 $\{s_n\}$ 收敛于 s，即 $\lim\limits_{n\to\infty}s_n=s$，则称级数 $\sum_{n=1}^{\infty}u_n$ 收敛，其和为 s，也称级数 $\sum_{n=1}^{\infty}u_n$ 收敛于 s，记为 $\sum_{n=1}^{\infty}u_n=s$；若级数的部分和数列 $\{s_n\}$ 发散，则称级数 $\sum_{n=1}^{\infty}u_n$ 发散.

2. 基本性质

由于级数 $\sum_{n=1}^{\infty}u_n$ 的敛散性取决于级数相应的部分和数列 $\{s_n\}$ 的极限是否存在，所以利用极限的有关性质，可得到收敛级数的一些基本性质.

性质5.8(级数收敛的必要条件) 如果级数 $\sum_{n=1}^{\infty}u_n$ 收敛，则 $\lim\limits_{n\to\infty}u_n=0$.

性质5.9 若级数 $\sum_{n=1}^{\infty}u_n$ 收敛于和 s，则级数 $\sum_{n=1}^{\infty}ku_n$ 也收敛，其和为 ks(k 为常数).

性质5.10 如果级数 $\sum_{n=1}^{\infty}u_n$ 发散，当 $k\neq0$ 时，级数 $\sum_{n=1}^{\infty}ku_n$ 也发散.

性质5.11 如果级数 $\sum_{n=1}^{\infty}u_n$ 与 $\sum_{n=1}^{\infty}v_n$ 分别收敛于和 s 与 σ，则级数 $\sum_{n=1}^{\infty}(u_n\pm v_n)$ 也收敛，且其和为 $s\pm\sigma$.

性质5.12 如果级数 $\sum_{n=1}^{\infty}u_n$ 收敛，$\sum_{n=1}^{\infty}v_n$ 发散，则级数 $\sum_{n=1}^{\infty}(u_n\pm v_n)$ 发散.

性质5.13 在级数中去掉、加上或改变有限项，不会改变级数的敛散性.

性质5.14 如果级数 $\sum_{n=1}^{\infty}u_n$ 收敛，则在不改变其各项次序的情况下，对该级数的项任意添加括号后所形成的级数仍收敛，且其和不变.

性质5.15 如果加括号后所形成的级数发散，则原级数也发散.

3. 正项级数

定义5.21 若级数$\sum_{n=1}^{\infty} u_n$的每一项都是非负的，即$u_n \geqslant 0(n=1,2,\cdots)$，则称级数$\sum_{n=1}^{\infty} u_n$为正项级数.

4. 交错级数

定义5.22 数项级数

$$\sum_{n=1}^{\infty}(-1)^{n-1}u_n = u_1 - u_2 + u_3 - u_4 + \cdots + (-1)^{n-1}u_n + \cdots$$

或

$$\sum_{n=1}^{\infty}(-1)^{n}u_n = -u_1 + u_2 - u_3 + u_4 + \cdots + (-1)^{n}u_n + \cdots,$$

其中$u_n > 0(n=1,2,\cdots)$，称为交错级数.

5. 任意项级数

任意项级数是指正负项可以任意出现的级数.

定义5.23 如果级数$\sum_{n=1}^{\infty} u_n$各项的绝对值所构成的正项级数$\sum_{n=1}^{\infty} |u_n|$收敛，则称级数$\sum_{n=1}^{\infty} u_n$绝对收敛；如果级数$\sum_{n=1}^{\infty} u_n$收敛，而级数$\sum_{n=1}^{\infty} |u_n|$发散，则称级数$\sum_{n=1}^{\infty} u_n$条件收敛.

定理5.8 若级数$\sum_{n=1}^{\infty} u_n$绝对收敛，则级数$\sum_{n=1}^{\infty} u_n$一定收敛.

例5.40 证明：当$\lambda > 1$时，级数$\sum_{n=1}^{\infty} \frac{\sin nx}{n^{\lambda}}$绝对收敛.

证明 因为$\left|\frac{\sin nx}{n^{\lambda}}\right| \leqslant \frac{1}{n^{\lambda}}$，当$\lambda > 1$时，$\sum_{n=1}^{\infty} \frac{1}{n^{\lambda}}$收敛，故级数$\sum_{n=1}^{\infty} \left|\frac{\sin nx}{n^{\lambda}}\right|$收敛，从而级数$\sum_{n=1}^{\infty} \frac{\sin nx}{n^{\lambda}}$绝对收敛.

注 级数$\sum_{n=1}^{\infty} \frac{1}{n^{p}}$称为$p$级数，当$p > 1$时，级数收敛，当$p \leqslant 1$时，级数发散.

5.8.2 随机变量的数学期望

随机变量的分布函数、分布律或概率密度虽然能完整地描述随机变量的统计规律，但在实际问题中，随机变量的分布往往不容易确定，而且有些问题并不需要知道随机变量分布规律的全貌，只需要知道它的某些特征就够了. 例如，考察LED灯管的质量时，常常关注的是LED灯管的平均寿命，这说明随机变量的平均值是一个重要的数量特征. 又如，比较两台机床生产精度的高低，不仅要看它们生产的零件的平均尺寸，还必须考察每个零件尺寸与平均尺寸的偏离程度，只有偏离程度较小的才是精度高的，这说明随机变量与其平均值偏离的程度也是一个重要的数量特征. 这些刻画随机变量某种特征的数量指标称为随机变量的数字特征，它们在理论和实践上都具有重要的意义. 本章将介绍常用的随机变量数字特征：数学期望和方差.

如何定义随机变量的平均值？我们先从一个实际例子入手.

例5.41 甲、乙两工人用相同的设备生产同一种产品，设两人各生产10组产品，每组中出现的废品件数分别记为X,Y，废品件数与相应的组数记录如下.

甲

废品件数 X	0	1	2	3
组数	4	3	2	1

乙

废品件数 Y	0	1	2
组数	3	5	2

问：甲、乙两人谁的技术好些？

解 从上面的统计记录很难立即看出结果，我们可以从两人的每组平均废品数来评定其技术优劣.

甲的每组平均废品数为

$$\frac{0\times4+1\times3+2\times2+3\times1}{10}=0\times0.4+1\times0.3+2\times0.2+3\times0.1=1(\text{件}),$$

乙的每组平均废品数为

$$\frac{0\times3+1\times5+2\times2}{10}=0\times0.3+1\times0.5+2\times0.2=0.9(\text{件}),$$

故从每组的平均废品数看，乙的技术优于甲.

以甲的计算为例：0.4,0.3,0.2,0.1 是事件$\{X=k\}$在10次试验中发生的频率，当试验次数相当大时，这些频率接近于事件$\{X=k\}$在一次试验中发生的概率p_k，从而上述平均废品数可表示为$\sum\limits_{k=0}^{3}kp_k$. 由此我们引入随机变量平均值的一般概念——数学期望.

定义 5.24 设离散型随机变量X的分布律为$P\{X=x_k\}=p_k, k=1,2,\cdots$，若级数$\sum\limits_{k=1}^{\infty}x_kp_k$绝对收敛，则称其和为随机变量$X$的数学期望，简称期望或均值，记为$E(X)$，即

$$E(X)=\sum_{k=1}^{\infty}x_kp_k.$$

微课：随机变量的数学期望

随机变量X的数学期望$E(X)$完全由X的分布律确定，而不应受X的可能取值的排列次序的影响，因此要求级数$\sum\limits_{k=1}^{\infty}x_kp_k$绝对收敛，保证数学期望的唯一性.

上述内容可以推广到连续型随机变量，有以下定义.

定义 5.25 设连续型随机变量X的概率密度为$f(x)$，若积分$\int_{-\infty}^{+\infty}xf(x)\mathrm{d}x$绝对收敛，则称该积分值为随机变量$X$的数学期望，简称期望或均值，记为$E(X)$，即

$$E(X)=\int_{-\infty}^{+\infty}xf(x)\mathrm{d}x.$$

例 5.42 求下列离散型随机变量的数学期望.

(1)(0-1)分布.　　(2)泊松分布.

解 (1)设随机变量X服从(0-1)分布，分布律如下.

X	0	1
P	$1-p$	p

$$E(X)=0\times(1-p)+1\times p=p.$$

(2) 设随机变量 X 服从参数为 λ 的泊松分布，即 $X\sim P(\lambda)$，其分布律为

$$P\{X=k\}=\frac{\lambda^k}{k!}\mathrm{e}^{-\lambda},k=0,1,2,\cdots,\lambda>0,$$

则

$$\begin{aligned}E(X)&=\sum_{k=0}^{\infty}kp_k=\sum_{k=0}^{\infty}k\cdot\frac{\lambda^k}{k!}\mathrm{e}^{-\lambda}\\&=\lambda\mathrm{e}^{-\lambda}\sum_{k=1}^{\infty}\frac{\lambda^{k-1}}{(k-1)!}=\lambda\mathrm{e}^{-\lambda}\sum_{k=0}^{\infty}\frac{\lambda^k}{k!}=\lambda\mathrm{e}^{-\lambda}\cdot\mathrm{e}^{\lambda}=\lambda.\end{aligned}$$

注 $\mathrm{e}^x=\sum\limits_{n=0}^{\infty}\frac{x^n}{n!}.$

例 5.43 求下列连续型随机变量的数学期望.

(1) 指数分布. (2) 正态分布.

解 (1) 设随机变量 X 服从参数为 λ 的指数分布，即 $X\sim E(\lambda)$，其概率密度为

$$f(x)=\begin{cases}\lambda\mathrm{e}^{-\lambda x}, & x>0,\\0, & x\leqslant 0,\end{cases}$$

则

$$\begin{aligned}E(X)&=\int_{-\infty}^{+\infty}xf(x)\mathrm{d}x=\int_{0}^{+\infty}x\cdot\lambda\mathrm{e}^{-\lambda x}\mathrm{d}x\\&=(-x\mathrm{e}^{-\lambda x})\Big|_0^{+\infty}+\int_0^{+\infty}\mathrm{e}^{-\lambda x}\mathrm{d}x=-\frac{1}{\lambda}\mathrm{e}^{-\lambda x}\Big|_0^{+\infty}=\frac{1}{\lambda}.\end{aligned}$$

(2) 设随机变量 X 服从正态分布，即 $X\sim N(\mu,\sigma^2)$，其概率密度为

$$f(x)=\frac{1}{\sqrt{2\pi}\sigma}\mathrm{e}^{-\frac{(x-\mu)^2}{2\sigma^2}},-\infty<x<+\infty,$$

则

$$\begin{aligned}E(X)&=\int_{-\infty}^{+\infty}x\cdot\frac{1}{\sqrt{2\pi}\sigma}\mathrm{e}^{-\frac{(x-\mu)^2}{2\sigma^2}}\mathrm{d}x=\frac{1}{\sqrt{2\pi}\sigma}\int_{-\infty}^{+\infty}(x-\mu)\mathrm{e}^{-\frac{(x-\mu)^2}{2\sigma^2}}\mathrm{d}x+\frac{1}{\sqrt{2\pi}\sigma}\int_{-\infty}^{+\infty}\mu\mathrm{e}^{-\frac{(x-\mu)^2}{2\sigma^2}}\mathrm{d}x\\&=\frac{1}{\sqrt{2\pi}\sigma}\int_{-\infty}^{+\infty}t\mathrm{e}^{-\frac{t^2}{2\sigma^2}}\mathrm{d}t+\mu\int_{-\infty}^{+\infty}\frac{1}{\sqrt{2\pi}\sigma}\mathrm{e}^{-\frac{(x-\mu)^2}{2\sigma^2}}\mathrm{d}x=\mu.\end{aligned}$$

例 5.44 一工厂生产的某种设备的寿命 X(以年计) 服从参数为 $\frac{1}{4}$ 的指数分布，工厂规定，出售的设备若在售出一年之内损坏可予以调换. 若工厂售出一台设备盈利 100 元，调换一台设备厂方需花费 300 元. 求厂方出售一台设备净盈利的数学期望.

解 因为 X 服从参数为 $\frac{1}{4}$ 的指数分布，故其分布函数为

$$F(x)=\begin{cases}1-\mathrm{e}^{-\frac{1}{4}x}, & x>0,\\0, & x\leqslant 0.\end{cases}$$

一台设备在一年内损坏的概率为 $P\{X<1\}=F(1)=1-\mathrm{e}^{-\frac{1}{4}}$，

使用一年不损坏的概率为 $P\{X\geqslant 1\}=1-P\{X<1\}=1-(1-\mathrm{e}^{-\frac{1}{4}})=\mathrm{e}^{-\frac{1}{4}}$.

设 Y 表示出售一台设备的净盈利，则其分布律如下.

Y	-200	100
P	$1-\mathrm{e}^{-\frac{1}{4}}$	$\mathrm{e}^{-\frac{1}{4}}$

故 $E(Y)=(-200)\cdot(1-\mathrm{e}^{-\frac{1}{4}})+100\cdot\mathrm{e}^{-\frac{1}{4}}=300\mathrm{e}^{-\frac{1}{4}}-200\approx 33.64$(元).

5.8.3 随机变量函数的数学期望

在实际问题中，常常需要求出随机变量函数的数学期望，例如飞机某部位受到的压力 $F=kV^2$(其中 V 是风速，k 为大于零的常数)，如何利用 V 的分布求出 F 的期望？一种方法是先求出 F 的分布，再根据期望定义求出 $E(F)$，但一般情况下 F 的分布不容易得到. 那么，是否可以不求 F 的分布，而直接由 V 的分布得到 $E(F)$？下面的定理解决了我们的问题.

定理 5.9 设随机变量 X 的函数 $Y=g(X)$，且 $E[g(X)]$ 存在.

(1) 设 X 为离散型随机变量，其分布律为 $P\{X=x_k\}=p_k, k=1,2,\cdots$，则

$$E(Y)=E[g(X)]=\sum_{k=1}^{\infty}g(x_k)p_k.$$

(2) 设 X 为连续型随机变量，其概率密度为 $f(x)$，则

$$E(Y)=E[g(X)]=\int_{-\infty}^{+\infty}g(x)f(x)\,\mathrm{d}x.$$

微课：随机变量函数的数学期望

该定理说明，在求 $Y=g(X)$ 的数学期望时，不必知道 Y 的分布，只需知道 X 的分布即可. 该定理还可以推广到两个或多个随机变量的函数的情况.

例 5.45 已知随机变量 X 的分布律如下.

X	-1	0	1	2
P	0.3	0.2	0.4	0.1

设 $Y=2X+1$，求 $E(Y)$.

解 $E(Y)=[2\times(-1)+1]\times 0.3+(2\times 0+1)\times 0.2+(2\times 1+1)\times 0.4+(2\times 2+1)\times 0.1$

$=(-1)\times 0.3+1\times 0.2+3\times 0.4+5\times 0.1=1.6$.

例 5.46 设风速 V 是一个随机变量，它服从 $(0,a)$ 上的均匀分布，而飞机某部位受到的压力 F 是风速 V 的函数：$F=kV^2$(常数 $k>0$). 求 F 的数学期望.

解 V 服从 $(0,a)$ 上的均匀分布，则其概率密度为

$$f(v)=\begin{cases}\dfrac{1}{a}, & 0<v<a,\\ 0, & \text{其他}.\end{cases}$$

$$E(F)=E(kV^2)=\int_{-\infty}^{+\infty}kv^2f(v)\,\mathrm{d}v=\int_0^a kv^2\frac{1}{a}\,\mathrm{d}v=\frac{1}{3}ka^2.$$

5.8.4 数学期望的性质

由数学期望的定义和随机变量函数的数学期望，很容易得到数学期望的下列性质.

(1) 设 C 为常数，则 $E(C)=C$.

(2) 设 C 为常数，X 为随机变量，则 $E(CX)=CE(X)$.

(3) 设 X,Y 为任意两个随机变量，则 $E(X+Y)=E(X)+E(Y)$.

这一性质可以推广到任意有限多个随机变量之和的情形，即

$$E(X_1+X_2+\cdots+X_n)=E(X_1)+E(X_2)+\cdots+E(X_n).$$

例 5.47 已知随机变量 $X\sim N(5,10^2)$，求 $Y=3X+5$ 的数学期望 $E(Y)$.

解 由于 X 服从正态分布 $N(5,10^2)$，则 $E(X)=5$，由数学期望的性质得

$$E(Y)=E(3X+5)=3E(X)+5=20.$$

5.8.5 随机变量的方差

数学期望体现了随机变量取值的平均水平，它是随机变量的重要数字特征. 但仅仅知道数学期望是不够的，还需要知道随机变量取值的波动程度，即随机变量所取的值与它的数学期望的偏离程度. 例如，有一批电子管，其平均寿命 $E(X)=10\,000$h，但仅由这一指标还不能判断这批电子管质量的好坏，还需要考察电子管的寿命 X 与 $E(X)$ 的偏离程度，若偏离程度较小，则电子管质量比较稳定. 因此，研究随机变量与其平均值的偏离程度是十分重要的. 那么，用什么量去表示这种偏离程度呢？显然，可用随机变量 $|X-E(X)|$ 的平均值 $E[|X-E(X)|]$ 来表示，但为了运算方便，通常用 $E\{[X-E(X)]^2\}$ 来表示 X 与 $E(X)$ 的偏离程度.

定义 5.26 设 X 为随机变量，若 $E\{[X-E(X)]^2\}$ 存在，则称其为 X 的方差，记为 $D(X)$ 或 σ_X^2，即

$$D(X)=E\{[X-E(X)]^2\}.$$

称 $\sqrt{D(X)}$ 为 X 的标准差或均方差，记为 σ_X.

微课：随机变量的方差的定义及计算公式

由定义可知，随机变量 X 的方差反映了 X 的取值与其数学期望的偏离程度. 若 $D(X)$ 较小，则 X 的取值比较集中；否则，X 的取值比较分散. 因此，方差 $D(X)$ 是刻画 X 取值分散程度的一个数字特征.

因为方差是随机变量 X 的函数的数学期望，故若 X 为离散型随机变量，其分布律为

$$P\{X=x_k\}=p_k,k=1,2,\cdots,$$

则

$$D(X)=\sum_{k=1}^{\infty}[x_k-E(X)]^2p_k;$$

若 X 为连续型随机变量，其概率密度为 $f(x)$，则

$$D(X)=\int_{-\infty}^{+\infty}[x-E(X)]^2f(x)\,\mathrm{d}x.$$

在计算方差时，用下面的公式更为简便：

$$D(X)=E(X^2)-[E(X)]^2.$$

事实上，

$$D(X)=E\{[X-E(X)]^2\}=E\{X^2-2XE(X)+[E(X)]^2\}$$
$$=E(X^2)-2E(X)E(X)+[E(X)]^2$$
$$=E(X^2)-[E(X)]^2.$$

例 5.48 求下列离散型随机变量的方差.

(1)(0-1) 分布. (2) 泊松分布.

解 (1)$X\sim(0,1)$ 分布，在 5.8.2 小节中已求出 $E(X)=p$，而

$$E(X^2)=1^2\times p+0^2\times q=p,$$

所以 $D(X)=E(X^2)-[E(X)]^2=p-p^2=p(1-p)$.

(2)$X\sim P(\lambda)$，在 5.8.2 小节中已求出 $E(X)=\lambda$，而

$$E(X^2)=\sum_{k=0}^{\infty}k^2p_k=\sum_{k=0}^{\infty}k^2\cdot\frac{\lambda^k}{k!}e^{-\lambda}=\sum_{k=1}^{\infty}k(k-1)\frac{\lambda^k}{k!}e^{-\lambda}+\sum_{k=1}^{\infty}k\frac{\lambda^k}{k!}e^{-\lambda}$$
$$=\lambda^2e^{-\lambda}\sum_{k=2}^{\infty}\frac{\lambda^{k-2}}{(k-2)!}+\lambda=\lambda^2+\lambda,$$

所以
$$D(X)=E(X^2)-[E(X)]^2=\lambda^2+\lambda-\lambda^2=\lambda.$$

例 5.49 求下列连续型随机变量的方差.

(1) 均匀分布. (2) 指数分布.

解 (1) 设随机变量 X 在$[a,b]$上服从均匀分布，即 $X\sim U[a,b]$，其概率密度为

$$f(x)=\begin{cases}\dfrac{1}{b-a}, & a\leqslant x\leqslant b,\\ 0, & 其他,\end{cases}$$

则

$$E(X)=\int_a^b x\cdot\frac{1}{b-a}dx=\frac{a+b}{2},$$
$$D(X)=E(X^2)-[E(X)]^2=\int_a^b x^2\cdot\frac{1}{b-a}dx-\left(\frac{a+b}{2}\right)^2=\frac{(b-a)^2}{12}.$$

(2) 设 $X\sim E(\lambda)$，在 5.8.2 小节中已求出 $E(X)=\frac{1}{\lambda}$，则

$$D(X)=E(X^2)-[E(X)]^2=\int_0^{+\infty}x^2\cdot\lambda e^{-\lambda x}dx-\left(\frac{1}{\lambda}\right)^2=\frac{2}{\lambda^2}-\frac{1}{\lambda^2}=\frac{1}{\lambda^2}.$$

例 5.50 甲、乙两台机床同时加工某种零件，它们每生产 1 000 件产品所出现的次品数分别用 X_1,X_2 表示，其分布律如下. 问：哪一台机床的加工质量较好？

X_1,X_2	0	1	2	3
$P(X_1)$	0.7	0.2	0.06	0.04
$P(X_2)$	0.8	0.06	0.04	0.1

解 因为 $E(X_1)=0\times0.7+1\times0.2+2\times0.06+3\times0.04=0.44,$

$E(X_2)=0\times0.8+1\times0.06+2\times0.04+3\times0.1=0.44,$

故甲、乙两台机床加工的平均水平不相上下.

而 $$D(X_1)=E(X_1^2)-[E(X_1)]^2=0.6064,$$
$$D(X_2)=E(X_2^2)-[E(X_2)]^2=0.9264,$$
由 $D(X_1)<D(X_2)$ 可以看出，甲机床的加工质量更好.

5.8.6 方差的性质

由方差的定义和公式，很容易得到方差的下列性质.

(1) 设 C 为常数，则 $D(C)=0$.

(2) 设 X 为随机变量，C 为常数，则有 $D(CX)=C^2D(X)$.

(3) 设 X,Y 为相互独立的随机变量，C 为常数，则有 $D(aX+bY)=a^2D(X)+b^2D(Y)$.

例 5.51 设随机变量 X 和 Y 相互独立，且 X 服从参数为 $\frac{1}{2}$ 的指数分布，Y 服从参数为9的泊松分布，求 $D(X-2Y+1)$.

解 因为 X 服从参数为 $\frac{1}{2}$ 的指数分布，Y 服从参数为9的泊松分布，故
$$D(X)=4,D(Y)=9.$$
根据方差的性质，得
$$D(X-2Y+1)=D(X)+4D(Y)=40.$$

数学期望和方差的性质可以简化数字特征的计算过程，尤其对于某些特殊的随机变量，我们可以尝试将随机变量 X 分解为若干个随机变量的和，然后利用性质求出 X 的数学期望和方差，这样可使复杂问题简单化. 以二项分布的数学期望和方差为例进行说明.

微课：二项分布的数学期望与方差

设随机变量 X 服从参数为 n,p 的二项分布，即 $X\sim B(n,p)$，其分布律为
$$P\{X=k\}=C_n^k p^k q^{n-k},k=0,1,2,\cdots,n,\text{ 其中 }0<p<1,p+q=1,$$
如果利用公式求 $E(X)$ 与 $D(X)$，计算起来比较麻烦，利用性质则简单多了.

在 n 重伯努利试验中，每次试验事件 A 发生的概率为 p，不发生的概率为 $q=1-p$，若引入随机变量
$$X_i=\begin{cases}1, & \text{第 } i \text{ 次试验 } A \text{ 发生},\\ 0, & \text{第 } i \text{ 次试验 } A \text{ 不发生},\end{cases}\quad i=1,2,\cdots,n,$$
则 A 发生的次数为 $$X=X_1+X_2+\cdots+X_n,$$
其中 $X\sim B(n,p)$,$X_i\sim(0-1)$ 分布，且 $X_1,X_2,\cdots,X_n$ 是相互独立的.

而 $$E(X_i)=p,D(X_i)=pq,$$
于是由数学期望和方差的性质可得
$$E(X)=E(X_1+X_2+\cdots+X_n)=E(X_1)+E(X_2)+\cdots+E(X_n)=nE(X_i)=np,$$
$$D(X)=D(X_1+X_2+\cdots+X_n)=D(X_1)+D(X_2)+\cdots+D(X_n)=nD(X_i)=npq.$$

对于一些重要分布，其数字特征往往与分布中的参数有关，在实际问题中经常用到. 表5.3列出了常见分布的数字特征，我们要尽量掌握.

表 5.3

分布	分布律或概率密度	数学期望	方差
(0-1) 分布	$P\{X=1\}=p, P\{X=0\}=q$, $0<p<1, p+q=1$	p	pq
二项分布	$P\{X=k\}=C_n^k p^k q^{n-k}, k=0,1,2,\cdots,n$, $0<p<1, p+q=1$	np	npq
几何分布	$P\{X=k\}=pq^{k-1}, k=1,2,\cdots$, $p+q=1$	$\frac{1}{p}$	$\frac{q}{p^2}$
泊松分布	$P\{X=k\}=\frac{\lambda^k}{k!}e^{-\lambda}, k=0,1,2,\cdots,\lambda>0$	λ	λ
均匀分布	$f(x)=\begin{cases}\frac{1}{b-a}, & a<x<b,\\ 0, & 其他\end{cases}$	$\frac{a+b}{2}$	$\frac{(b-a)^2}{12}$
正态分布	$f(x)=\frac{1}{\sqrt{2\pi}\sigma}e^{-\frac{(x-\mu)^2}{2\sigma^2}}, -\infty<x<+\infty$	μ	σ^2
指数分布	$f(x)=\begin{cases}\lambda e^{-\lambda x}, & x>0,\\ 0, & x\leqslant 0,\end{cases} \lambda>0$	$\frac{1}{\lambda}$	$\frac{1}{\lambda^2}$

同步习题 5.8

1. 设随机变量 X 的分布律如下.

X	-2	0	2
P	0.4	0.3	0.3

求 $E(X), E(X^2), E(3X^2+5)$.

2. 设轮船横向摇摆的随机振幅 X 的概率密度为

$$f(x)=\begin{cases}\frac{1}{\sigma^2}e^{-\frac{x^2}{2\sigma^2}}, & x>0,\\ 0, & 其他,\end{cases}$$

求 $E(X)$.

3. 设随机变量 X 服从参数为 2 的泊松分布，求随机变量 $Y=3X-2$ 的数学期望.

4. 设随机变量 X 服从参数为 1 的指数分布，求 $Y=X+e^{-2X}$ 的数学期望.

5. 设随机变量 X 的分布律如下.

X	-2	0	2
P	0.4	0.3	0.3

求 $D(X), D(\sqrt{10}X-5)$.

6. 在相同条件下，用甲、乙两种仪器检测某种成分的含量，检测结果分别用 X_1,X_2 表示，由以往大量检测结果得知，X_1,X_2 的分布律如下，试比较哪一种仪器的检测精度较高.

X_1,X_2	48	49	50	51	52
$P(X_1)$	0.1	0.1	0.6	0.1	0.1
$P(X_2)$	0.2	0.2	0.2	0.2	0.2

7. 已知随机变量 X 的分布函数为

$$F(x)=\begin{cases}0, & x\leqslant 0,\\ \dfrac{x}{4}, & 0<x\leqslant 4,\\ 1, & x>4,\end{cases}$$

求 $E(X),D(X)$.

8. 设随机变量 X 与 Y 相互独立，且 $X\sim N(1,2),Y\sim N(1,4)$，求 $D(XY)$.

9. 设随机变量 X 服从参数为 λ 的指数分布，求 $P\{X>\sqrt{D(X)}\}$.

10. 设随机变量 $X_1,X_2,\cdots,X_n$ 独立同分布，且其数学期望 $E(X_i)=\mu$，方差 $D(X_i)=\sigma^2$，$i=1,2,\cdots,n$. 设 $\bar{X}=\dfrac{1}{n}\sum\limits_{i=1}^{n}X_i$，求 $E(\bar{X}),D(\bar{X})$.

提高题

1. 已知甲、乙两箱中装有同种产品，其中甲箱中装有3件合格品和3件次品，乙箱中仅装有3件合格品. 从甲箱中任取3件产品放入乙箱后，求：

(1) 乙箱中次品件数的数学期望；

(2) 从乙箱中任取一件产品是次品的概率.

2. 设随机变量X的概率密度为$f(x)=\begin{cases}2^{-x}\ln 2, & x>0,\\ 0, & x\leqslant 0,\end{cases}$ 对X进行独立重复的观测，直到第2个大于3的观测值出现时停止，记Y为观测次数，求 $E(Y)$.

微课：同步习题 5.8 提高题 2

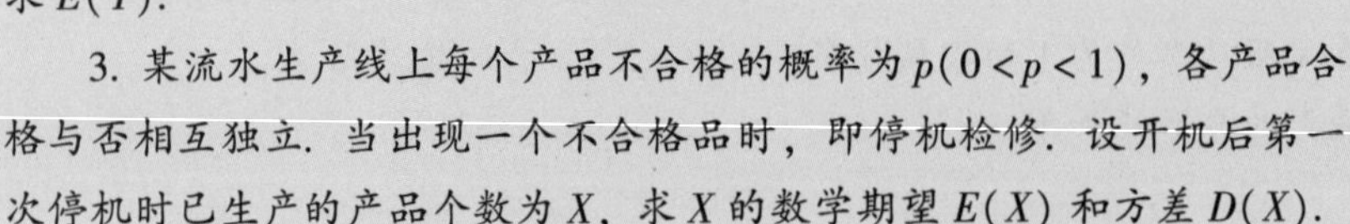

3. 某流水生产线上每个产品不合格的概率为 $p(0<p<1)$，各产品合格与否相互独立. 当出现一个不合格品时，即停机检修. 设开机后第一次停机时已生产的产品个数为 X，求 X 的数学期望 $E(X)$ 和方差 $D(X)$.

4. 某企业生产的零件的横截面是圆形的，经过对横截面直径进行测量，知横截面直径服从区间$(0,2)$ 上的均匀分布，求横截面面积的数学期望和方差.

第 5 章思维导图

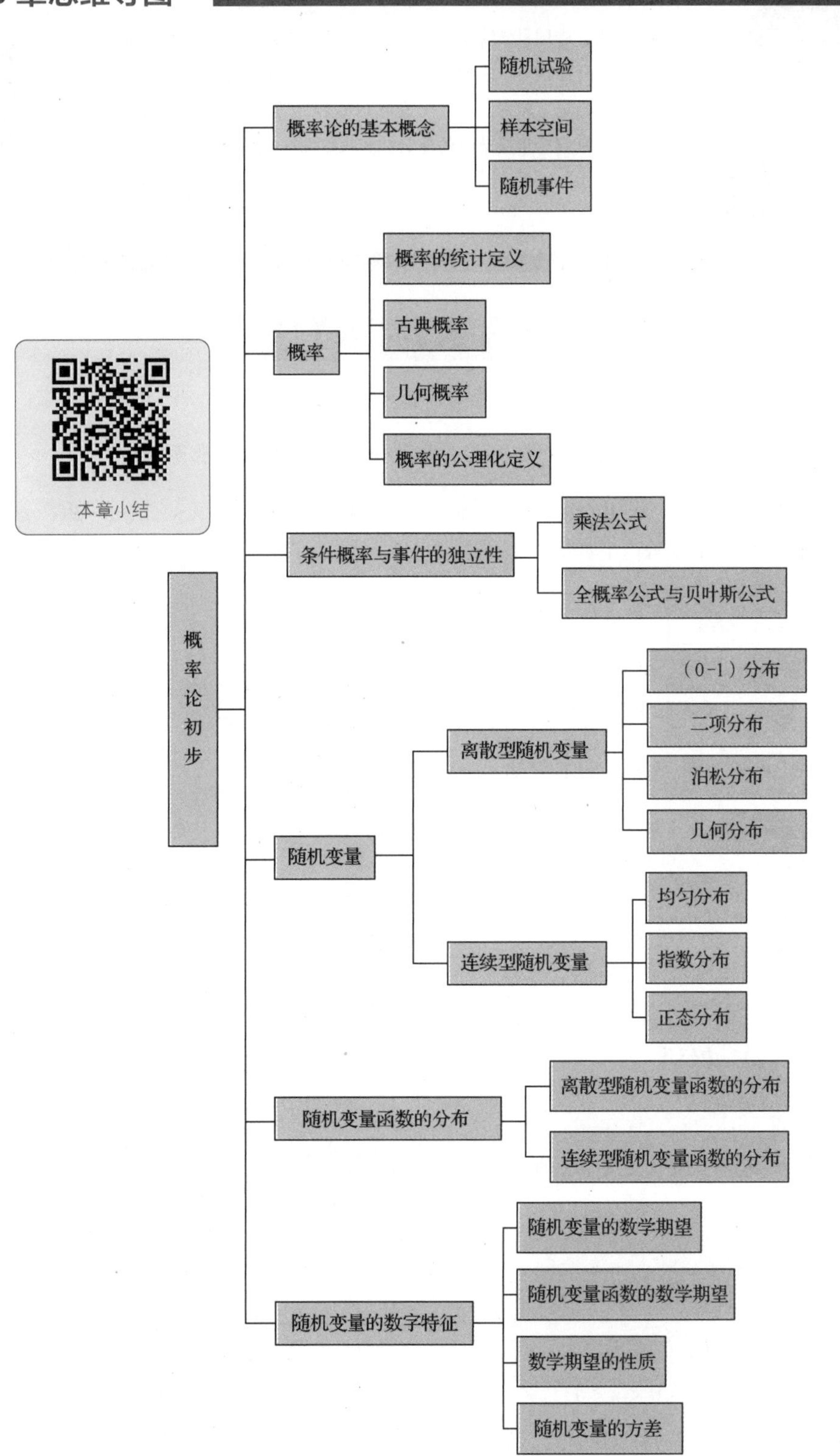
本章小结
概率论初步
概率论的基本概念
随机试验
样本空间
随机事件
概率
概率的统计定义
古典概率
几何概率
概率的公理化定义
条件概率与事件的独立性
乘法公式
全概率公式与贝叶斯公式
随机变量
离散型随机变量
(0-1)分布
二项分布
泊松分布
几何分布
连续型随机变量
均匀分布
指数分布
正态分布
随机变量函数的分布
离散型随机变量函数的分布
连续型随机变量函数的分布
随机变量的数字特征
随机变量的数学期望
随机变量函数的数学期望
数学期望的性质
随机变量的方差

中国数学学者

个人成就

控制科学家，中国科学院院士，第十三届全国人民代表大会常务委员会副秘书长，曾任中国科学院数学与系统科学研究院院长. 郭雷解决了自适应控制中随机自适应跟踪、极点配置与LQG控制等几个基本的理论问题，解决了最小二乘自校正调节器的稳定性和收敛性这一国际著名难题.

课程思政小微课

郭雷

第5章总复习题

1. 选择题.

(1) 设A,B,C是3个事件，则A发生且B与C都不发生可表示为(　　).

A. $A\overline{BC}$　　B. $A\overline{B}\overline{C}$　　C. $A(\overline{B}\cup\overline{C})$　　D. $S-BC$

(2) 对于事件A,B，下列命题正确的是(　　).

A. 若A,B互不相容，则$\overline{A},\overline{B}$也互不相容

B. 若A,B相容，则$\overline{A},\overline{B}$也相容

C. 若A,B互不相容，且概率都大于零，则A,B也相互独立

D. 若A,B相互独立，则$\overline{A},\overline{B}$也相互独立

(3) 在区间(0,1)中随机取两数，则事件"两数之和大于$\frac{2}{3}$"的概率是(　　).

A. $\frac{1}{3}$　　B. $\frac{7}{9}$　　C. $\frac{2}{3}$　　D. $\frac{2}{9}$

(4) 设随机变量X满足$X^3\sim N(1,7^2)$，记标准正态分布函数为$\Phi(x)$，则$P\{1<X<2\}$的值为(　　).

A. $\Phi(2)-\Phi(1)$　　B. $\Phi(\sqrt[3]{2})-\Phi(1)$

C. $\Phi(1)-0.5$　　D. $\Phi(\sqrt[3]{3})-\Phi(\sqrt[3]{2})$

(5) 设连续型随机变量X的概率密度为$f(x)=\begin{cases}2x, & 0<x<1,\\ 0, & \text{其他},\end{cases}$ 则随机变量$Y=X^2$的概率密度为(　　).

A. $f_Y(y)=\begin{cases}\frac{1}{2}, & 0<y<2,\\ 0, & \text{其他}\end{cases}$　　B. $f_Y(y)=\begin{cases}2e^{-y^2}, & y>0,\\ 0, & \text{其他}\end{cases}$

C. $f_Y(y)=\begin{cases}1, & 0<y<1,\\ 0, & \text{其他}\end{cases}$　　D. $f_Y(y)=\begin{cases}e^{-y}, & y>0,\\ 0, & \text{其他}\end{cases}$

(6) 设$f_1(x)$为标准正态分布的概率密度，$f_2(x)$为$(-1,3)$上均匀分布的概率密度，若

$$f(x)=\begin{cases}af_1(x), & x\leqslant 0,\\ bf_2(x), & x>0\end{cases}\quad (a>0,b>0)$$

为概率密度，则a,b应满足(　　).

A. $2a+3b=4$　　B. $3a+2b=4$

C. $a+b=1$　　D. $a+b=2$

(7) 设随机变量X的概率密度为$f(x)$，则下列函数中也是概率密度的是(　　).

A. $f(2x)$　　B. $f^2(x)$　　C. $2xf(x^2)$　　D. $3x^2f(x^3)$

(8) 设随机变量X的概率密度$f(x)$满足$f(-x)=f(x)$，$F(x)$是X的分布函数，则对于任意的实数a，下列式子中成立的是(　　).

A. $F(-a)=1-\int_0^a f(x)\,dx$　　B. $F(-a)=\frac{1}{2}-\int_0^a f(x)\,dx$

C. $F(-a)=F(a)$　　D. $F(-a)=2F(a)-1$

(9) 已知连续型随机变量X的概率密度为$f(x)=\frac{1}{\sqrt{\pi}}e^{-x^2+2x-1}$，则$E(X),D(X)$分别为(　　).

A. $0,\frac{1}{2}$　　B. $1,\frac{1}{\sqrt{2}}$　　C. $1,\frac{1}{2}$　　D. $1,\frac{1}{4}$

2. 填空题

(10) 若$P(A)=\frac{1}{4},P(B|A)=\frac{1}{3},P(A|B)=\frac{1}{2}$，则$P(A\cup B)=$________.

(11) 已知$P(A)=0.4,P(B)=0.3,P(A|B)=0.5$，则$P(A-B)=$________.

(12) 一批产品共100件，次品率为10%，每次从中任取一件，取后不放回且连取3次，在第三次才取到合格品的概率为________.

(13) 已知10把钥匙中有3把能打开门，现任取两把，则能打开门的概率为________.

(14) 已知甲、乙两人的命中率分别为0.3和0.4，两人同时射击，则目标被命中的概率为________.

(15) 设随机变量X的分布律为$P\{X=k\}=\frac{c}{k!}e^{-2},k=0,1,2,\cdots$，则常数$c=$________.

(16) 设随机变量X的分布律为$P\{X=k\}=\theta(1-\theta)^{k-1},k=1,2,\cdots$，其中$0<\theta<1$，若$P\{X\leqslant 2\}=\frac{5}{9}$，则$P\{X=3\}=$________.

(17) 设某时间段内通过路口的车流量X服从泊松分布，已知该时间段内没有车通过的概率为$\frac{1}{e}$，则这段时间内至少有两辆车通过的概率为________.

(18) 设随机变量X在$(1,6)$上服从均匀分布，则方程$x^2+Xx+1=0$有实根的概率是________.

(19) 设随机变量 X 的概率密度为 $f(x)=Ae^{-x^2+x}(-\infty<x<+\infty)$，则常数 $A=$ ________.

(20) 已知随机变量 $X\sim N(0,1)$，则随机变量 $Y=2X-1$ 的方差为 ________.

(21) 设 X 为随机变量，且 $E(X)=-1,D(X)=3$，则 $E(2X^2-3)=$ ________.

3. 解答题.

(22) 将15名新生随机地平均分配到3个班级中去，这15名新生中有3名是优秀生.

微课：第5章
总复习题(22)

① 每个班级各分配到一名优秀生的概率是多少？

② 3名优秀生分配在同一班级的概率是多少？

(23) 设 A,B,C 是3个事件，且 $P(A)=P(B)=P(C)=\dfrac{1}{4},P(AB)=P(BC)=0,P(AC)=\dfrac{1}{8}$. 求 A,B,C 至少有一个发生的概率.

(24) 用3台机床加工同样的零件，零件由各机床加工的概率分别为0.5,0.3,0.2，各机床加工的零件为合格品的概率分别为0.94,0.9,0.95，求：

① 任取一个零件，其为合格品的概率；

② 任取一个零件，若是次品，其为第二台机床加工的概率.

(25) 设随机变量 X 服从参数为 $\lambda(\lambda>0)$ 的指数分布，且 $P\{X\leqslant1\}=\dfrac{1}{2}$，试求：① 参数 λ；② $P\{X>2|X>1\}$.

微课：第5章
总复习题(25)

(26) 某车间有同类设备100台，各台设备工作互不影响. 如果每台设备发生故障的概率是0.01，且一台设备的故障可以由一个人来处理. 问：至少配备多少个维修工，才能保证设备发生故障时不能及时维修的概率小于0.01？

附　录

使用 Python 解决大学文科数学问题

文科很多领域与当前数据科学和人工智能息息相关，如自然语言识别中的语音识别、语义识别、机器翻译等. 新文科数学充分考虑了文科专业的特点，并力图呈现文学知识在当前科技发展中举足轻重的作用. Python 是当前处理数据科学和人工智能等领域重要应用问题的流行软件之一. 它具有非常强的数据处理能力，并且结构简单，是人们快速、有效和高效掌握数据处理技术和人工智能开发的重要工具. 当前国内外众多高校已将 Python 确定为学生必须学习的软件之一.

一、Python 基础知识

1. Python 简介

Python 是一种通用的、高级的和解释型的开源编程语言. 其起源可以追溯到 20 世纪 80 年代末，由吉多·范罗苏姆(Guido van Rossum)创建. 当前使用的 Python 语言有两个版本：Python 2. x 和 Python 3. x，其中 x 代表具体的子版本型号. 对于 Python 2. x 版本，Python 官方已在 2020 年宣布停止更新和维护. 本书中我们提供的代码是严格按照 Python 3. x 的相关标准编写的.

Python 本身语法定义明确，代码结构清晰，易于学习、阅读和维护. Python 的可移植性、扩展性和可嵌入性，使其可以在 Windows、Linux 和 Mac 平台实现跨编程语言的耦合和相互调用. 同时 Python 具有强大的数据库连接功能，可以连接现有的各类文学数据库，实现快速数据分析和人工智能框架构建. Python 还可以结合图形化编程和互动式编程，实现可视化互动应用分析软件编程.

Python 技术已被广泛应用于科学计算、人工智能、数据科学、金融分析和云计算等重要领域. 相关研究人员利用其开发的一系列软件使人们的生活和工作更加便捷. 初学者学 Python，不但入门简单容易，而且深入下去，可以较容易地编写出非常复杂的程序. 因此，Python 逐渐成为程序员入门的首选语言.

Python 被广泛应用的原因之一是其拥有丰富和强大的第三方标准库. 本书中，我们用到的软件库如下：NumPy 库定义了数组功能，并提供基本的线性代数运算等功能；SciPy 库是基于 NumPy 库开发的科学和工程库；SymPy 库提供了符号计算功能，可以处理基本的符号运算、微积分、代数和离散数学等；Matplotlib 库提供了强大的绘图功能，可使结果直观呈现.

2. 安装 Python

我们介绍两种 Python 安装方法.

第一种：登录 Python 官网，下载对应的 Python 安装文件进行安装即可；安装完成之后，需要进一步安装第三方标准库 NumPy、SciPy、SymPy 和 Matplotlib 等.

微课：安装 Python

第二种：基于 Anaconda 软件，登录 Anaconda 官网，下载最新版 Anaconda 安装文件进行安装即可.

本书推荐第二种方法. Anaconda 软件已经集成了常用的第三方标准库，安装完成即可以直接使用，操作简单易用. 对于 Python 代码的编写和执行，我们可以直接使用 Anaconda 集成的 Spyder 代码编辑器，或利用 PyCharm、Vscode 编辑器等.

二、在 Python 中实现问题求解

1. 第 1 章问题求解

在前面的内容中，我们已经学习了函数、极限与连续的知识. 而在实际计算求解过程中，我们会发现需要计算求解的式子通常比较繁杂. 下面将介绍如何借助 Python 编程，快速实现所学知识的模拟实现. 针对第 1 章问题求解，我们将用到 NumPy 库和 SymPy 库.

例 1 定义函数 $y=\sin u$ 和 $u=x^2+1$，验证其复合函数为 $y=\sin(x^2+1)$.

解 编写 Python 代码如下.

```
from sympy import*            #导入 SymPy 库中的函数
x=Symbol('x')                 #定义符号变量 x
u=x**2+1                      #定义函数 u
y=sin (u)                     #定义函数 y
print ('y=',y)                #输出计算结果
```

运行上述代码，输出如下结果.

```
y=sin(x**2+1)
```

即 $y=\sin(x^2+1)$.

说明 双星号“**”是 Python 的幂运算符.

例 2 求第 1 章中介绍的重要极限 $\lim\limits_{x\to\infty}\left(1+\dfrac{1}{x}\right)^x$.

解 编写 Python 代码如下.

```
from sympy import *              #导入 SymPy 库中的函数
x=Symbol('x')                    #定义符号变量 x
y=limit( (1+1/x)**x ,x,oo)       #利用 limit 函数求极限
print('y=',y)                    #输出计算结果
```

运行上述代码，输出如下结果.

```
y=E
```

即$\lim\limits_{x\to\infty}\left(1+\frac{1}{x}\right)^x=\mathrm{e}$.

说明 在 SymPy 库中，数学中的无穷符号“∞”是用两个小写字母“o”来表示的.

例 3 求函数的单侧极限$\lim\limits_{x\to0^-}\frac{1}{x}$, $\lim\limits_{x\to0^+}\frac{1}{x}$.

解 编写 Python 代码如下.

```
from sympy import *              #导入 SymPy 库中的函数
x=Symbol('x')                    #定义符号变量 x
y1=limit(1/x,x,0,'-')            #计算左侧极限
y2=limit(1/x,x,0,'+')            #计算右侧极限
print('y1=',y1)                  #输出计算结果
print('y2=',y2)                  #输出计算结果
```

运行上述代码，输出如下结果.

```
y1=-oo
y2=+oo
```

即$\lim\limits_{x\to0^-}\frac{1}{x}=-\infty$，$\lim\limits_{x\to0^+}\frac{1}{x}=+\infty$.

说明 由输出结果，知左极限为“-oo”(即“$-\infty$”)，右极限为“+oo”(即“$+\infty$”)，所以函数$\frac{1}{x}$在点$x=0$处极限不存在.

2. 第 2 章问题求解

当要求导的函数相对复杂时，我们可以借助 Python 中的 SymPy 库对其进行求导. 同时 Matplotlib 库提供了丰富的绘图函数. 利用 Python 可以仅借助几行代码，便可精确求解函数的导数，并绘制出函数的直观图形.

例 4 求 $y=\arcsin\sqrt{x}$ 的导函数.

解 编写 Python 代码如下.

```
from sympy import *                    #导入 SymPy 库中的函数
x=Symbol('x')                          #定义符号变量 x
y_prime=diff(asin(sqrt(x)),x,1)        #求函数的一阶导数
print('y_prime=',y_prime)              #输出计算结果
```

运行上述代码，输出如下结果.

```
y_prime=1/(2*sqrt(x)*sqrt(1-x))
```

我们可用 pretty 函数来整理运算结果，使其更易阅读. 添加如下代码.

```
y_prime=pretty(y_prime)          #整理计算结果
print(y_prime)                   #输出易读的计算结果
```

运行上述代码，输出如下结果.

y_prime = $\dfrac{1}{2\sqrt{x}\sqrt{1-x}}$

即$(\arcsin\sqrt{x})'=\dfrac{1}{2\sqrt{x}\sqrt{1-x}}$.

例 5 求三角函数 $y=\sin(ax)$ 的高阶导数，如 4 阶导数、20 阶导数.

解 编写 Python 代码如下.

```
from sympy import *                    #导入 SymPy 库中的函数
x=Symbol('x')                          #定义符号变量 x
a=Symbol('a')                          #定义符号变量 a
dy1=diff(sin (a*x),x,4)                #求函数的 4 阶导数
print ('dy1=',dy1)                     #输出计算结果
dy2=diff(sin (a*x),x,20)               #求函数的 20 阶导数
print ('dy2=',dy2)                     #输出计算结果
```

运行上述代码，输出如下结果.

```
dy1=a**4*sin(a*x)
dy2=a**20*sin(a*x)
```

即 $y^{(4)}=a^4\sin(ax)$，$y^{(20)}=a^{20}\sin(ax)$.

例 6 画出函数 $y=x^3-x^2-x+1$ 在定义域$[-10,10]$上的图像.

解 编写 Python 代码如下.

```
from matplotlib importpyplot as plt      #导入 pyplot 库,并为它设置别名 plt
import numpy as np                       #导入 NumPy 库,并为它设置别名 np
x =np.arange(-10.0,10,0.01)              #创建变量 x 对应的等差离散数据
y = x**3-x**2-x+1                        #计算函数 y 对应的离散数据
plt.plot(x,y)                            #利用 plot 函数作图
```

运行上述代码，输出结果如附图 1 所示.

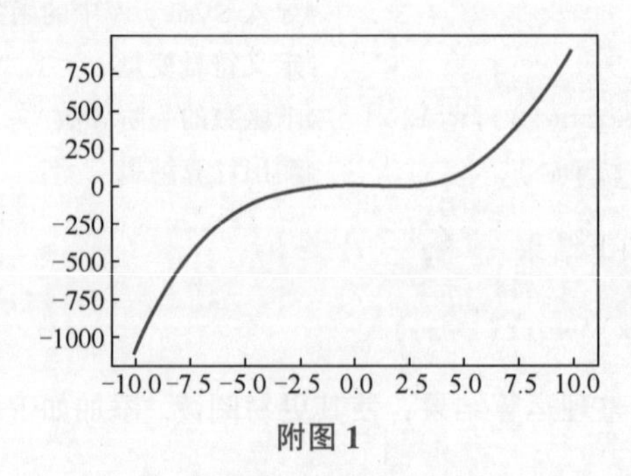

附图 1

说明 Matplotlib 官网文档中提供了详细的画图函数说明，读者可自行查阅，从而轻松实现复杂函数作图.

3. 第 3 章问题求解

函数积分求解，通常需要借助各种技巧，运算过程比较复杂. 利用 Python 的 SymPy 库中的 integrate 命令可以求解常见的不定积分和定积分，并且进一步可以利用 dsolve 命令实现常微分方程求解.

例 7 求解不定积分 $\int \frac{1}{(1-x)^2}dx$.

解 编写 Python 代码如下.

```
from sympy import *                   #导入 SymPy 库中的函数
x=Symbol('x')                         #定义符号变量 x
y=integrate (1/(1-x)**2)              #求解被积函数的不定积分
y=pretty (y)                          #整理计算结果
print('y=',y)                         #输出计算结果
```

运行上述代码，输出如下结果.

```
     1
y=- ───
    x-1
```

即 $\int \frac{1}{(1-x)^2}dx = -\frac{1}{x-1} + C$.

说明 Python 中不定积分的计算结果忽略了常数项 C，故最终计算结果要加常数 C.

例 8 求解定积分 $\int_0^1 \sqrt{1-x^2}\,dx$.

解 编写 Python 代码如下.

```
from sympy import *                            #导入 SymPy 库中的函数
x=Symbol('x')                                  #定义符号变量 x
y=integrate(sqrt(1 - x**2),(x,0,1))            #求解对应函数的定积分
y=pretty (y)                                   #整理计算结果
print('y=',y)                                  #输出计算结果
```

运行上述代码，输出如下结果.

```
  π
y=─
  4
```

即 $\int_0^1 \sqrt{1-x^2}\,dx = \frac{\pi}{4}$.

例 9 验证例 3.54 的反常积分 $\int_{-\infty}^{+\infty} \frac{dx}{1+x^2}$.

解 编写 Python 代码如下.

```
from sympy import *                              #导入 SymPy 库中的函数
x=Symbol('x')                                    #定义符号变量 x
y=integrate( 1/(1+x**2),(x,-oo,+oo))             #求解对应函数的反常积分
y = pretty (y)                                   #整理计算结果
print('y=',y)                                    #输出计算结果
```

运行上述代码，输出如下结果.

```
y=π
```

即$\int_{-\infty}^{+\infty}\frac{\mathrm{d}x}{1+x^2}=\pi$.

例 10 求方程$xy'=x^2+3y(x>0)$的通解和满足初值条件$y\big|_{x=1}=2$的特解(见例 3.44 和例 3.45).

解 编写 Python 代码如下.

```
from sympy import *                              #导入 SymPy 库中的函数
x=Symbol('x')                                    #定义符号变量 x
y=Function('y')                                  #定义符号函数 y
eq=x*y(x).diff(x)-x*x-3*y(x)                     #定义符号 ODE 方程
y1 =dsolve (eq,y(x))                             #求解 ODE 方程
y2 =dsolve (eq,y(x),ics={y(1):2} )               #给定初值条件,求解 ODE 方程
print('y1=',y1)                                  #输出计算结果
print('y2=',y2)                                  #输出计算结果
```

运行上述代码，输出如下结果.

```
Eq(y(x),x**2*(C1*x-1))
Eq(y(x),x**2*B(3*x-1))
```

即所求通解为$y=x^2(C_1x-1)$，其中C_1为任意常数；所求特解为$y=x^2(3x-1)$.

说明 利用 Python 进行求解的结果与例 3.44 和例 3.45 的求解结果相吻合.

4. 第 4 章问题求解

下面将基于 Python 的符号运算库 SymPy 和数值运算库 NumPy 分别求解线性代数问题. 其中符号运算库运算速度相对较慢，适合求解矩阵维数较低的线性代数问题；而数值运算库运算速度快，适合求解矩阵维数较高的线性代数问题.

例 11 求解非齐次方程组$\begin{cases}2x_1-x_2-3x_3=1,\\ \frac{1}{2}x_1-\frac{1}{2}x_2-\frac{1}{2}x_3=1,\\ 3x_1+2x_2-5x_3=0.\end{cases}$

解 编写 Python 代码如下.

```
from scipy import linalg                         #从 SciPy 库中导入 linalg 子库
import numpy as np                               #导入 NumPy 库,并为它设置别名 np
A=np.array([[2,-1,-3],
```

```
            [1/2,-1/2,-1/2],
            [3,2,5]])                    #利用 array 函数定义二维系数矩阵
b=np.array([1,1,0])                      #定义右端项
x=linalg.solve(a,b)                      #求解方程组
print('x=x',x)                           #输出方程组的解
```

运行上述代码，输出如下结果.

```
x=[ 5.00000000e+00  -2.37904934e-16  3.00000000e+00]
```

即 $x_1=5.000\,000\,00e+00$，$x_2=-2.379\,049\,34e-16$，$x_3=3.000\,000\,00e+00$.

说明 SciPy 库和 NumPy 库默认的数据类型是双精度. 该线性方程组的精确解为 $x_1=5, x_2=0, x_3=3$，Python 的输出结果验证了数值解吻合理论解.

例 12 计算行列式 $D=\begin{vmatrix}3&1&1&1\\1&3&1&1\\1&1&3&1\\1&1&1&3\end{vmatrix}$.

解 编写 Python 代码如下.

```
from sympy import *                  #导入 SymPy 库中的函数
M=Matrix([[3,1,1,1],
          [1,3,1,1],
          [1,1,3,1],
          [1,1,1,3]])                #利用 Matrix 函数定义符号矩阵
D=det(M)                             #计算行列式的值
print ('D=',D)                       #输出行列式的值
```

运行上述代码，输出如下结果.

```
D=48
```

即行列式 D 的值为 48.

例 13 计算矩阵 $\boldsymbol{A}=\begin{pmatrix}2&2&1\\3&3&2\\4&3&2\end{pmatrix}$ 的行列式 $|\boldsymbol{A}|$、逆矩阵和伴随矩阵.

解 编写 Python 代码如下.

```
from scipy.linalg import *               #导入 scipy.linalg 子库中的函数
import numpy as np                       #导入 NumPy 库,并为它设置别名 np
A=np.array([[2,2,1],
            [3,3,2],
            [4,3,2]])                    #利用 array 函数定义二维系数矩阵
C1=det(A)                                #计算行列式的值
C2=inv(A)                                #计算矩阵的逆矩阵
```

```
C3=det(A)* inv(A)                          #计算矩阵的伴随矩阵
print("矩阵A的行列式=",C1)                  #输出矩阵A的行列式
print("矩阵A的逆矩阵=",C2)                  #输出矩阵A的逆矩阵
print("矩阵A的伴随矩阵=",C3)                #输出矩阵A的伴随矩阵
```

运行上述代码，输出如下结果.

```
矩阵A的行列式=1.0
矩阵A的逆矩阵=
[[ 0. -1. 1. ]
 [ 2. 0. -1. ]
 [-3. 2. 0. ]]
矩阵A的伴随矩阵=
[[ 0. -1. 1. ]
 [ 2. 0. -1. ]
 [-3. 2. 0. ]]
```

即矩阵$\boldsymbol{A}$的行列式$|\boldsymbol{A}|=1$，矩阵$\boldsymbol{A}$的逆矩阵为$\boldsymbol{A}^{-1}=\begin{pmatrix}0&-1&1\\2&0&-1\\-3&2&0\end{pmatrix}$，矩阵$\boldsymbol{A}$的伴随矩阵为

$$\boldsymbol{A}^*=\begin{pmatrix}0&-1&1\\2&0&-1\\-3&2&0\end{pmatrix}.$$

说明 伴随矩阵的计算公式可参照定理10.

5. 第5章问题求解

Python的NumPy库和SciPy库提供了常用的概率统计函数，可以利用其中相应的函数实现常见概率统计模型的求解和模拟.

例14 模拟4轮抛硬币实验，分别抛200,2 000,20 000,200 000次，并记录统计信息.

解 编写Python代码如下.

```
import numpy as np                       #导入NumPy库,并为它设置别名np
rng=np.random.default_rng(12345)         #给定随机种子12345,定义随机变量生成器
N=[200,2000,20000,200000]
for k in range(4):
    rints=rng.integers(low=0,high=2,size=N[k])     #生成对应的随机向量
    s=np.sum(rints)                      #向量求和
    print ( "抛硬币的次数=",N[k],
            "正面朝上次数=",s,
            "正面朝上频率=",s/N[k])      #输出结果
```

运行上述代码，整理输出结果如附表1所示.

附表 1

实验轮次	抛硬币的次数(次)	正面朝上次数(次)	正面朝上频率
1	200	95	0.475
2	2 000	979	0.489 5
3	20 000	9 895	0.494 75
4	200 000	100 020	0.500 1

说明　随着抛硬币次数增加，正面朝上频率趋于 0.5.

例 15　对某型号的 20 辆汽车记录其 5L 汽油的行驶里程(单位：km)，观测数据如下.

29.8　27.6　28.3　27.9　30.1　28.7　29.9　28.0　27.9　28.7

28.4　27.2　29.5　28.5　28.0　30.0　29.1　29.8　29.6　26.9

试求观测样本的均值、方差和标准差.

解　编写 Python 代码如下.

```
import numpy as np                                   #导入 NumPy 库,并为它设置别名 np
x =np.array([29.8,27.6,28.3,27.9,30.1,28.7,29.9,28.0,27.9,28.7,
             28.4,27.2,29.5,28.5,28.0,30.0,29.1,29.8,29.6,26.9])      #导入数据
mu=np.mean(x)                                        #求观测样本的均值
sigma2=np.var(x)                                     #求观测样本的方差
sigma=np.std(x)                                      #求观测样本的标准差
print("观测样本的均值=",mu)                           #输出观测样本的均值
print("观测样本的方差=",sigma2)                       #输出观测样本的方差
print("观测样本的标准差=",sigma)                      #输出观测样本的标准差
```

运行上述代码，输出如下结果.

```
观测样本的均值=28.695
观测样本的方差=0.9184750000000008
观测样本的标准差=0.9583710137519815
```

即观测样本的均值为 28.695，方差和标准差分别为 0.918 5,0.958 4(保留 4 位小数).

例 16　某公司接线员在长度为 t 的时间间隔内收到的呼叫次数服从参数为$\frac{t}{2}$的泊松分布，且与时间间隔的起点无关(时间以小时计).

求：(1)在某一天中午 12 时至下午 3 时没有收到呼叫的概率；

(2)某一天中午 12 时至下午 5 时至少收到 1 次呼叫的概率.

分析　设呼叫次数 X 为随机变量，泊松分布中参数 $\lambda=\frac{t}{2}$，则该问题转化为：

(1)求 $P\{X=0\}$；

(2) 求 $1-P\{X\leqslant 0\}$.

解 编写 Python 代码如下.

```
from scipy.stats import poisson                #导入 scipy.stats 子库中的 poisson 函数
p1=poisson.cdf(0,1.5)                          #计算泊松分布的累积概率
p2=1-poisson.cdf(0,2.5)                        #计算泊松分布的累积概率
print("没有收到呼叫的概率=",p1)                #输出计算结果
print("至少收到1次呼叫的概率=",p2)             #输出计算结果
```

运行上述代码，输出如下结果.

```
没有收到呼叫的概率=0.22313016014842982
至少收到1次呼叫的概率=0.9179150013761012
```

即问题(1)中所求概率为 0.223 1，问题(2)中所求概率为 0.917 9.（均保留 4 位小数.）

附 表

附表 1 泊松分布表

$$P\{X \leqslant x\} = \sum_{k=0}^{x} \frac{\lambda^k}{k!} e^{-\lambda}$$

x	λ								
	0.1	0.2	0.3	0.4	0.5	0.6	0.7	0.8	0.9
0	0.904 8	0.818 7	0.740 8	0.673 0	0.606 5	0.548 8	0.496 6	0.449 3	0.406 6
1	0.995 3	0.982 5	0.963 1	0.938 4	0.909 8	0.878 1	0.844 2	0.808 8	0.772 5
2	0.999 8	0.998 9	0.996 4	0.992 1	0.985 6	0.976 9	0.965 9	0.952 6	0.937 1
3	1.000 0	0.999 9	0.999 7	0.999 2	0.998 2	0.996 6	0.994 2	0.990 9	0.986 5
4		1.000 0	1.000 0	0.999 9	0.999 8	0.999 6	0.999 2	0.998 6	0.997 7
5				1.000 0	1.000 0	1.000 0	0.999 9	0.999 8	0.999 7
6							1.000 0	1.000 0	1.000 0

x	λ								
	1.0	1.5	2.0	2.5	3.0	3.5	4.0	4.5	5.0
0	0.367 9	0.223 1	0.135 3	0.082 1	0.049 8	0.030 2	0.018 3	0.011 1	0.006 7
1	0.735 8	0.557 8	0.406 0	0.287 3	0.199 1	0.135 9	0.091 6	0.061 1	0.040 4
2	0.919 7	0.808 8	0.676 7	0.543 8	0.423 2	0.320 8	0.238 1	0.173 6	0.124 7
3	0.981 0	0.934 4	0.857 1	0.757 6	0.647 2	0.536 6	0.433 5	0.342 3	0.265 0
4	0.996 3	0.981 4	0.947 3	0.891 2	0.815 3	0.725 4	0.628 8	0.532 1	0.440 5
5	0.999 4	0.995 5	0.983 4	0.958 0	0.916 1	0.857 6	0.785 1	0.702 9	0.616 0
6	0.999 9	0.999 1	0.995 5	0.985 8	0.966 5	0.934 7	0.889 3	0.831 1	0.762 2
7	1.000 0	0.999 8	0.998 9	0.995 8	0.988 1	0.973 3	0.948 9	0.913 4	0.866 6
8		1.000 0	0.999 8	0.998 9	0.996 2	0.990 1	0.978 6	0.959 7	0.931 9
9			1.000 0	0.999 7	0.998 9	0.996 7	0.991 9	0.982 9	0.968 2
10				0.999 9	0.999 7	0.999 0	0.997 2	0.993 3	0.986 3
11				1.000 0	0.999 9	0.999 7	0.999 1	0.997 6	0.994 5
12					1.000 0	0.999 9	0.999 7	0.999 2	0.998 0

续表

x	λ								
	5.5	6.0	6.5	7.0	7.5	8.0	8.5	9.0	9.5
0	0.004 1	0.002 5	0.001 5	0.000 9	0.000 6	0.000 3	0.000 2	0.000 1	0.000 1
1	0.026 6	0.017 4	0.011 3	0.007 3	0.004 7	0.003 0	0.001 9	0.001 2	0.000 8
2	0.088 4	0.062 0	0.043 0	0.029 6	0.020 3	0.013 8	0.009 3	0.006 2	0.004 2
3	0.201 7	0.151 2	0.111 8	0.081 8	0.059 1	0.042 4	0.030 1	0.021 2	0.014 9
4	0.357 5	0.285 1	0.223 7	0.173 0	0.132 1	0.099 6	0.074 4	0.055 0	0.040 3
5	0.528 9	0.445 7	0.369 0	0.300 7	0.241 4	0.191 2	0.149 6	0.115 7	0.088 5
6	0.686 0	0.606 3	0.526 5	0.449 7	0.378 2	0.313 4	0.256 2	0.206 8	0.164 9
7	0.809 5	0.744 0	0.672 8	0.598 7	0.524 6	0.453 0	0.385 6	0.323 9	0.268 7
8	0.894 4	0.847 2	0.791 6	0.729 1	0.662 0	0.592 5	0.523 1	0.455 7	0.391 8
9	0.946 2	0.916 1	0.877 4	0.830 5	0.776 4	0.716 6	0.653 0	0.587 4	0.521 8
10	0.974 7	0.957 4	0.933 2	0.901 5	0.862 2	0.815 9	0.763 4	0.706 0	0.645 3
11	0.989 0	0.979 9	0.966 1	0.946 6	0.920 8	0.888 1	0.848 7	0.803 0	0.752 0
12	0.995 5	0.991 2	0.984 0	0.973 0	0.957 3	0.936 2	0.909 1	0.875 8	0.836 4
13	0.998 3	0.996 4	0.992 9	0.987 2	0.978 4	0.965 8	0.948 6	0.926 1	0.898 1
14	0.999 4	0.998 6	0.997 0	0.994 3	0.989 7	0.982 7	0.972 6	0.958 5	0.940 0
15	0.999 8	0.999 5	0.998 8	0.997 6	0.995 4	0.991 8	0.986 2	0.978 0	0.966 5
16	0.999 9	0.999 8	0.999 6	0.999 0	0.998 0	0.996 3	0.993 4	0.988 9	0.982 3
17	1.000 0	0.999 9	0.999 8	0.999 6	0.999 2	0.998 4	0.997 0	0.994 7	0.991 1
18		1.000 0	0.999 9	0.999 9	0.999 7	0.999 4	0.998 7	0.997 6	0.995 7
19			1.000 0	1.000 0	0.999 9	0.999 7	0.999 5	0.998 9	0.998 0
20					1.000 0	0.999 9	0.999 8	0.999 6	0.999 1

x	λ								
	10.0	11.0	12.0	13.0	14.0	15.0	16.0	17.0	18.0
0	0.000 0	0.000 0	0.000 0						
1	0.000 5	0.000 2	0.000 1	0.000 0	0.000 0				
2	0.002 8	0.001 2	0.000 5	0.000 2	0.000 1	0.000 0	0.000 0		
3	0.010 3	0.004 9	0.002 3	0.001 0	0.000 5	0.000 2	0.000 1	0.000 0	0.000 0
4	0.029 3	0.015 1	0.007 6	0.003 7	0.001 8	0.000 9	0.000 4	0.000 2	0.000 1
5	0.067 1	0.037 5	0.020 3	0.010 7	0.005 5	0.002 8	0.001 4	0.000 7	0.000 3
6	0.130 1	0.078 6	0.045 8	0.025 9	0.014 2	0.007 6	0.004 0	0.002 1	0.001 0
7	0.220 2	0.143 2	0.089 5	0.054 0	0.031 6	0.018 0	0.010 0	0.005 4	0.002 9
8	0.332 8	0.232 0	0.155 0	0.099 8	0.062 1	0.037 4	0.022 0	0.012 6	0.007 1
9	0.457 9	0.340 5	0.242 4	0.165 8	0.109 4	0.069 9	0.043 3	0.026 1	0.015 4
10	0.583 0	0.459 9	0.347 2	0.251 7	0.175 7	0.118 5	0.077 4	0.049 1	0.030 4

续表

x	λ								
	10.0	11.0	12.0	13.0	14.0	15.0	16.0	17.0	18.0
11	0.696 8	0.579 3	0.461 6	0.353 2	0.260 0	0.184 8	0.127 0	0.084 7	0.054 9
12	0.791 6	0.688 7	0.576 0	0.463 1	0.358 5	0.267 6	0.193 1	0.135 0	0.091 7
13	0.864 5	0.781 3	0.681 5	0.573 0	0.464 4	0.363 2	0.274 5	0.200 9	0.142 6
14	0.916 5	0.854 0	0.772 0	0.675 1	0.570 4	0.465 7	0.367 5	0.280 8	0.208 1
15	0.951 3	0.907 4	0.844 4	0.763 6	0.669 4	0.568 1	0.466 7	0.371 5	0.286 7
16	0.973 0	0.944 1	0.898 7	0.835 5	0.755 9	0.664 1	0.566 0	0.467 7	0.375 0
17	0.985 7	0.967 8	0.937 0	0.890 5	0.827 2	0.748 9	0.659 3	0.564 0	0.468 6
18	0.992 8	0.982 3	0.962 6	0.930 2	0.882 6	0.819 5	0.742 3	0.655 0	0.562 2
19	0.996 5	0.990 7	0.978 7	0.957 3	0.923 5	0.875 2	0.812 2	0.736 3	0.650 9
20	0.998 4	0.995 3	0.988 4	0.975 0	0.952 1	0.917 0	0.868 2	0.805 5	0.730 7
21	0.999 3	0.997 7	0.993 9	0.985 9	0.971 2	0.946 9	0.910 8	0.861 5	0.799 1
22	0.999 7	0.999 0	0.997 0	0.992 4	0.983 3	0.967 3	0.941 8	0.904 7	0.855 1
23	0.999 9	0.999 5	0.998 5	0.996 0	0.990 7	0.980 5	0.963 3	0.936 7	0.898 9
24	1.000 0	0.999 8	0.999 3	0.998 0	0.995 0	0.988 8	0.977 7	0.959 4	0.931 7
25		0.999 9	0.999 7	0.999 0	0.997 4	0.993 8	0.986 9	0.974 8	0.985 4
26		1.000 0	0.999 9	0.999 5	0.998 7	0.996 7	0.992 5	0.984 8	0.971 8
27			0.999 9	0.999 8	0.999 4	0.998 3	0.995 9	0.991 2	0.982 7
28			1.000 0	0.999 9	0.999 7	0.999 1	0.997 8	0.995 0	0.989 7
29				1.000 0	0.999 9	0.999 6	0.998 9	0.997 3	0.994 1
30					0.999 9	0.999 8	0.999 4	0.998 6	0.996 7
31					1.000 0	0.999 9	0.999 7	0.999 3	0.998 2
32						1.000 0	0.999 9	0.999 6	0.999 0
33							0.999 9	0.999 8	0.999 5
34							1.000 0	0.999 9	0.999 8
35								1.000 0	0.999 9
36									0.999 9
37									1.000 0

附表 2 标准正态分布表

$$\Phi(x)=\int_{-\infty}^{x}\frac{1}{\sqrt{2\pi}}e^{-t^2/2}dt$$

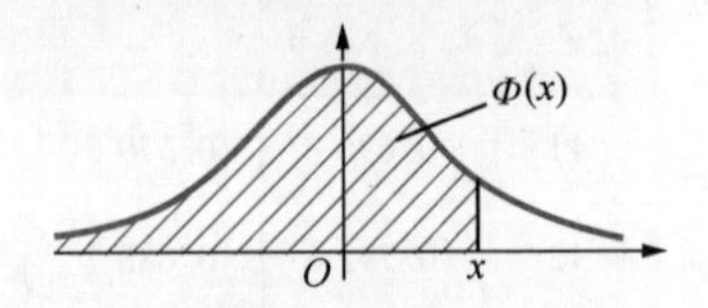

x	0.00	0.01	0.02	0.03	0.04	0.05	0.06	0.07	0.08	0.09
0.0	0.500 0	0.504 0	0.508 0	0.512 0	0.516 0	0.519 9	0.523 9	0.527 9	0.531 9	0.535 9
0.1	0.539 8	0.543 8	0.547 8	0.551 7	0.555 7	0.559 6	0.563 6	0.567 5	0.571 4	0.575 3
0.2	0.579 3	0.583 2	0.587 1	0.591 0	0.594 8	0.598 7	0.602 6	0.606 4	0.610 3	0.614 1
0.3	0.617 9	0.621 7	0.625 5	0.629 3	0.633 1	0.636 8	0.640 6	0.644 3	0.648 0	0.651 7
0.4	0.655 4	0.659 1	0.662 8	0.666 4	0.670 0	0.673 6	0.677 2	0.680 8	0.684 4	0.687 9
0.5	0.691 5	0.695 0	0.698 5	0.701 9	0.705 4	0.708 8	0.712 3	0.715 7	0.719 0	0.722 4
0.6	0.725 7	0.729 1	0.732 4	0.735 7	0.738 9	0.742 2	0.745 4	0.748 6	0.751 7	0.754 9
0.7	0.758 0	0.761 1	0.764 2	0.767 3	0.770 4	0.773 4	0.776 4	0.779 4	0.782 3	0.785 2
0.8	0.788 1	0.791 0	0.793 9	0.796 7	0.799 5	0.802 3	0.805 1	0.807 8	0.810 6	0.813 3
0.9	0.815 9	0.818 6	0.821 2	0.823 8	0.826 4	0.828 9	0.831 5	0.834 0	0.836 5	0.838 9
1.0	0.841 3	0.843 8	0.846 1	0.848 5	0.850 8	0.853 1	0.855 4	0.857 7	0.859 9	0.862 1
1.1	0.864 3	0.866 5	0.868 6	0.870 8	0.872 9	0.874 9	0.877 0	0.879 0	0.881 0	0.883 0
1.2	0.884 9	0.886 9	0.888 8	0.890 7	0.892 5	0.894 4	0.896 2	0.898 0	0.899 7	0.901 5
1.3	0.903 2	0.904 9	0.906 6	0.908 2	0.909 9	0.911 5	0.913 1	0.914 7	0.916 2	0.917 7
1.4	0.919 2	0.920 7	0.922 2	0.923 6	0.925 1	0.926 5	0.927 8	0.929 2	0.930 6	0.931 9
1.5	0.933 2	0.934 5	0.935 7	0.937 0	0.938 2	0.939 4	0.940 6	0.941 8	0.942 9	0.944 1
1.6	0.945 2	0.946 3	0.947 4	0.948 4	0.949 5	0.950 5	0.951 5	0.952 5	0.953 5	0.954 5
1.7	0.955 4	0.956 4	0.957 3	0.958 2	0.959 1	0.959 9	0.960 8	0.961 6	0.962 5	0.963 3
1.8	0.964 1	0.964 9	0.965 6	0.966 4	0.967 1	0.967 8	0.968 6	0.969 3	0.969 9	0.970 6
1.9	0.971 3	0.971 9	0.972 6	0.973 2	0.973 8	0.974 4	0.975 0	0.975 6	0.976 1	0.976 7
2.0	0.977 2	0.977 8	0.978 3	0.978 8	0.979 3	0.979 8	0.980 3	0.980 8	0.981 2	0.981 7
2.1	0.982 1	0.982 6	0.983 0	0.983 4	0.983 8	0.984 2	0.984 6	0.985 0	0.985 4	0.985 7
2.2	0.986 1	0.986 4	0.986 8	0.987 1	0.987 5	0.987 8	0.988 1	0.988 4	0.988 7	0.989 0
2.3	0.989 3	0.989 6	0.989 8	0.990 1	0.990 4	0.990 6	0.990 9	0.991 1	0.991 3	0.991 6
2.4	0.991 8	0.992 0	0.992 2	0.992 5	0.992 7	0.992 9	0.993 1	0.993 2	0.993 4	0.993 6
2.5	0.993 8	0.994 0	0.994 1	0.994 3	0.994 5	0.994 6	0.994 8	0.994 9	0.995 1	0.995 2
2.6	0.995 3	0.995 5	0.995 6	0.995 7	0.995 9	0.996 0	0.996 1	0.996 2	0.996 3	0.996 4
2.7	0.996 5	0.996 6	0.996 7	0.996 8	0.996 9	0.997 0	0.997 1	0.997 2	0.997 3	0.997 4
2.8	0.997 4	0.997 5	0.997 6	0.997 7	0.997 7	0.997 8	0.997 9	0.997 9	0.998 0	0.998 1
2.9	0.998 1	0.998 2	0.998 2	0.998 3	0.998 4	0.998 4	0.998 5	0.998 5	0.998 6	0.998 6
3.0	0.998 7	0.998 7	0.998 7	0.998 8	0.998 8	0.998 9	0.998 9	0.998 9	0.999 0	0.999 0
3.1	0.999 0	0.999 1	0.999 1	0.999 1	0.999 2	0.999 2	0.999 2	0.999 2	0.999 3	0.999 3
3.2	0.999 3	0.999 3	0.999 4	0.999 4	0.999 4	0.999 4	0.999 4	0.999 5	0.999 5	0.999 5
3.3	0.999 5	0.999 5	0.999 5	0.999 6	0.999 6	0.999 6	0.999 6	0.999 6	0.999 6	0.999 7
3.4	0.999 7	0.999 7	0.999 7	0.999 7	0.999 7	0.999 7	0.999 7	0.999 7	0.999 7	0.999 8